1. Auflage 2015 – »Wissensmanagement für Entscheider«
2. Auflage 2018 – »Unternehmensführung mit Wissensmanagement«
3. Auflage 2021 – »Erfolg mit Wissensmanagement«
© 2021 Ing. Mag. (FH) Guntram Meusburger
Alle Rechte vorbehalten

Korrektorat: MMag. Marie-Therese Pitner; Red Pen; Die Zeichen | Manufaktur
Gestaltung und Umsetzung: Eva Nester, BA
Illustrationen: Eva Nester, BA; Lisa Herljevic, MBA
Druck: Vorarlberger Verlagsanstalt GmbH

Printed in Austria
ISBN 978-3-200-07919-9

ERFOLG MIT WISSENSMANAGEMENT

Wissensorientiertes Management aus der Praxis –
ein Leitfaden für kleine und große Organisationen

Ich beschäftige mich seit über 20 Jahren mit dem
Thema Wissensmanagement und bin von dessen
Potenzial für jede Organisation überzeugt.
Das Thema lässt mich einfach nicht mehr los.

Guntram Meusburger (*1972)
Geschäftsführender Gesellschafter der
Meusburger Georg GmbH & Co KG

Guntram Meusburger
Ing. Mag. (FH)
Jahrgang 1972

Der gebürtige Österreicher absolvierte seine Ausbildung an der Höheren Technischen Lehranstalt in Dornbirn. Im Anschluss daran studierte er »Betriebliches Prozess- und Projektmanagement« an der Fachhochschule Vorarlberg.

Im Jahr 1999 trat er in das Familienunternehmen seines Vaters ein und wurde später zum Mitglied der Geschäftsleitung. Seither befasst er sich intensiv mit dem Thema Wissensmanagement und entwickelte WBI – eine wissensorientierte Zusammenarbeits- und Managementmethode. Im Dezember 2007 übernahm Guntram Meusburger die Geschäftsführung der Meusburger Georg GmbH & Co KG.

Er ist passionierter Boxer und Fischer. In seinen konträren Hobbys vereint er Durchsetzungskraft und Geduld – zwei Tugenden, die für ein erfolgreiches Wissensmanagement notwendig sind. Seine ursprüngliche Vision war es, mithilfe einer strukturierten Wissensdatenbank allen Mitarbeitern bei Meusburger jenes Wissen zur Verfügung zu stellen, das sie zur erfolgreichen Bewältigung ihrer Aufgaben benötigen.

Im Laufe der Zeit machte er es sich zum Ziel, aus der intuitiv bei Meusburger entstandenen Form des Wissensmanagements eine branchenübergreifende, wissensorientierte Managementmethode zu entwickeln, die auch von anderen Unternehmen adaptiert werden kann und inzwischen zahlreich eingesetzt wird.

Der wahre Zweck eines Buches ist,
den Geist hinterrücks zum
eigenen Denken zu verleiten.

Christopher Morley (1890–1957)
US-amerikanischer Herausgeber
und Schriftsteller

INHALTSVERZEICHNIS

WBI BASIC

WBI PRO

Das Wesen des Managements ist es,
Wissen produktiv zu machen.

Peter F. Drucker (1909–2005)
US-amerikanischer Ökonom österreichischer Herkunft
und Pionier der modernen Managementlehre

WBI ONLINE-INHALTE

Als Käufer dieses Buches erhalten Sie exklusiven Zugang zu den kostenlosen Online-Inhalten:

» Alle erwähnten Musterdokumente als kostenloser Download
» Alle vertiefenden Wissensdokumente als Download
» Verschiedene praktische Vorlagen und Formulare für den Arbeitsalltag

Hier eine kurze Anleitung für einen einfachen, frustfreien Zugang:

» Gehen Sie auf **www.wbi-buch.at**
» Fordern Sie Ihre Login-Daten an
» Loggen Sie sich ein
» Suchen Sie nach der gewünschten Dokumentennummer oder einem Stichwort
» Lesen und nutzen Sie die gewünschten Inhalte

Viel Vergnügen!

WARUM SIE DIESES BUCH LESEN SOLLTEN

Seit über zwanzig Jahren befasse ich mich nun schon mit dem Thema Wissensmanagement und beobachte dessen Weiterentwicklung. Mir ist in all dieser Zeit vor allem eines aufgefallen: Erfolgsentscheidend ist nicht nur die Einführung von Wissensmanagement, sondern auch das Wissen nach der Einführung »am Leben« zu erhalten!

Egal aus welchem Grund die Initiative für Wissensmanagement ursprünglich ergriffen wurde und wie viel bereits in die Einführung investiert wurde: Wenn das Wissen im entsprechenden System danach nicht sukzessive weiterentwickelt wird, veraltet es. Es verliert an Relevanz und die Qualität der Inhalte schwindet zunehmend. Die Mitarbeiter können sich nicht mehr darauf verlassen. Sie stellen das Wissen und somit das ganze System infrage. Das ist dann der Punkt, an dem viele Wissensmanagement-Projekte als gescheitert gelten, weil das System an die Wand gefahren wurde.

Ich bin der Überzeugung, dass sich Wissensmanagement gerade auch deswegen seit dem großen Wissensmanagement-Trend der 1990er-Jahre nicht wirklich durchsetzen konnte. Wird Wissensmanagement nicht gelebt, kann es nicht nachhaltig wirken und sich nicht voll entfalten. Die Vorteile gehen verloren und die unterschätzte, höchst effektive Management-Disziplin rückt dadurch immer wieder in den Hintergrund.

Ein kleiner Aufschwung kam im Jahr 2015 durch die Revision der **»ISO 9001:2015«**, die Wissensmanagement erstmals zum festen Bestandteil einer ISO-Norm erklärte. Im selben Jahr veröffentlichte ich mein erstes Buch mit dem Titel **»Wissensmanagement für Entscheider«**. Ich erhielt darauf positives Feedback und bekam zahlreiche Fragen zur WBI®Methode.

Im September 2018 veröffentlichte ich daraufhin die zweite, erweiterte Auflage meines Buches mit dem neuen Titel **»Unternehmensführung mit Wissensmanagement«** und versuchte darin, die Fragen meiner Leser bestmöglich zu beantworten. Viele waren damals überrascht, dass ich mir erneut die Mühe gemacht hatte, oder wunderten sich schlicht und ergreifend über meine Leidenschaft für das Thema Wissensmanagement.

Als die **»Internationale Organisation für Normung«** im November 2018 schließlich die neue **»ISO 30401:2018«** – eine ISO-Management-Systemnorm für Wissensmanagement – publizierte, wurde ich weiter in meinem Vorhaben bestärkt.

In den letzten drei Jahren habe ich mich daher wieder intensiv mit den zahlreichen Rückmeldungen, Anregungen und Fragen auseinandergesetzt. Da ich nach wie vor überzeugt bin, dass jede Organisation lebendiges Wissensmanagement betreiben sollte, um erfolgreich zu sein, halten Sie nun die dritte, aktualisierte und erweiterte Auflage in Ihren Händen.

Darin gehe ich in **Kapitel 10 »WBI erfolgreich leben«** erstmals darauf ein, wie Sie es schaffen, Ihre Wissensdatenbank aufzubauen, weiterzuentwickeln und ständig zu erweitern, sodass sie aktuell und dynamisch bleibt. Zudem beschäftigt sich die neue Ausgabe mit den Vorteilen und Synergieeffekten, die WBI bietet, sowie mit den Kapiteln **»Mitarbeiterqualifikation«** und **»Mitarbeiterführung«**, die Sie in allen Unternehmensbereichen maßgeblich unterstützen werden.

Es war mir erneut ein Anliegen, dieses Buch möglichst einfach, leicht verdaulich und gut verständlich zu verfassen. Es soll sich damit bewusst von anderen Publikationen abgrenzen, die das Thema Wissensmanagement sehr umständlich darstellen und es durch einen akademischen oder wissenschaftlichen Zugang komplizierter machen, als es eigentlich ist. Mein Ziel ist ein Buch, das in kürzester Zeit gelesen und verstanden werden kann. Eine wahre Herausforderung, denn die Komplexität der behandelten Themen und der Fragen meiner Leser hat weiter zugenommen. Daher habe ich mich für ein neues Konzept entschieden, das drei wesentliche Teile vorsieht:

» **WBI BASIC** beschäftigt sich mit den Kernelementen von WBI. Es eignet sich für Anfänger im Bereich des Wissensmanagements und all jene, die noch nicht mit WBI vertraut sind.

» **WBI PRO** behandelt weiterführende Kapitel und Erweiterungen für Fortgeschrittene. Es spricht gezielt Personen an, die die WBI®Methode bereits in den Grundzügen verstanden haben oder diese sogar bereits im Unternehmen einsetzen.

» **WBI ONLINE** beinhaltet vertiefende Inhalte, die beim ersten Durchlesen nicht zwingend notwendig, aber dennoch sehr interessant sind. Daher habe ich diese Themen bewusst dem Buch entnommen und stelle sie unter **www.wbi-buch.at** kostenlos zur Verfügung. Sollten Sie sich also ausführlicher mit einem Thema auseinandersetzen wollen, können Sie diese Online-Inhalte nutzen und downloaden. Siehe **Seite 11**.

Da die verfügbare Zeit oft begrenzt ist, sind der Aufbau und die Gestaltung des Buches speziell an die Bedürfnisse von Eigentümern, Führungskräften und Mitarbeitern angepasst. Entscheiden Sie selbst, wie intensiv Sie sich mit WBI auseinandersetzen wollen:

Sie können das Buch natürlich gerne vollständig lesen und sich so ein Bild vom großen Ganzen machen. Beginnen Sie mit **»WBI BASIC«** und wechseln Sie später zu **»WBI PRO«**.

Wenn es Ihnen zu zeitintensiv ist, das ganze Buch zu lesen, können Sie den Fokus vorerst auf **»WBI BASIC«** legen. Verschaffen Sie sich anhand der kurzen Hinweise am Seitenrand einen Überblick und lesen Sie wahlweise die Absätze dazu.

Wenn Sie es gerne **»KURZ & KNAPP«** mögen, sind die **Zusammenfassungen am Ende** der einzelnen Kapitel genau das Richtige für Sie. Diese bieten jeweils die wichtigsten Aussagen eines Kapitels auf einen Blick.

Um Ihnen die Inhalte praxistauglich und übersichtlich zu vermitteln,
werden im Buch folgende Icons verwendet:

Wissenswertes		**BSP**	Beispiele von Unternehmen
TIPP Wertvolle Tipps		Beispiele von Meusburger	
Technische Hinweise		**!**	Hinweise oder Warnungen
Musterdokumente			

Aus Gründen der besseren Lesbarkeit wird im gesamten vorliegenden Buch auf eine geschlechtsspezifische Differenzierung verzichtet. Entsprechende Begriffe gelten im Sinne der Gleichbehandlung für alle Geschlechter.

Abschließend möchte ich den zahlreichen Testlesern der neuen Ausgabe sowie allen Unternehmern, die mir bei der Recherche zu meinem neuen Werk einen Einblick gewährt haben, für ihre Unterstützung danken. Durch sie war es möglich, WBI zu einer flexiblen, erfolgreichen, branchenunabhängigen Zusammenarbeits- und Managementmethode weiterzuentwickeln. Besonderer Dank gilt meiner Assistentin Eva Nester, die mich auch bei der dritten Auflage dieses Buches maßgeblich unterstützt hat.

Ich wünsche Ihnen viel Vergnügen beim Lesen und natürlich viel Erfolg mit WBI!

Ing. Mag. (FH) Guntram Meusburger

WBI BASIC

Grundlagen für Einsteiger sowie
Anleitung für das Einführungsprojekt

1   WOZU DAS GANZE?

» Die Mitarbeiter erfinden das Rad immer wieder neu?

» Fehler wiederholen sich ständig?

» Wissen wird mühsam erarbeitet und verschwindet wieder?

» Telefonate und Anfragen stören immer wieder bei der Arbeit?

» Mitarbeiter sind ständig auf der Suche nach wichtigen Informationen?

» Es wird viel diskutiert, aber es fallen keine Entscheidungen?

» Dokumente mit widersprüchlichen Inhalten machen die Runde?

» Mitarbeiter und Führungskräfte klagen über zu wenig Transparenz?

» Wissen geht mit dem Austritt von Mitarbeitern verloren?

Kommen Ihnen diese Situationen bekannt vor? Wenn ja, ist es gut, dass Sie dieses Buch jetzt in Händen halten!

Höher, schneller, weiter! **Wir alle spüren den zunehmenden wirtschaftlichen Wettbewerb unserer Leistungsgesellschaft und sind in der einen oder anderen Form an ihm beteiligt:** als Produzenten, Händler, Dienstleister, Interessenten oder Kunden. Der Wettbewerbsdruck stellt eine erhöhte Anforderung an unsere Unternehmen dar und wird von einer regelrechten Informationsflut begleitet. Diese Masse an Informationen muss immer schneller gesichtet, verarbeitet und vorteilhaft genutzt werden.

Zunehmender wirtschaftlicher Wettbewerb

Gerade in den letzten Jahren kam eine Vielzahl an neuen, relevanten Themen hinzu, mit welchen sich Unternehmen früher oder später auseinandersetzen müssen. **Anhaltender Erfolgsdruck führt dazu, dass nur wenig Zeit zur Verfügung steht.** Um das erarbeitete Wissen nachhaltig zu erfassen, fehlen oft die Kapazitäten. Ein erschreckender Umstand, wenn man bedenkt, dass die Wissensarbeit bereits jetzt unseren Unternehmensalltag bestimmt.

Kapazitäten begrenzt

Die gesellschaftliche und ökonomische Rolle von Wissen hat sich im 21. Jahrhundert maßgeblich verändert. Nach der Entwicklung von der Agrar- zur Industriegesellschaft ist nun der Schritt zur **»Wissensgesellschaft«** zu beobachten. Die Wissensökonomie zeigt den gesell-

Rolle von Wissen maßgeblich verändert

schaftlichen Bedarf und Nutzen von Wissensmanagement auf: Wissensmanagement bietet Unternehmen Zukunftssicherheit und fördert maßgeblich den Erfolg.

Wissen als vierter, unersetzbarer Produktionsfaktor

Neben den drei klassischen Produktionsfaktoren Boden, Kapital und Arbeit ist Wissen die vierte unersetzbare Ressource. Managementmethoden für die herkömmlichen drei Faktoren sind in vielen Unternehmen verbreitet und werden tagtäglich angewendet. Für das Management von Wissen fehlen allerdings nach wie vor praxistaugliche, effiziente Instrumente sowie das Bewusstsein der Mitarbeiter, der Führungskräfte und der Geschäftsführung.

Vorsprung durch Wissensmanagement

Es wird für Unternehmen immer schwieriger, sich von ihren Konkurrenten abzuheben, denn alle kämpfen bereits mit ähnlichen Mitteln. Oft gilt: Wer sich am schnellsten dem Markt anpassen kann, übernimmt die Führung. Durch den Einsatz von Wissensmanagement und das konsequente Erfassen von sogenannten »**Wissensdokumenten**« ist es Unternehmen möglich, nachhaltige Wettbewerbsvorteile auszuarbeiten. Diese können von den Mitbewerbern nur schwer imitiert werden und bieten daher einen langfristigen Vorsprung.

Wissensbasierter Wettbewerb als Herausforderung

Der wissensbasierte Wettbewerb wird zu einer zentralen Herausforderung, weshalb sich alle damit auseinandersetzen sollten. Der Erfolg eines Unternehmens wird sich künftig daran messen, ob es das vorhandene Wissen und die relevanten Informationen professionell erfasst, nutzt und wieder in den Unternehmensalltag integriert. Deshalb ist Wissensmanagement, als sinnvolle Ergänzung zu den bestehenden Managementmethoden, unumgänglich. Und genau hier unterstützt Sie WBI: WBI ermöglicht es, »**Wissen zu managen**«, und zeigt Führungskräften, wie sie erfolgreich »**mit Wissen managen**« können.

WBI steht für »Wissen besser integrieren« und ist eine wissensorientierte Zusammenarbeits- und Managementmethode, die auf über 20 Jahren Entwicklungsgeschichte und Erfahrung basiert. Die Geburtsstätte von WBI ist die Meusburger Georg GmbH & Co KG[1] in Wolfurt, Österreich. Das Vorarlberger Familienunternehmen ist mit rund 24.000 Kunden und einem Jahresumsatz von 261 Mio. Euro der

---

1   In weiterer Folge »Meusburger« genannt

führende Anbieter von qualitativ hochwertigen Normalien für den Werkzeug- und Formenbau. Mehr Informationen finden Sie unter **www.meusburger.com**

Geburtsstätte von WBI

WBI liegt ein Prozess zugrunde, der aus dem Erfassen, Verteilen, Nutzen, Weiterentwickeln und Sichern von Unternehmenswissen besteht. Ziel ist es, Unternehmen täglich weiterzubringen und Schritt für Schritt zu optimieren. WBI ist jedoch kein Selbstzweck, sondern schafft echte Mehrwerte, die Organisationen von innen heraus stärken und in wirtschaftlichem Erfolg resultieren.

Doch wann gilt ein Unternehmen als erfolgreich? Wenn es einmal eine richtige Strategie anwendet oder eine große Innovation entwickelt hat? Für mich ist ein Unternehmen dann erfolgreich, wenn es sich sukzessive weiterentwickelt. Natürlich braucht es dazu auch eine gute Strategie sowie innovative Produkte und Dienstleistungen. Oft sind es aber die vielen kleinen Dinge im Alltag, die unter dem Strich den Gesamterfolg ausmachen. Wissensmanagement begünstigt diese ständige Weiterentwicklung im Sinne des kontinuierlichen Verbesserungsprozesses und fördert den ständigen Fortschritt. Aus diesem Grund stelle ich mir immer wieder die Frage, warum sich nicht alle Unternehmen die vielen Vorteile von Wissensmanagement zunutze machen.

Wann ist ein Unternehmen erfolgreich?

Der Mangel an Zeit sowie an finanziellen und personellen Ressourcen ist ein häufig genannter Grund. Viele klein- und mittelständische Betriebe scheuen den anfänglichen Aufwand und verbauen sich damit die Chance, nachhaltig vom Erfolg und von den Vorteilen des Wissensmanagements zu profitieren. Doch ich bin überzeugt: Je früher Sie Zeit in die Wissenssicherung investieren, desto mehr Zeit sparen Sie sich langfristig.

Mangel an Zeit und Ressourcen

Vermutlich denken Sie sich an dieser Stelle: »*Nur, weil WBI bei Meusburger erfolgreich ist, bedeutet das noch lange nicht, dass es auch in anderen Unternehmen funktionieren kann.*« Aber genau das ist es, was WBI auszeichnet: WBI ist aus der Praxis entstanden, mit Meusburger gewachsen, wurde jahrelang erprobt, stetig weiterentwickelt und schließlich auf ein neutrales, unabhängiges Niveau gehoben.

Starker Bezug zur Praxis

Gerade deshalb ist WBI für alle Organisationsformen, Unternehmensgrößen und Branchen adaptierbar. WBI ist ein Erfolgsrezept aus der Praxis für die Praxis.

Auch andere Unternehmen profitieren von der WBI®Methode: **Rund 5.700 Benutzer in rund 100 Organisationen aus 30 Branchen nutzen WBI.** Dabei sind bereits über 40.000 Wissensdokumente von 1.700 Wissensträgern entstanden. Die Erfahrungen und Herausforderungen dieser Unternehmen sind ebenfalls in die neue Auflage dieses Buches eingeflossen und machen es noch praxisbezogener.

Mehrwert und Erfolg spürbar

Ich bin zutiefst davon überzeugt, dass es mir ohne WBI nicht möglich wäre, mein Unternehmen in dieser Form und mit diesem starken Expansionskurs zu leiten. **In meiner operativen Tätigkeit als Geschäftsführer und Eigentümer spüre ich jeden Tag den Mehrwert und Erfolg.** Es ist mir daher ein persönliches Anliegen, diesen Wert verwirklicht zu sehen und auch andere davon zu überzeugen.

Das Wissen steckt vor allem in den Köpfen
unserer Mitarbeiter. Deshalb ermutigen wir
sie, ihr Wissen aufzuzeichnen und zu teilen.

Heinrich Pierer (*1941)
Deutscher Manager – Siemens AG

2 DIE ANFÄNGE VON WBI

Alles begann im Jahr 1994 bei Meusburger. Als Erfinder der Methode darf mein Vater Georg Meusburger, damaliger Geschäftsführer und Eigentümer, genannt werden. Er nutzte seine täglichen Betriebsrundgänge dazu, um sich ein Bild über die Abläufe im Betrieb und deren Optimierung zu machen.

Mitarbeiter machen sich Notizen

Bei einigen Stationen in der Produktion fiel ihm auf, dass Mitarbeiter sich Notizen gemacht hatten: Einer hatte eine To-do-Liste für den Fall eines bestimmten Fehlers erstellt. Bei einem Zweiten stand eine Telefonnummer, die er bei Problemen mit der Maschine anrufen konnte. Ein Dritter hatte aufgeschrieben, bei welchem Werkstoff er welche Schnittgeschwindigkeit fahren konnte. Derartige Notizen erleichterten die Arbeit und steigerten die Effizienz.

An dieser Stelle folgt ein kurzer Exkurs in die Welt der Zerspanungstechnik: Die sogenannte **»Schnittgeschwindigkeit«** ist für die Produktionsmitarbeiter von Meusburger von sehr großer Bedeutung. Unter Schnittgeschwindigkeit versteht man die Geschwindigkeit, mit der beispielsweise ein Sägeband durch einen Werkstoff geführt werden kann, ohne dass das Material oder die Säge beschädigt werden. Die Schnittgeschwindigkeit wird in Metern pro Minute angegeben und ist wichtig für die Produktivität einer Maschine. Je höher die Schnittgeschwindigkeit, desto mehr Werkstücke können bearbeitet werden. Allerdings wächst mit einer hohen Schnittgeschwindigkeit auch die Wahrscheinlichkeit, dass das Material oder die Maschine Schaden nehmen können. Faktoren wie die Beschaffenheit des Sägebandes und die Wahl des Materials beeinflussen diese Größe signifikant. Daher ist für das Einstellen der richtigen Geschwindigkeit die Erfahrung eines qualifizierten Mitarbeiters notwendig: Das Arbeiten mit der optimalen Schnittgeschwindigkeit ist der wirtschaftlichste Weg zu produzieren und führt gegebenenfalls zu einer Effizienzsteigerung von 10 %. Geht man nun davon aus, dass bei Meusburger fünf solcher Sägen im 2-Schicht-Betrieb bedient werden, ist der Nutzen umso höher.

Die Notizen der Mitarbeiter waren wertvolle und brauchbare Informationen, denn jeder Einzelne von ihnen dokumentierte damit seine Erfahrungswerte bzw. sein Wissen.

Georg Meusburger erkannte den Wert dieser handschriftlichen Notizen: Da diese Erfahrungen nicht nur für die einzelnen Mitarbeiter relevant waren, sondern auch für alle anderen Facharbeiter an baugleichen Maschinen, bat mein Vater seine Mitarbeiter um Erlaubnis, die Notizen mitnehmen zu dürfen.

Wertvolle Notizen

2.1   Aus Notizen werden Infoblätter

Mein Vater betraute einen Mitarbeiter mit einer hohen Auffassungsgabe und Kenntnis der beruflichen Materie mit der Erfassung des Wissens.

Kompetenter Mitarbeiter hilft

Da es sich um viele unterschiedliche Notizen handelte, erstellte dieser in Absprache mit Georg Meusburger einen Prototyp bzw. eine standardisierte Vorlage. Erst nachdem alle Bestandteile durchdacht und fixiert waren, wurde die ausgereifte Vorlage zur Nutzung freigegeben. Alle gesammelten Notizen wurden auf dieser Grundlage erfasst und fortan als »**Infoblätter**« bezeichnet.

Vorlage für alle Dokumente

Der Zuständige schrieb schließlich alle Notizen am Computer ins Reine. Aus den Notizen wurde somit erfasstes, explizites Wissen. **Jedem entstandenen Infoblatt wurden ein aussagekräftiger Titel und eine fortlaufende, eindeutige Dokumentennummer zugewiesen.** Beides wurde gut sichtbar auf den Infoblättern aufgedruckt, was die Verwaltung der Dokumente wesentlich erleichterte und sich später als extrem nützlich erwies.

Titel und Nummer

Da alle Dokumente von einer Person abgetippt wurden, bekamen sie ein einheitliches Aussehen und eine einheitliche Sprache. Ein großer Vorteil, dessen Bedeutung aber erst später erkannt wurde.

Einheitliches Aussehen und Wording

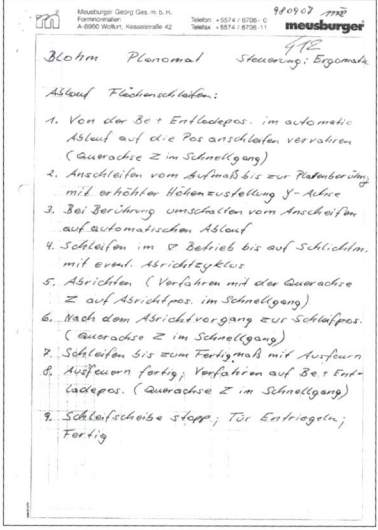

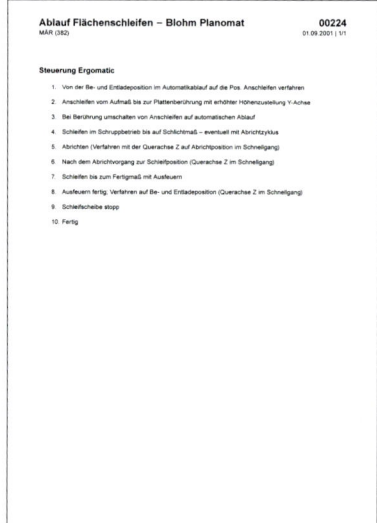

Abb. 1: Handschriftliche Notizen   Abb. 2: Elektronisch erfasstes Infoblatt

Managebare,
abgeschlossene
Einheit

Durch die Einführung der Infoblätter machte Georg Meusburger unbewusst einen ersten Schritt zur Standardisierung von Wissensmanagement bei Meusburger. Er schuf eine managebare, druckbare Einheit und damit ein greifbares, wirksames Werkzeug für sich und seine Belegschaft. Das war die Geburtsstunde eines der wichtigsten Elemente von WBI.

2.2   Weiterentwicklung und Freigabe

Mit den ausgedruckten Dokumenten ging mein Vater wieder in die Produktionshallen und gab sie den jeweiligen Mitarbeitern zurück. Er bat sie, eventuelle Korrekturen oder Ergänzungen vorzunehmen, die dann von seinem Helfer wieder im Dokument erfasst wurden.

Eigenhändige
Unterschrift als
Freigabe

Zur Qualitätssicherung wurde abschließend jedes Infoblatt von Georg Meusburger fachmännisch geprüft, eigenhändig unterschrieben und somit verifiziert. Er führte damit die sogenannte »**Freigabe**« der Infoblätter ein.

Die Mitarbeiter gewöhnten sich schnell an die neue Vorgehenswei- se, auch wenn diese anfangs noch unüblich war. Sie erkannten bald, worauf die Maßnahme hinauslaufen sollte. Die Vorteile lagen auf der Hand und gaben allen Beteiligten die Sicherheit, in bestimmten Situa- tionen richtig zu reagieren, zu handeln und zu entscheiden. Durch das gesammelte Wissen wurde die Arbeit jedes Einzelnen erleichtert.

Ungewohnte Vorgehensweise

Computer standen in der Produktion zum damaligen Zeitpunkt noch nicht zur Verfügung. Da für die Maschinen aber stets mehrere Info- blätter relevant waren, wurden die ausgedruckten Infoblätter in einem **»Infoordner«** an den entsprechenden Maschinen verteilt. Sie dienten den Mitarbeitern fortan als Informationsquelle sowie als Hilfestellung bei Fragen oder Problemen.

Infoblätter in Infoordnern

Gab es im Laufe der Zeit Änderungen bei einer Maschine, in einem in- ternen Ablauf oder in einer Richtlinie, so wurden diese in den jeweiligen Infoblättern erfasst. Die aktualisierten Infoblätter wurden ausgedruckt und in allen Infoordnern ersetzt – die veralteten Versionen im Anschluss vernichtet. **Mit der Zeit entwickelten sich die Infoblätter also weiter.**

Änderungen bei Infoblättern

Kommen wir aber zurück zum Beispiel mit der Schnittgeschwindigkeit. Durch die elektronische Erfassung des Wissens wurde es auf ein hö- heres Niveau gehoben: Ab diesem Zeitpunkt gab es ein Infoblatt zum Thema Schnittgeschwindigkeiten. Alle wichtigen Erfahrungen der Mit- arbeiter sowie sonstige relevante Faktoren wurden darin erfasst und schließlich eine unternehmensweite Richtlinie für die Schnittgeschwin- digkeiten erstellt.

Kamen neue Maschinen hinzu, wurde ein neues Infoblatt erstellt und verteilt. Schaffte der Einkauf später beispielsweise leistungsfähigere Sägebänder an, so wurde das Dokument adaptiert und anschließend in allen Infoordnern ausgetauscht.

Für jedes Gerät bei Meusburger wurde schließlich ein dynamisches, mitwachsendes Infoblatt erfasst und lieferte den Arbeitern zuverlässig die notwendigen Informationen.

Zuverlässige Informationen

2.3   Von Infoordnern zur digitalen Wissensdatenbank

Das Unternehmen wuchs stetig und immer mehr Mitarbeiter wurden eingestellt. Neue Produkte und Maschinen kamen hinzu. Durch die zahlreichen neuen Maschinen und Mitarbeiter entstanden ständig neue Infoblätter.

Von der Produktion in die Verwaltung und den Verkauf

Als ich im Jahr 1999 in das Familienunternehmen eintrat, waren bereits über 200 Infoblätter im Umlauf. Da Georg Meusburger mit Leib und Seele Techniker ist, handelte es sich zu Beginn hauptsächlich um produktionsspezifische Infoblätter. Durch den Erfolg in der Produktion weitete sich die Arbeitsmethodik auf die anderen Bereiche des Unternehmens aus. Auch in der Verwaltung und im Verkauf begannen die Mitarbeiter, Anleitungen, Abläufe, Auswertungen, Richtlinien, Checklisten und Präsentationen in Form von Infoblättern zu erfassen.

Einheitliche Gestaltung als großer Vorteil

Da sich nun aber unterschiedliche Personen mit dem Erfassen von Wissen beschäftigten, variierten das Aussehen und der Stil der verschiedenen Infoblätter. **Erst zu diesem Zeitpunkt wurde deutlich, dass ein bekanntes Erscheinungsbild und eine einheitliche Sprache einen großen Vorteil beim Lesen darstellen.** Es handelte sich um einen bereits bestehenden, vorteilhaften Aspekt, der durch die zentrale Erfassung zustande kam, aber bis zu diesem Zeitpunkt unerkannt blieb. Kurzerhand wurden Richtlinien für die Gestaltung von Infoblättern eingeführt. Alle Infoblätter mussten diesen fortan entsprechen und wurden von einer zentralen Stelle kontrolliert.

Probleme beim papierbasierten System

Durch den rasanten Anstieg an Wissen im expandierenden Unternehmen zeigten sich einige Schwachstellen des papierbasierten Systems: Die manuelle Freigabe durch Georg Meusburger und die Verteilung der Ausdrucke wurden zunehmend aufwendiger. Die Anzahl der Dokumente stieg ständig, was die Suche und den schnellen Zugriff auf die unterschiedlichen Infoblätter problematisch machte. Um die Suche zu erleichtern, entstanden erste Inhaltsverzeichnisse, die einen guten Überblick boten, aber durch das rasante Wachstum der Wissensdatenbank zu pflegeintensiv und unübersichtlich wurden. Das Suchen von Informationen wurde immer langwieriger und auch die Benennung der Infoblätter bereitete Probleme.

Schnell war klar: Eine digitale Lösung musste her. Daher wurde ein webbasiertes **»Dokumenten-Management-System«**, kurz **»DMS«**, entwickelt und künftig als Wissensdatenbank genutzt. Das damals selbst programmierte System ermöglichte einen Quantensprung im Wissensmanagement bei Meusburger: Der Übergang vom Papier ins digitale Zeitalter war geglückt.

Digitale Lösung notwendig

Es reichte jedoch nicht aus, einfach eine Software zur Verfügung zu stellen: **In speziellen Schulungen wurden die Mitarbeiter für das Thema sensibilisiert und es wurde der richtige Umgang mit dem System vermittelt**. Immer mehr Mitarbeiter begannen daraufhin, mit dem System zu arbeiten. Sie erfassten ihr Wissen in Infoblättern, aber leider nicht nur relevantes Wissen. Um Datenleichen und unnötigen Dokumenten vorzubeugen, wurden Kriterien festgelegt, anhand derer noch heute entschieden wird, ob ein Dokument für das Unternehmen relevant ist oder nicht. Mehr zu diesen Kriterien erfahren Sie in **Kapitel 5.6**.

Kriterien für relevantes Wissen

Nach meinem Studium machte ich es mir zur Aufgabe herauszufinden, wie eine Organisation optimal geführt werden kann. **Ich erkannte schnell, dass der effektive und effiziente Umgang mit der Ressource Wissen ein entscheidender Faktor für den wirtschaftlichen Erfolg eines Unternehmens ist.** Im Hinblick auf damals anerkannte Wissensmanagement-Methoden und aufgrund der Anforderungen bei Meusburger arbeitete ich ständig an der Weiterentwicklung und Optimierung des ursprünglichen **»Meusburger-DMS«**.

Im Zuge dessen beschäftigte ich mich intensiv mit dem erfolgskritischen Thema Wissensmanagement. Während der Recherchen wurde mir bewusst, dass sich bei Meusburger eine eigene, intuitive Form des Wissensmanagements entwickelt hatte. Diese entstand, weil mein Vater ein kluger, umsichtiger Unternehmer war und bereits damals ein gutes Gespür für Entwicklungspotenziale und Optimierungen im Betrieb bewies.

Intuitive Form des Wissensmanagements

Geprägt von Disziplin, Fleiß und Hausverstand

An dieser Stelle finde ich es wichtig zu erwähnen, dass die Eltern meines Vaters aus einer ländlichen Gegend, dem **»Bregenzerwald«**, stammten. Den Bewohnern dieser speziellen Region in Österreich werden Disziplin und Fleiß, aber auch Bauernschläue, Hausverstand und Hemdsärmeligkeit nachgesagt. Diese Werte und Tugenden wurden meinem Vater von Kind auf vermittelt. Er bereiste in jungen Jahren die Welt und arbeitete in mehreren kanadischen und amerikanischen Unternehmen, um seinen Lebensunterhalt zu verdienen und Erfahrungen zu sammeln. In dieser lehrreichen Zeit lernte er Firmen unterschiedlichster Größen und Branchen kennen. Zu seinen Arbeitgebern gehörten unter anderem auch General Motors, der damals größte Automobilhersteller weltweit und Arbeitgeber von Hunderttausenden Mitarbeitern, sowie ein Zulieferer von IBM.

Verbindung mit anderen Kulturkreisen

Im Laufe seiner jungen Karriere reiste mein Vater auch mehrfach nach Asien. Dort lernte er Managementmethoden wie **»Kaizen«**, **»KVP«** und **»Six Sigma«** kennen. Er ließ diese nach seiner Heimkehr geschickt in sein Unternehmen und damit auch in WBI einfließen. WBI verbindet also die Vorteile von mehreren Kulturkreisen und bewährten Managementmethoden. **Neben der wissensorientierten Unternehmensführung leistet auch die Standardisierung bei der Produktion von hochpräzisen Normalien einen wesentlichen Beitrag zum Firmenerfolg:**

In den Anfängen von Meusburger stellte Georg Meusburger fest, dass seine Kunden immer wieder dieselben Platten benötigten. **Statt nur bei Bedarf eine einzelne Platte anzufertigen, entschied er sich, einen neuen, innovativen Produktstandard für Normalien zu definieren.** Daher wurden in der Produktion gleich mehrere Platten gefertigt und auf Lager gelegt. Die großen, tonnenschweren Stahlplatten mussten dadurch nur einmal in die Produktion gebracht werden, was eine klare Zeit- und Kostenersparnis mit sich brachte. Im Gegenzug benötigte er jedoch ein kleines Lager.

Artikel schnell lieferbar

Durch das Lager waren viele Artikel sofort verfügbar, was zu schnelleren Lieferzeiten führte. **Aufgrund der schnellen Verfügbarkeit und der hohen Produktqualität lernten auch die Kunden, diesen Standard zu schätzen, und bestellten immer wieder dieselben Platten.**

Der Firmengründer erkannte, dass für die standardisierten Produkte ein Markt vorhanden war, weshalb mit der Zeit auch weitere Produkte standardisiert und auf Lager produziert wurden.

Standardisierte Produkte

Georg Meusburger kann somit als ein Vorreiter der Standardisierung von Normalien bezeichnet werden. Durch seine innovative Idee konnte das Unternehmen ein großes, wertvolles Lager aufbauen und die Produktion optimieren. Das Motto »*Wir setzen Standards*« begleitet Meusburger daher bereits seit vielen Jahren und ist stark in der Firmengeschichte verankert.

Georg Meusburger selbst besaß bis zu seinem Ruhestand im Jahr 2016 nie einen eigenen Computer und arbeitete nur auf Dokumentenbasis. **Auch in der heutigen Zeit der Digitalisierung begleiten und beeinflussen einige Aspekte seiner ursprünglichen Arbeits- und Denkweise das Unternehmen immer noch.**

Einfluss durch Arbeits- und Denkweise

2.4 Die Entstehung der WBI®Methode

Die Philosophie der Standardisierung übertrug sich bei Meusburger nach einiger Zeit von den Produkten auf das Management des gesamten Unternehmens. **Mit der Einführung von standardisierten Wissenseinheiten zeigte Georg Meusburger Innovationsgeist und stellte die Weichen für die Entwicklung der WBI®Methode.** Dass er mit seiner Arbeitsweise einen wesentlichen Grundstein für eine neue, praxistaugliche Methode des Wissensmanagements gelegt hatte, war ihm zum damaligen Zeitpunkt noch nicht bewusst.

Philosophie überträgt sich

Durch mein Studium »Betriebliches Prozess- und Projektmanagement« erkannte ich das Potenzial und begann, einen einfachen, praktischen Ansatz für erfolgreiches Wissensmanagement in Unternehmen zu erarbeiten. **Mein Ziel war es, eine Methode aus der Praxis für die Praxis zu schaffen und diese auch anderen Organisationen zur Verfügung zu stellen.**

Aus der Praxis für die Praxis

Durch meine Auseinandersetzung mit dem Thema veränderten sich bei Meusburger einige Begrifflichkeiten: **Aus Infoblättern wurden »Wissensdokumente« – kurz »WiDoks« – und aus dem »Meusburger-DMS« wurde eine »Wissensdatenbank«.**

Hilfe zur Selbsthilfe

WBI macht brachliegendes, verborgenes Wissen zielgruppengerecht sichtbar und nutzbar. Es hält das Wissen am Leben und leistet dadurch einen erheblichen Beitrag zur Weiterentwicklung und Transparenz im Unternehmen. Die Erfolgsfaktoren dabei sind Ausdauer, Disziplin und Konsequenz – ähnlich wie beim Sport. Selbst in schwierigen Situationen und bei komplexen Themen unterstützt WBI Sie dabei, eine Schritt-für-Schritt-Lösung zu erarbeiten. Es versteht sich als eine Art Bedienungsanleitung bzw. Unternehmenshandbuch und bietet Hilfe zur Selbsthilfe.

Mehrwert generieren

Ziel ist es, Unternehmen durch Wissensmanagement erfolgreicher zu machen und einen Mehrwert zu generieren. Das Augenmerk liegt dabei immer auf Innovation oder Qualitätssicherung. Sie werden sehen: Es hilft Ihnen, Ihre Ziele zu erreichen und sich von Ihren Mitbewerbern abzuheben.

Konsens auf Führungsebene

Um wirksam werden zu können, muss WBI zu einem wesentlichen Teil der Unternehmenskultur werden. **Dazu müssen alle Beteiligten vom Wert des Wissens und von der Notwendigkeit des betrieblichen Wissensmanagements überzeugt sein.** Das Verständnis der Methode spielt dabei eine wesentliche Rolle und ist die Grundvoraussetzung, dass WBI erfolgreich in einem Unternehmen eingeführt und gelebt werden kann. Gerade auf Führungsebene muss daher Konsens über die Wichtigkeit der konsequenten Umsetzung herrschen.

Funktionierende Lösung durch WBI

Obwohl sich die WBI®Methode noch heute ständig weiterentwickelt, bleibt sie im Kern dieselbe. **Über die Jahre wurde aus WBI eine wissensorientierte Zusammenarbeits- und Managementmethode, die bis heute maßgeblichen Einfluss auf das Wachstum und den Erfolg von Meusburger hat.** Aber auch andere Unternehmen und Organisationen profitieren davon, denn WBI kann an individuelle Anforderungen angepasst werden und gliedert sich optimal in die bestehende Systemlandschaft ein.

KURZ & KNAPP

» WBI steht für »Wissen besser integrieren«.

» WBI macht brachliegendes, verborgenes Wissen zielgruppengerecht sichtbar und nutzbar.

» WBI ist bei Meusburger intuitiv entstanden und wurde über die letzten Jahrzehnte ständig optimiert und weiterentwickelt.

» Aus den »Infoblättern« wurden im Laufe der Zeit »Wissensdokumente«.

» WBI wird bei Meusburger bis heute eingesetzt und bietet einen entscheidenden Wettbewerbsvorteil.

» Gerade auf Führungsebene muss Konsens über die Wichtigkeit der konsequenten Umsetzung von Wissensmanagement herrschen.

» WBI ist eine wissensorientierte Zusammenarbeits- und Management-methode und kann für jedes Unternehmen adaptiert werden.

3 WISSEN ÜBER WISSEN

Um sich intensiver mit der WBI®Methode und dem Thema Wissensmanagement auseinandersetzen zu können, bedarf es einiger weniger
Begriffsdefinitionen und Erklärungen.

3.1 Was ist Wissen?

Im **»Europäischen Leitfaden zur erfolgreichen Praxis im Wissensmanagement«** wird Wissen sehr treffend beschrieben:

 *Wissen ist die Kombination von Daten und Information,
unter Einbeziehung von Expertenmeinungen, Fähigkeiten
und Erfahrung, mit dem Ergebnis einer verbesserten Entscheidungsfindung.[2]*

Betrachtet man wie Beat Knechtli den Begriff Wissen aus der wirtschaftlichen Perspektive, so ergibt sich folgende Definition:

 *Wissen ist eine der wenigen Ressourcen, die sich vermehrt,
wenn sie gebraucht oder geteilt wird. Im Vergleich zu den
klassischen Produktionsfaktoren Arbeit, Boden und Kapital
ist Wissen kein physisches Objekt, sondern dynamisch.
Während Arbeit, Boden und Kapital als das Resultat von
Entscheidungen und Handlungen gelten, ist Wissen die
Grundlage für Entscheidungen und Handlungen.[3]*

Das Wissen und die Erfahrungen von Menschen befinden sich grund-
legend in ihren Köpfen. **Sie sind das geistige Werkzeug, das Mitarbeiter bei ihrer täglichen Arbeit anwenden.** Damit Wissen aber
nachhaltig genutzt werden kann, muss es verschriftlicht, nutzbar und
unternehmensweit zugänglich gemacht werden.

---

2   CEN/ISSS 2004, S. 10
3   Knechtli 2014

Und genau darin besteht eines der Grundprobleme des betrieblichen Wissensmanagements: die Überführung von »**implizitem**« in »**explizites**« Wissen. Die gängigste Definition beider Begriffe wurde 1966 von Michael Polanyi eingeführt.[4]

»Implizites Wissen« **ist unbewusst verfügbar.** Es befindet sich in den Köpfen der Wissensträger und ist deshalb schwer zugänglich. Implizites Wissen ist mit den persönlichen Erfahrungen, dem Verhalten und den Wertvorstellungen des Trägers verbunden. Durch das Aussprechen und Erfassen von Wissen kann ein Teil des impliziten Wissens explizit gemacht werden.

Explizites Wissen ist besser nutzbar

»**Explizites Wissen**« **wird sprachlich in Form von Aussagesätzen, Grafiken, Zeichnungen und Zahlen ausgedrückt.** Es lässt sich also verbalisieren. Das schriftlich erfasste Wissen kann somit dargestellt, verarbeitet, gespeichert und geteilt werden. Durch die sogenannte »**Externalisierung**« – also durch das Verschriftlichen von Wissen – wird es für einen erweiterten Personenkreis nutzbar.

Wissen und Informationen gleichgesetzt

In diesem Zusammenhang spricht man auch von »**dokumentiertem Wissen**« **oder** »**dokumentierten Informationen**«. **Bei WBI werden explizites Wissen und Informationen gleichgesetzt.**

3.2 Was ist Unternehmenswissen?

Das Wissen, das sich die WBI®Methode vorrangig zunutze macht, wird als »**Unternehmenswissen**« **bezeichnet.** Es stellt nur einen kleinen, aber sehr wichtigen Ausschnitt aus dem Wissenskosmos dar. Dabei ist grundsätzlich jenes Wissen relevant, das für die Ausübung einer bestimmten Tätigkeit oder für das Treffen von Entscheidungen von Bedeutung ist oder es in Zukunft sein kann. Es geht dabei also nicht um Wissen im wissenschaftlichen oder gar erfinderischen Sinn.

4   Vgl. Wikimedia Foundation 2021a, online

Abb. 3: Der Wissenskosmos

Es geht vielmehr um die Fragen mit Alltagsrelevanz, die ein Unternehmen jahrelang begleiten und mit denen es sich täglich beschäftigt:

» Wie fertigen wir unser Produkt und wie verkaufen wir es?
» Welche Dienstleistungen bieten wir an?
» Wo gibt es Verbesserungspotenzial bzw. was hat sich bewährt?
» Wer ist unsere Zielgruppe?
» Was wissen wir über Markt und Mitbewerber?
» Welches Wissen bzw. welche Kompetenzen benötigen wir?

Die Antworten auf diese essenziellen Fragen müssen von den jeweiligen Wissensträgern explizit gemacht und nachhaltig in Wissensdokumenten gesichert werden. Die WiDoks dienen fortan als gemeinsame Gesprächsgrundlage aller Mitarbeiter und Führungskräfte einer Organisation und können dadurch Missverständnisse verhindern. Durch den sogenannten **»WBI-Prozess«** bleibt das erfasste Wissen dynamisch und lebendig: WiDoks werden im Unternehmensalltag laufend verteilt, genutzt, weiterentwickelt und gesichert.

Essenzielles in Form von WiDoks explizit machen

Aufwand lohnt sich

Das Unternehmen profitiert davon, da auf bestehende WiDoks sukzessive aufgebaut werden kann. Der Aufwand für die Erstellung von Wissensdokumenten wird sich also in jedem Fall lohnen, da sie dem jeweiligen Unternehmen langfristig helfen, wirtschaftlich zu bleiben, und so den Fortbestand sichern.

Die Wissensträger, die ihr Wissen in WiDoks erfassen, werden bei WBI als »Inhaltsverantwortliche« – kurz »IV« – bezeichnet. Sie sind jeweils Experten auf ihrem Gebiet und verantworten sowohl den Inhalt des WiDoks als auch die operative Umsetzung der Inhalte in der Praxis.

3.3 Was ist Wissensmanagement?

Wissensmanagement bezeichnet den bewussten und systematischen Umgang mit der Ressource Wissen und den zielgerichteten Einsatz von Wissen in der Organisation. Damit umfasst Wissensmanagement die Gesamtheit aller Konzepte, Strategien und Methoden zur Schaffung einer ›intelligenten‹, also lernenden Organisation.[5]

Wissen als fundierte Basis für Entscheidungen

Umgelegt auf das Unternehmen bedeutet das, dass Wissen gesteuert und nutzbar gemacht werden muss. So wird in Summe eine breitere, fundierte Basis für Entscheidungen geschaffen, die in Unternehmen tagtäglich getroffen werden müssen.

Wissen wird nutzbar gemacht

Zu Beginn ist Wissensmanagement meist schmerz- oder problemgetrieben: Probleme und Wissenslücken tauchen auf und stellen alle Beteiligten vor große Herausforderungen. Wissensmanagement ist hier die Lösung, da relevantes Wissen aktiv zusammengetragen und nutzbar gemacht wird. Ist der notwendige, wertvolle Dokumentenbestand dann erstmal vorhanden, ist Wissensmanagement wunschgetrieben: Ideen und Themen mit Potenzial werden erfasst und sukzessive vorangetrieben. Wissensmanagement beginnt nachhaltig zu wirken und fördert Weiterentwicklung sowie Innovation.

5   Reinmann-Rothmeier et al. 2001, S. 18

Wissensmanagement ist zudem ein ganzheitlicher Ansatz, der Mensch, Organisation und Technik in Beziehung setzt und soziokulturelle Aspekte wie Einstellungen und Werte berücksichtigt. Ein ganzheitliches Wissensmanagement betrachtet daher zuerst den Menschen, dann die Organisation und schließlich die Technik. Denn Menschen beeinflussen organisationale Strukturen und nehmen Einfluss auf die Nutzung von technischen Systemen. Die Sender und Empfänger von Wissen sind stets die Mitarbeiter, Führungskräfte und die Geschäftsführung – die Technik unterstützt diesen Vorgang nur.

Technik unterstützt Mensch und Organisation

WBI bezieht sich dabei auf das **»TOM-Modell«** nach Hans-Jörg Bullinger, Kai Wörner und Juan Prieto[6]:

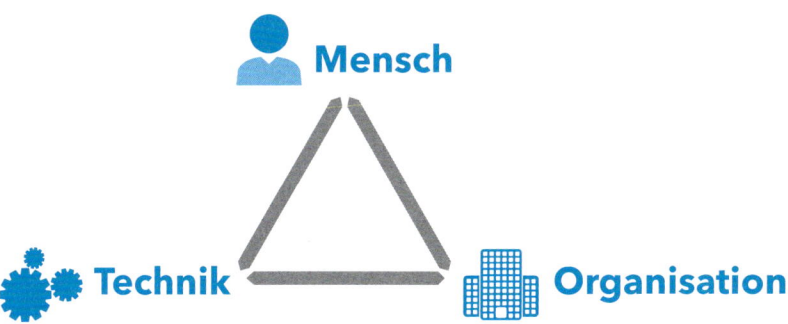

Abb. 4: Spannungsdreieck Mensch – Organisation – Technik

Wie **Abbildung 4** zeigt, stehen Mensch, Organisation und Technik in einem Spannungsdreieck und sind voneinander abhängig. Die Wechselwirkung aller drei Komponenten beeinflusst den Erfolg oder eben auch Misserfolg von Wissensmanagement in einem Unternehmen.

Den größten Hebel sieht WBI beim Faktor Mensch – konkret bei den Wissensarbeitern, Führungskräften, Geschäftsführern und Eigentümern von Unternehmen: Nur wenn sie Wissensmanagement tagtäglich im Unternehmen vorleben und konsequent vorantreiben, bleibt es vital und erfolgreich. Im Gegenzug profitiert der Mensch von einem professionellen Arbeitsumfeld.

Größter Hebel: der Mensch

6   Vgl. Bullinger; Wörner; Prieto 1998

WBI versteht sich daher als strategisches Führungswerkzeug, mit dem ein Unternehmen sein erfolgskritisches Wissen als wertsteigernde Ressource verwalten, organisieren und nachhaltig nutzen kann. Führungskräfte und Wissensträger bilden dabei die Grundlage: Sie sorgen dafür, dass den Mitarbeitern eines Unternehmens jene Informationen zur Verfügung gestellt werden, die sie zur erfolgreichen Bewältigung ihrer Aufgaben, zum Treffen von Entscheidungen sowie als Grundlage für ihr Handeln benötigen.

Zudem braucht es einen sogenannten **»Wissensmanager«.** Dieser verantwortet das Thema Wissensmanagement und ist bevollmächtigt, im Sinne der Geschäftsführung notwendige Maßnahmen zu planen und umzusetzen.

Da Wissensmanagement eine sehr nachhaltige, langfristige Perspektive verfolgt, ist das Setzen von Zielen eine wichtige Aufgabe. Mögliche Ziele des betrieblichen Wissensmanagements sind:

» Wissen identifizieren, erfassen, strukturieren und organisieren
» Aneignen oder Erwerben von neuem, erfolgskritischem Wissen
» Vernetzung und Zusammenarbeit von Wissensträgern
» Wissen weiterentwickeln und Qualität steigern
» Wissensverlust verhindern und Wissenslücken schließen
» Erfahrungen besprechen und erfassen
» Innovation beschleunigen
» Wissensstrategie entwickeln und umsetzen
» Mitarbeiter handlungs- und entscheidungsfähig machen
» Überblick über erfolgskritische Themen verschaffen
» Überblick über Wissensträger in der Organisation geben

Potenzial
unterschätzt

Bei genauerer Betrachtung der Ziele wird klar, welchen wertvollen Beitrag Wissensmanagement für den Unternehmenserfolg leisten kann. **Trotzdem setzt sich Wissensmanagement nur langsam durch, da das Potenzial seit vielen Jahren unterschätzt wird.** Laut einer deutschen Studie findet in rund 86 % der befragten Unternehmen im deutschsprachigen Raum noch keine systematische Sicherung von Wissen statt.[7]

7   Vgl. Lehnert 2020, S. 2, online

Vielen ist zwar klar, dass die Erfassung und effiziente Nutzung vorhandener Wissensressourcen einer der entscheidenden Wettbewerbsfaktoren für den Unternehmenserfolg ist. **Allerdings wird Wissensmanagement bis heute nur als »wichtig« angesehen, aber nicht als »dringend«.** Dadurch wird das Thema nicht in Angriff genommen, sondern immer wieder vor sich hergeschoben. Das führt dazu, dass Wissensmanagement nach über 25 Jahren immer noch nicht als relevante Management-Disziplin wahrgenommen wird, obwohl es die einzige Disziplin ist, die nahezu alle Management-Disziplinen vereinen kann.

Die WBI®Methode setzt genau an diesem Punkt an: Sie arbeitet mit vielen Nachbardisziplinen eng zusammen und nutzt Synergien. **WBI vermag es, die inhaltliche Quintessenz aus der operativen Arbeit mit allen anderen Managementmethoden in Form von Wissensdokumenten festzuhalten und nutzbar zu machen.** Denn bei genauerer Betrachtung wird klar: Wissensmanagement ist allgegenwärtig – selbst im privaten Bereich.

WBI vereint Management-Disziplinen

Überlegen Sie sich bitte, in welchen Situationen Sie im privaten Bereich schon unbewusst Wissensmanagement angewendet haben oder wo es zukünftig sinnvoll sein könnte? Falls Ihnen ad hoc nichts Passendes einfällt, hier ein Beispiel für intuitives Wissensmanagement:

Sie fahren vermutlich gerne in den Urlaub. Etwas wird Ihnen dabei nicht erspart bleiben: das Kofferpacken. Wie so oft wird gepackt und dennoch etwas vergessen. Um sich diesen Ärger zu ersparen, ist es ratsam, eine Packliste zu erstellen. Darauf können Sie die vielen einzelnen Gegenstände anführen, die Sie unbedingt in den Urlaub mitnehmen wollen. Damit Sie die Liste nicht jedes Mal neu verfassen müssen, ist es sinnvoll, diese Liste auf Ihrem Computer zu erfassen und zu sichern. Dadurch ist eines sichergestellt: Sie vergessen nie mehr Ihre Sonnenbrille oder Ihr Ladekabel. Erstellen Sie eine eigene Packliste für Ihren nächsten Urlaub oder nutzen Sie einfach **Musterdokument 00472**.

In den letzten 20 Jahren entstanden unzählige Modelle, Methoden und Werkzeuge des Wissensmanagements. Viele davon stellen das Thema theoretisch dar und bieten teils einen methodischen, teils einen sehr

Anerkannte Theorien und Methoden

wissenschaftlichen Ansatz. Für das Verständnis des Buches sind diese nicht relevant – sollten Sie sich intensiver damit beschäftigen wollen, lesen Sie später gerne die folgenden vertiefenden WiDoks:

00448   SECI-Modell
00449   Wissenstreppe
00450   Bausteine des Wissensmanagements
00451   TOM-Modell
00452   Human- und technikorientiertes Wissensmanagement

3.4   Was ist eine Wissensdatenbank?

Um die Arbeit aller Beteiligten zu erleichtern, werden die Wissensdokumente in einer sogenannten **»Wissensdatenbank«** strukturiert und organisiert. WBI vermag es durch den Einsatz dieser Wissensdatenbank, einem Unternehmen eine Art Gehirn mit einem Gedächtnis zu geben, das sich ständig weiterentwickelt und auf das alle Mitarbeiter Zugriff haben.

Ziel der Wissensdatenbank ist es, den relevanten Personen WiDoks mit bedeutsamen Informationen zentral, zeitgerecht und zielgruppenoptimiert zur Verfügung zu stellen. Sie ermöglicht eine optimale Datenverwaltung, schafft Transparenz und fördert Zusammenarbeit sowie Kommunikation.

Begriff
polarisiert

In den Reihen der Wissensmanagement-Community wird der Begriff Wissensdatenbank sehr kritisch gesehen. Vor allem die Kombination der Begriffe **»Wissen«** und **»Datenbank«** sehen einige als widersprüchlich und daher unmöglich. **WBI benutzt diesen Begriff dennoch bewusst, um gewisse Abläufe und Mechanismen, losgelöst von einer technischen Lösung, zu beschreiben.**

Auch in anderer Hinsicht ist der Begriff **»WissensdatenBANK«** sehr treffend, denn mit dem Sichern von Wissen verhält es sich wie mit dem regelmäßigen Einzahlen von Geld auf ein Konto: Je mehr eingezahlt wird, desto höher ist der Kontostand und somit der Wert des Kontos.

Es ist daher wichtig, dass die Mitarbeiter und Führungskräfte die Wissensdatenbank schätzen, die vorhandenen Wissensdokumente optimal nutzen und das bestehende Wissen sukzessive weiterentwickeln. **Die Wissensdatenbank wird dadurch zu einem vitalen, dynamischen und wertvollen System, das gerne verwendet wird und dessen Inhalte daher ständig aktuell bleiben.**

Anweisung, WiDoks zu nutzen

Bei WBI wurden in den letzten Jahren die Gestaltung, die Umsetzung und die Einhaltung der organisatorischen Aufgaben des Wissensmanagements in den Vordergrund gestellt. Das geschah bisher immer unabhängig von der dafür verwendeten informationstechnologischen Lösung.

Natürlich sind diese Aspekte nach wie vor wichtig, allerdings konnte ich über die Jahre immer wieder eines feststellen: Die Einführungsphase und vor allem die Nutzungsphase einer Wissensdatenbank sind maßgeblich von der Wahl der softwaretechnischen Lösung abhängig.

Ich empfehle Ihnen an dieser Stelle, ein »Wissensmanagement-System« – kurz »WMS« – für die technische Umsetzung Ihrer Wissensdatenbank zu nutzen. Ein WMS dient der Erfassung, Verteilung, Weiterentwicklung und Sicherung von Wissen in Form von WiDoks. Erfolgskritisches Unternehmenswissen wird im WMS gezielt strukturiert, organisiert und zentral zur Verfügung gestellt.

Natürlich gibt es hier viele verschiedene Systeme, Anbieter bzw. Hersteller. Je nachdem, für welches Sie sich entscheiden, verfügt das WMS über die notwendigen Funktionen und Mechanismen, die für ein lebendiges Wissensmanagement mit WBI notwendig sind. Mehr dazu erfahren Sie in Kapitel 8.7.4 bzw. Kapitel 8.8.

Geeignetes System wählen

3.5   Was ist die Wissensbasis?

Das gesammelte explizite Wissen und alle Informationen, die in schriftlicher oder grafischer Form in einer Wissensdatenbank gespeichert sind, werden als **»Wissensbasis«** einer Organisation bezeichnet. Gunnar Pauzke sagt in diesem Zusammenhang:

Die organisatorische Wissensbasis repräsentiert den Wissensbestand, der einer Organisation zur Verfügung steht.[8]

Im Sinne von WBI spiegelt die Wissensbasis den allgemein anerkannten Wissenstand bzw. den »kleinsten gemeinsamen Nenner« in einer Organisation wider. Dieser wird von allen akzeptiert und in der Praxis angewendet.

Wissensbasis als gemeinsame Grundlage

Informationen und Wissen bieten Organisationen jedoch nur dann einen Vorteil, wenn sie effizient gemanagt und eingesetzt werden. Unternehmen müssen deshalb sukzessive eine fundierte Wissensbasis aufbauen, um richtige Entscheidungen treffen und Chancen wahrnehmen zu können. Die WBI®Methode nutzt hierbei das Wissensdokument als zentrales Element, in dem das relevante Wissen portionsweise erfasst wird. Bei WBI steht somit die Gesamtheit aller WiDoks für die Wissensbasis eines Unternehmens. **Durch das gemeinsame Verständnis und die gemeinsame Basis können Entscheidungen besser getroffen und Chancen wahrgenommen werden.**

3.6   Was ist Wissenstransfer?

Wissenstransfer bezeichnet die Weitergabe von Wissen einer Person an eine oder mehrere andere Personen und kann auf verschiedene Weisen erfolgen:

8   Pauzke 1989, S. 63

3.6.1   Mündlicher, direkter Transfer

Es handelt sich dabei um ein klassisches Sender-Empfänger-Modell. Bei der Weitergabe muss der Sender das Wissen bzw. die Information kodieren, also in Worte fassen, und aussprechen. Der Empfänger hingegen hört das Gesagte, nimmt es auf und interpretiert es.

Wissen kodieren und verbalisieren

Abb. 5: Direkter Transfer zwischen Sender und Empfänger

Die Vorteile:
» Sender und Empfänger können sich direkt austauschen.
» Es werden keine Hilfsmittel wie z. B. Computer benötigt.
» Ein Großteil des Erfahrungswissens wird situativ weitergegeben.

Die Nachteile:
» Das Wissen kann nur von anwesenden Personen gehört und aufgenommen werden – es wird zu deren implizitem Wissen.
» Das neue implizite Wissen kann schnell in Vergessenheit geraten.
» Das Wissen wird nicht schriftlich erfasst, daher nicht gesichert, und kann zu einem späteren Zeitpunkt nicht mehr eingesehen werden.

Es ist grundsätzlich zu beachten, dass das Wissen des Senders nie 1:1 beim Empfänger ankommt. Der Wissenstransfer – egal ob über ein WiDok oder im Gespräch – beinhaltet immer zwei Filter: Einerseits filtert der Sender bei der Formulierung seiner Gedanken den Inhalt. Andererseits filtert der Empfänger den Inhalt, indem er ihn aufnimmt und interpretiert. Mehr zu diesem Thema erfahren Sie im **vertiefenden WiDok 00407**.

Dies kann dazu führen, dass Wissen missverstanden und später fehlerhaft angewendet wird. Roth und Klett betrachten das Thema aus neuropsychologischer Sicht und stellen fest,

 (...) dass Wissen nicht direkt übertragbar ist, sondern in jedem Gehirn individuell konstruiert werden muss.[9]

Gedankliche Verarbeitung ungewiss

Der Sender kann also nicht kontrollieren, wie das Gehirn des Empfängers die Botschaft gedanklich verarbeitet. Für ihn ist somit nicht nachvollziehbar, ob seine Botschaft im beabsichtigten Sinne beim Empfänger angekommen ist oder nicht. Will er sichergehen, dass der Empfänger alles richtig verstanden hat, muss er ihn bitten, das Gehörte nochmals in seinen eigenen Worten wiederzugeben.

3.6.2 Schriftlicher Transfer

Kommunikation über Medium

Es handelt sich dabei um ein erweitertes Sender-Empfänger-Modell, bei dem Sender und Empfänger über ein Medium wie eine E-Mail, eine Chat-Funktion, ein Protokoll, ein Dokument oder Ähnliches kommunizieren. Der Wissenstransfer über ein Medium wird oft in größeren Firmen gelebt.

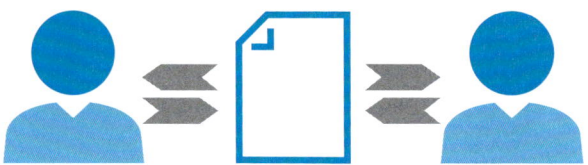

Abb. 6: Indirekter Transfer zwischen Sender und Empfänger

Vorteile des schriftlichen Transfers

Die Vorteile:

» Das Wissen ist schriftlich erfasst.
» Das erfasste Wissen steigert die Qualität.
» Das erfasste Wissen ist Grundlage für die Verteilung und Nutzung.

9   Roth; Klett 2015, S. 225

Die Nachteile:

» Die Erfassung stellt einen Zeitaufwand dar.

» Die Grundvoraussetzungen für die Weiterentwicklung sind nicht gegeben.

» Das Wissen ist zwar erfasst, aber es ist nicht garantiert, dass es auch verteilt und genutzt wird. Es verkümmert oft irgendwo, wenn es nicht zentral zur Verfügung gestellt wird.

» Das explizite, erfasste Wissen bedarf manchmal einer weiteren Erklärung, damit der Inhalt bzw. die Hintergründe verstanden werden.

» Fragen des Empfängers können nicht direkt beantwortet werden.

3.6.3   Kombinierter Wissenstransfer mit WBI

Da bei WBI sowohl der direkte Austausch als auch die Arbeit mit WiDoks ausdrücklich erwünscht sind, setzt die WBI®Methode auf den kombinierten Wissenstransfer. Bei Arbeitsgesprächen und größeren Meetings werden daher, wenn es Sinn macht, bewusst WiDoks herangezogen. Das führt zu einer Erhöhung der Produktivität sowie der Qualität der besprochenen Inhalte. Kommunikation und Zusammenarbeit im Unternehmen werden dadurch bewusst mit der nachhaltigen Wissenssicherung verbunden. Ineffiziente Formen der Kommunikation werden vermieden.

Kombination aus mündlichem und schriftlichem Transfer

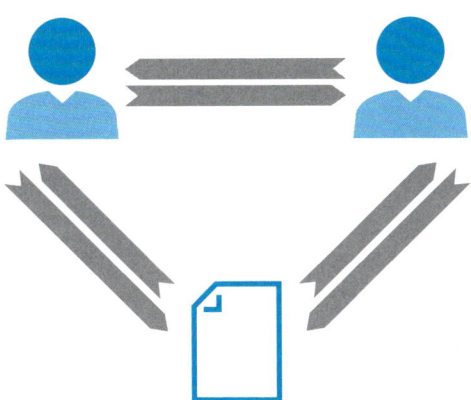

Abb. 7: Kombinierter Transfer zwischen Sender und Empfänger mittels WiDok

Vorteile des
kombinierten
Wissenstransfers

Die Vorteile:

» Sender und Empfänger können sich direkt austauschen.

» Das Wissen steht nicht nur den Anwesenden zur Verfügung, sondern allen Personen mit Zugriff auf die Wissensdatenbank.

» Das Wissen ist auch zu einem späteren Zeitpunkt zentral abrufbar.

» Im Laufe eines Arbeitsgespräches kann auf bestehende WiDoks zugegriffen und auf ihren Inhalten aufgebaut werden.

» Bei Bedarf kann der Empfänger Fragen stellen und erhält eine kurze »**Mikroschulung**« durch den Sender.

Eine »Mikroschulung« ist eine kurze, jedoch sehr wertvolle Schulungseinheit zu einem Wissensdokument. Dabei wird die organisationale Fragestellung, die hinter dem WiDok steckt, geschildert und vertiefendes, implizites Wissen transferiert. Der Inhaltsverantwortliche muss seinem Gegenüber also nicht nur die expliziten Inhalte des Dokuments bestmöglich vermitteln, sondern auch die impliziten, schwer in Worte zu fassenden Gedanken. So können im Rahmen einer Mikroschulung alle Fragen und Unklarheiten beseitigt werden. Der Sender kann sich zudem versichern, dass der Empfänger das Wissen richtig interpretiert und verstanden hat. Im Anschluss wird das Besprochene im entsprechenden WiDok ergänzt. Mehr dazu finden Sie im **vertiefenden WiDok 00458**.

KURZ & KNAPP

» Wissen ist die Kombination von Daten und Informationen, unter Einbeziehung von Expertenmeinungen, Fähigkeiten und Erfahrung, mit dem Ergebnis einer verbesserten Entscheidungsfindung.

» Implizites Wissen befindet sich in den Köpfen von Personen, ist unbewusst verfügbar und kann nur begrenzt in Worte gefasst werden. Explizites Wissen kann sprachlich in Form von Aussagesätzen, Grafiken, Zeichnungen sowie Zahlen ausgedrückt werden. Bei WBI werden explizites Wissen und Informationen gleichgesetzt.

» Unternehmenswissen ist das erfolgskritische Wissen aller Personen eines Unternehmens. Es muss nachhaltig in Form von Wissensdokumenten gesichert werden.

» Das Wissensdokument – kurz WiDok – ist eine abgegrenzte, druckbare Wissenseinheit zu einem bestimmten Thema.

» Betriebliches Wissensmanagement ist der bewusste und systematische Umgang mit der Ressource Wissen sowie der zielgerichtete Einsatz von Wissen in einem Unternehmen.

» Wissensmanagement basiert auf der Motivation der Wissensarbeiter und Führungskräfte, ihr Wissen mit anderen zu teilen.

» Die Mitarbeiter und Führungskräfte, die ihr Wissen in Wissensdokumenten erfassen, werden bei WBI als Inhaltsverantwortliche bezeichnet.

» WBI versteht sich als strategisches Führungswerkzeug, mit dem ein Unternehmen sein erfolgskritisches Wissen als wertsteigernde Ressource verwalten, organisieren und nachhaltig nutzen kann.

» Ein Wissensmanagement-System – kurz WMS – ist nicht nur das optimale Werkzeug für die Erfassung, Verteilung, Weiterentwicklung und Sicherung von erfolgskritischem Unternehmenswissen. Es stellt dieses auch gezielt, strukturiert, organisiert und zentral zur Verfügung.

4 WORIN LIEGEN DIE VORTEILE VON WBI?

Warum sollte ein Unternehmen oder eine Organisation Wissensmanagement bzw. WBI einführen? In diesem Kapitel werden einige der Vorteile für Unternehmen, Führungskräfte und Mitarbeiter im Detail beschrieben.

4.1 Vorteile für Unternehmen

Einige Unternehmen managen bereits unbewusst ihr Wissen, ohne in diesem Zusammenhang von Wissensmanagement zu sprechen, und versuchen, das Wissen in irgendeiner Form festzuhalten. **Das Ziel muss es jedoch sein, das Wissen über alle Organisationsebenen hinweg besser im Unternehmen zu integrieren und nutzbar zu machen**. Nur dann wird Wissen zu einem fundierten, zusätzlichen Steuerungsinstrument für sämtliche Aktivitäten und unterstützt alle Beteiligten dabei, ihre Ziele zu erreichen. Natürlich ist die Einführung von Wissensmanagement mit einem gewissen Aufwand verbunden, insgesamt überwiegen die Vorteile für das gesamte Unternehmen jedoch bei Weitem.

Zusätzliches Steuerungsinstrument

4.1.1 Weiterentwicklung des Wissens

Wissen, das in WiDoks erfasst ist und in regelmäßigen Abständen weiterentwickelt wird, wird ständig verbessert. Einerseits wird das WiDok vom Inhaltsverantwortlichen selbst weiterentwickelt, andererseits erfährt es eine immense Qualitätssteigerung, wenn ein WiDok von mehreren Personen genutzt und somit aus mehreren Perspektiven betrachtet wird. **Dadurch werden der Informationsgehalt und die Qualität der Inhalte eines WiDoks sukzessive erhöht.**

Qualität steigt stetig

Angenommen, Sie planen ein Kundenevent: Das Event findet zum wiederholten Male statt und Sie wollen, dass der Ablauf standardisiert wird. Sie erfassen zunächst nur Ihre eigenen Erfahrungen und Erkenntnisse aus vorhergegangenen Veranstaltungen und erstellen ein WiDok mit dem Titel »Checkliste Abwicklung Kundenevent«. Durch die optimale Vorbereitung wird das Event ein voller Erfolg. Bei der Reflexion der Veranstaltung gibt es dennoch einige Anregungen durch Kollegen und andere Teilnehmer. **Das WiDok wird daraufhin ergänzt, um die Wiederholung etwaiger Fehler zukünftig zu vermeiden.** Durch das Lernen aus Erfahrungen verläuft das nächste Event reibungslos und wird ein voller Erfolg. Sollten Sie noch über kein derartiges Dokument verfügen, nutzen Sie gerne **Vorlage 00496** für die Planung Ihrer nächsten Veranstaltung.

4.1.2   Zeitersparnis

Mehrere Zeitvorteile durch WBI

Geht es um die Zeitersparnis, so gibt es mehrere Aspekte, die im Rahmen des Wissensmanagements mit WBI zum Tragen kommen. **Was diese Vorteile im Detail bewirken, erfahren Sie im weiteren Verlauf des Buches:**

» Effizienteres Arbeiten, da auf das bestehende Unternehmenswissen aufgebaut werden kann. Siehe Kapitel 4.1.4.
» Optimierte, stabile Arbeitsabläufe und Prozesse verhindern Fehler und Probleme – lästige bzw. teure Stehzeiten von Personen und Maschinen werden vermieden. Siehe Kapitel 4.1.5 und 4.3.3.
» Durch den zentralen Zugang zur Wissensdatenbank gelangen alle rascher an die gewünschten WiDoks mit notwendigen Inhalten. Siehe Kapitel 4.3.1.
» Durch die klar geregelte Inhaltsverantwortung weiß jeder sofort, an wen er sich bei Fragen oder Anregungen wenden kann. Siehe Kapitel 4.3.4.
» Durch die gemeinsame Basis wird bei Besprechungen Zeit gespart, da alle das gleiche Verständnis bzw. den gleichen Wissensstand haben. Siehe Kapitel 6.1.2.1.

» Abteilungsübergreifende Doppelarbeiten werden vermieden. Siehe Kapitel 6.2.2.2.
» Wird das erarbeitete Wissen nicht zeitnah in einem WiDok erfasst, verwässert es und gerät in Vergessenheit. Das Wiederherstellen des ehemaligen Wissensstandes ist zeitintensiv und führt zu unnötigen Wiederholungsarbeiten. Siehe Kapitel 6.1.4.2.
» Inhaltsverantwortliche können das Schreiben an einen sogenannten »Autor« delegieren, um Zeit zu sparen. Siehe Kapitel 7.3.1.
» Die Einarbeitungsphase für neue Mitarbeiter fällt kürzer aus, da Schulungsinhalte und allgemeine Informationen in Form von WiDoks zur Verfügung stehen. Siehe Kapitel 11.1 bis 11.2.2.
» Führungskräfte können Zeit sparen, indem sie ihre Sichtweise früh in WiDoks und Projekte einbringen. Siehe Kapitel 4.2.3 und 4.2.6.
» Führungskräfte ersparen sich Zeit, indem sie die ständig anfallenden Themen auf mehrere Schultern verteilen. Siehe Kapitel 12.1.2.
» Führungskräfte können etwaige Probleme oder Unstimmigkeiten durch das frühzeitige Vernetzen von Personen klären lassen, um spätere Umplanungen oder Fehlerkosten zu vermeiden. Siehe Kapitel 12.2.4.

4.1.3 Qualifikation der Mitarbeiter

Wissensmanagement führt nicht nur zu einer effizienteren und qualitativ besseren Arbeitsleistung, sondern erhöht auch den Wissensstand der einzelnen Mitarbeiter. Das wiederum führt zu einer qualitätsvolleren Arbeit bzw. zu besseren Leistungen. Ein wichtiger Aspekt der Qualifikation der Mitarbeiter besteht darin, diese entscheidungs- sowie handlungsfähig zu machen. Durch hochwertige Schulungen und die Bereitstellung der notwendigen Informationen wird ein selbstständiges Arbeiten ermöglicht.

Erhöhter Wissensstand

Speziell bei Schulungen ist es wichtig, dass das zu vermittelnde Wissen bei den Teilnehmern ankommt und auch verstanden wird. Daher werden bei Meusburger alle Schulungen auf Basis von erprobten Wissensdokumenten abgehalten.

Wissensträger
vermitteln Wissen
bei Schulungen

Das fundierte Wissen wird vom Inhaltsverantwortlichen – also vom jeweiligen Wissensträger – in einer Schulung an die neuen Mitarbeiter weitergegeben. Das explizite Wissen wird somit zu implizitem Wissen bei den Lernenden.

Müssen die Mitarbeiter das Gelernte später in unterschiedlichen Situationen anwenden, so wissen sie, dass es dazu ein WiDok gibt. Sie können darauf zurückgreifen oder, wenn nötig, den Inhaltsverantwortlichen kontaktieren und vertiefende Fragen stellen.

Die Arbeit mit WiDoks bietet sich auch für Organisationen mit einer eigenen **»Firmen-Akademie«** an, da die entsprechenden WiDoks für Seminare und Schulungen herangezogen werden können. Weitere Informationen zur Qualifikation der Mitarbeiter sowie zu Firmen-Akademien finden Sie in Kapitel 11.

4.1.4 Innovations- und Qualitätsmanagement

Innovations- und Qualitätsmanagement sind Disziplinen der Zukunft und bieten einen entscheidenden Wettbewerbsvorteil. Dennoch arbeiten die beiden Disziplinen grundsätzlich gegeneinander.[10]

Fundament
für Neues

Innovationsmanagement soll Neues ermöglichen und Kreativität fördern. Bestehendes wird dabei infrage gestellt und Routine, wenn nötig, aufgebrochen. Selbst das Zulassen von Irrtümern und das kontrollierte Eingehen von Risiken sind Teil davon. Innovationsmanagement verbessert die Wettbewerbsfähigkeit und die Organisation erlangt Einzigartigkeit.[11] Mehr dazu erfahren Sie im **vertiefenden WiDok 00467**.

Bestehendes
optimieren

Qualitätsmanagement richtet den Fokus hingegen darauf, Bestehendes zu optimieren sowie Fehler und Risiken zu minimieren. Kreativität ist nicht erwünscht und ein Scheitern wird nur in Ausnahmefällen akzeptiert. Mehr dazu erfahren Sie im **vertiefenden WiDok 00466**.

10   Vgl. Lutz 2016, S. 81
11   Vgl. Lutz 2016, S. 83

Die WBI®Methode schafft es, die Vorteile des Innovations- und des Qualitätsmanagements miteinander zu verbinden:

» Qualitätsrelevantes Wissen wird erfasst und langfristig gesichert, sodass jeder die gleiche Arbeitsleistung erbringen kann.
» Standardisierung bildet die Basis für Qualität und Perfektion.
» Risiken, Irrtümer und Fehler werden frühzeitig erkannt.
» Da der Ist-Stand festgehalten ist, kann darauf aufgebaut werden, und es kann Neues entstehen, ohne Qualität einzubüßen.
» Sowohl Routine als auch Kreativität wird Platz eingeräumt.
» Ideen können reifen und sich in Ruhe weiterentwickeln.
» Durch die gemeinsame Ausgangsbasis verringert sich der Abstimmungsaufwand im Unternehmen.
» Durch die Vernetzung von Mitarbeitern werden Weiterentwicklung und Innovation gefördert.

WBI verbindet Innovations- und Qualitätsmanagement

Das mit WBI explizit gemachte Unternehmenswissen ist also ein Fundament für neue Ideen, sichert die Organisation ab und begünstigt gleichzeitig Innovation und Weiterentwicklung. **Wer auf bestehendem Wissen aufbauen kann, hat die Möglichkeit innovativ zu sein und sich weiterzuentwickeln.**

4.1.5 Optimierte, stabile Arbeitsabläufe

In Wissensdokumenten werden wiederkehrende Abläufe und Prozesse festgehalten und als Standard definiert. Die Arbeit der beteiligten Mitarbeiter wird damit erleichtert, da die genaue Vorgehensweise festgelegt und einsehbar ist.

Festhalten und standardisieren

Je öfter ein und derselbe Arbeitsablauf durchgeführt wird, desto eher werden unnötige oder falsche Schritte erkannt und beseitigt. Wird ein Fehler oder Optimierungspotenzial erkannt, sind die Mitarbeiter dazu aufgefordert, den Zuständigen zu kontaktieren und eine Änderung des WiDoks zu veranlassen.

Kollektives
Wissen oft
nachhaltiger

Die Erkenntnisse und Erfahrungen vieler verschiedener Mitarbeiter fließen so in die WiDoks ein. **Gerade dieses kollektive Wissen, das gemeinschaftlich entwickelt wird, ist oft nachhaltiger und deckt mehrere Eventualitäten ab.** Dadurch können Arbeitsabläufe sowie Prozesse effizienter und gewinnbringender weiterentwickelt werden. Das Ergebnis sind optimierte Abläufe sowie eine gesteigerte Prozessstabilität. Mehr zum Thema Prozessmanagement erfahren Sie im **vertiefenden WiDok 00464**.

4.2 Vorteile für Führungskräfte

Zeit ist kostbar
und begrenzt

Die Zeit einer Führungskraft ist begrenzt. **Daher ist es wichtig, Führungskräfte bestmöglich zu entlasten und sie bei ihrer täglichen Arbeit zu unterstützen.**

4.2.1 Erleichtertes Delegieren von Aufgaben und Zuständigkeiten

Kennen Sie das: Man dreht sich immer wieder im Kreis, da es keinen fixen Zuständigen gibt und somit keinen Verantwortlichen, den man kontaktieren bzw. in die Pflicht nehmen kann? **Speziell für Führungskräfte ist es daher wichtig, die vielen anfallenden Aufgaben an kompetente Mitarbeiter zu verteilen,** die sich in weiterer Folge darum kümmern und sich damit auseinandersetzen.

Zuständigkeiten
mit WiDoks
fixieren

Durch den Einsatz von Wissensdokumenten wird das Delegieren von Aufgaben und Zuständigkeiten erleichtert: Kristallisiert sich in einem Arbeitsgespräch ein neues, spannendes Thema heraus, das es zu erarbeiten gilt, kann die Führungskraft es leicht an jemanden delegieren. Dazu beauftragt sie den Mitarbeiter während des Arbeitsgesprächs, das Thema in einem WiDok zu erfassen. **Sobald das Thema im Titel steht und der Mitarbeiter als Inhaltsverantwortlicher darauf genannt ist, gehört diese neue Aufgabe zu seinen Zuständigkeiten.** Er ist fortan inhaltlich und operativ dafür verantwortlich. Durch diese Vorgehensweise weiß die Führungskraft, dass die vielen wichtigen Themen, die eine Organisation beschäftigen, in verantwortungsbewussten Händen liegen. Nutzen Sie **Musterdokument 00148** als praktische Übersicht.

Die Verbindung zwischen Zuständigkeiten und WiDoks hilft Führungskräften, einen Überblick über die Aufgaben im Team zu bewahren. Eine Führungskraft kann dadurch weitere themennahe Aufgaben an die richtigen Personen verteilen oder Personen mit ähnlichen Themen vernetzen. Sie ist stets informiert, wer woran arbeitet, und kennt die Auslastung des Teams.

4.2.2   Erleichterung von Entscheidungen und deren Umsetzung

Eine Führungskraft muss täglich große bzw. kleine Entscheidungen treffen und beeinflusst dadurch maßgeblich den weiteren Verlauf und Erfolg des Unternehmens. Das Treffen von Entscheidungen wird durch WBI in vielerlei Hinsicht erleichtert: **Durch die Arbeit mit WiDoks und die »Info Lesen« werden die notwendigen Hintergrundinformationen und Fakten zur Verfügung gestellt.** Die Führungskraft bleibt somit stets über wichtige Themen informiert und kann auf Basis von aktuellen Informationen richtige Entscheidungen treffen.

Tägliche Entscheidungen

Die »Info Lesen« ist eine spezielle Form der Benachrichtigung für Vorgesetzte. Durch sie werden Führungskräfte automatisch mit aktuellen Informationen aus ihren Verantwortungsbereichen versorgt, sobald einer ihrer Mitarbeiter ein neues oder ein überarbeitetes WiDok veröffentlicht. Mehr dazu erfahren Sie in Kapitel 6.2.1.3.

Bei Entscheidungen ist es hilfreich, die involvierten Mitarbeiter einzeln zu befragen, denn in der Gruppe wird der Einzelne oft beeinflusst oder manipuliert. Es bietet sich daher an, mit allen Personen einzeln zu sprechen oder alle Personen ihre Vorschläge gleichzeitig auf einem Stück Papier notieren zu lassen. Die unterschiedlichen Meinungen werden

Entscheidungen
erfassen

dadurch sichtbar und können als Basis für die Entscheidungsfindung dienen. Beim Treffen der Entscheidung sollten dann alle Betroffenen anwesend sein und informiert werden. Die Entscheidung selbst sowie die Ideen und Hintergründe dazu werden abschließend in einem Wissensdokument erfasst und nachhaltig gesichert. Siehe **Kapitel 6.1.2.5**.

Entscheidungen sollten nicht nur getroffen werden, um einen Nachweis für die Entscheidung zu haben und diese statisch in einem Management-System zu speichern. In diesen Fällen kommt es, wenn überhaupt, oft erst nach Wochen oder Monaten zur Umsetzung. **Es geht vielmehr darum, die Zeit zwischen der Entscheidung und der Umsetzung so kurz wie möglich zu halten.** Ziel ist ein Management-System in Echtzeit, bei dem die Zeit bis zur Umsetzung gegen null geht. Nur wenn die Inhalte der WiDoks einen Vorteil bieten, werden sie rege genutzt und zeitnah umgesetzt.[12]

4.2.3 Unternehmensrelevante Themen im Überblick

Führungskraft
stets informiert

Wichtige Aspekte der Unternehmensführung sind die Strategie des Unternehmens und damit verbundene Themen. Um qualitativ hochwertige Aussagen treffen zu können, sollten Geschäftsführer und Führungskräfte stets über alle unternehmensrelevanten Vorgänge informiert sein. **WBI gibt einer Führungskraft den notwendigen 360°-Überblick, da zu allen relevanten und aktuellen Themen ein WiDok existiert oder bei Bedarf erstellt wird.** Heruntergebrochen auf die einzelnen Organisationseinheiten – egal ob diese als Bereiche, Teams oder Abteilungen bezeichnet werden – unterstützt WBI alle Führungskräfte durch ein hohes Maß an Transparenz.

Vorgesetzter
kann eingreifen

Mithilfe der WiDoks wird die Führungskraft bei jeder neuen Veröffentlichung über den aktuellen Stand informiert und kann notfalls eingreifen, falls das Thema nicht im Sinne der Führungskraft erarbeitet wurde. Dank dieser Vorgehensweise spiegeln die Wissensdokumente

12   Vgl. Behrens 2015, online

jeweils die Sichtweise des Vorgesetzten wider, und der gesamte Verantwortungsbereich einer Führungskraft wird in ihrem Sinne geführt. Aus der Perspektive des Eigentümers oder Geschäftsführers betrachtet, kann dadurch die gesamte Organisation gesteuert werden. **WBI ist also ein wichtiges Werkzeug, das es Führungskräften ermöglicht, sich einzubringen und das Unternehmen in die richtige Richtung zu lenken.**

Die Führungskraft entscheidet somit auf lange Sicht:

» welche Themen im Unternehmen Einzug halten,
» welche Themen erarbeitet und umgesetzt werden und
» welche Themen das Unternehmen wieder verlassen.

Achten Sie jedoch stets darauf, nur die Leitplanken zu setzen und die Themen nicht zu sehr einzugrenzen. Sie gefährden sonst die Selbstständigkeit und Kreativität der Kollegen und Mitarbeiter, was sich negativ auf deren Motivation und somit auch auf die Qualität ihrer Arbeit auswirken kann.

4.2.4 Kontinuierlicher Fortschritt

Eine erfolgreiche Organisation bewegt sich täglich vorwärts und bedient sich dabei der Vorteile des Wissensmanagements. **Einer dieser Vorteile ist die inkrementelle Wissensarbeit** – also das ständige Weiterentwickeln von Wissen. WBI begünstigt durch die Arbeit mit WiDoks und das damit verbundene Sichern von Wissen den kontinuierlichen Fortschritt einer Organisation. Es übernimmt zwei wichtige Funktionen:

Inkrementelle Wissensarbeit

Einerseits sichert WBI das relevante Unternehmenswissen in Form von WiDoks in einer Wissensdatenbank ab und schützt das Unternehmen so vor einem fatalen Wissensverlust. Wie ein Keil sichert WBI nach hinten ab, denn Wissen, das einmal in einem WiDok erfasst wurde, kann nicht mehr verloren gehen. WBI geht damit aktiv gegen eine Verschwendung von bestehendem, wertvollem Wissen und Vermögenswerten vor.

Wissensverlust vermeiden

Im Sinne der Führungskraft

Kontinuierliche Weiterentwicklung fördern

Andererseits bietet WBI durch das ständige Streben nach Verbesserung die notwendige Grundlage für einen »kontinuierlichen Verbesserungsprozess« – kurz »KVP«. Dieser bezieht sich einerseits auf die WiDoks und deren Inhalte, andererseits auf das Unternehmen selbst.

Unternehmen voranbringen

Auf Ebene der WiDoks sorgen die kontinuierliche Überarbeitung der Inhalte sowie das ständige Abgleichen von Theorie und Praxis für aktuelles, richtiges und relevantes Wissen. **Ziel ist es, das Unternehmen zu stärken und weiter voranzubringen.**

Abb. 8: WBI beugt Wissensverlust vor und begünstigt den KVP

TIPP

Da Veränderungen von Abläufen und Prozessen in vielen Fällen auch Auswirkungen auf andere Abteilungen haben, gilt es, diese frühzeitig in die Verbesserungsmaßnahme einzubinden. Dadurch erhöht sich die Akzeptanz bereits von Beginn an und einem Scheitern wird entgegengewirkt.

Aufgabe Lesen als Impuls

Werden die KVP-Maßnahmen in WiDoks erfasst, können diese in weiterer Folge mittels einer speziellen Benachrichtigung – der sogenannten »**Aufgabe Lesen**« – einfach und unkompliziert an die entsprechenden Empfänger kommuniziert bzw. per E-Mail verteilt werden. Die Veränderung wird damit angestoßen. **Jeder Empfänger ist nun dazu angehalten, die neuen Inhalte zu lesen und sein Feedback zu geben.** Individuelle Ideen können somit gleich an den Inhaltsverantwortlichen weitergeleitet und eingearbeitet werden. Es entsteht eine qualitativ hochwertigere Basis, aufgrund derer die Mitarbeiter und Führungskräfte bessere Entscheidungen treffen können.

Selbst wenn es sich nur um kleine bzw. kleinste Schritte nach vorne handelt, können diese im Laufe der Zeit einen großen Unterschied ausmachen. Betrachtet man folgende beiden mathematischen Spielereien genauer, wird schnell klar, dass auch winzige Veränderungen Großes bewirken können oder zumindest den Grundstein dafür legen:

$$1,00^{365} \; = \; 1,00$$
$$1,01^{365} \; = \; 37,78$$

Weitere Informationen zur Verbindung von WBI und dem kontinuierlichen Verbesserungsprozess finden Sie im **vertiefenden WiDok 00463**.

4.2.5   Zuversicht für Führungskräfte

WBI schafft ein gutes Gefühl und gibt Zuversicht, dass nichts Wichtiges verloren geht und Probleme langfristig dokumentiert bzw. gelöst werden. Die erhöhte Transparenz gibt Führungskräften Vertrauen in Mitarbeiter, Prozesse und interne Abläufe.

Zuversicht und Transparenz

Nichts Wichtiges geht verloren
Wird WBI mit all seinen wesentlichen Bestandteilen gelebt, kann man sicher sein, dass nichts Wichtiges verloren geht. Wenn bei einer Führungskraft eine Idee oder ein neues Thema aufkommt oder ihr etwas Verbesserungswürdiges auffällt, kann sie einfach ein kurzes WiDok dazu erstellen oder beauftragen. Siehe **Kapitel 6.1.2.6** sowie die »**Gettings Things Done**«-Methode in **Kapitel 10.7.4**.

Wichtiges wird festgehalten

» Das Thema bzw. die Idee ist dadurch für später festgehalten.
» Lose Gedanken gehen nicht verloren und können sortiert werden.
» Die Führungskraft wird weniger im Arbeitsfluss gestört.

Gute WiDoks – gute Arbeit
Ich habe mehrfach die Erfahrung gemacht, dass ein Inhaltsverantwortlicher, der ein Thema in seinem WiDok inhaltlich gründlich erarbeitet und optisch sauber aufbereitet hat, dieses Thema zumeist auch in der

Praxis gut und gerne umsetzt. **Es handelt sich meist um Personen, die den tieferen Sinn von Wissensmanagement verstanden haben und daher die wissensorientierte Arbeitsweise wertschätzen.**

Engagement als gutes Zeichen

Zeigt ein Inhaltsverantwortlicher Leistungsbereitschaft, Ehrgeiz und Leidenschaft für sein Thema, ist er im Regelfall auch bemüht, das Thema im WiDok entsprechend zu präsentieren und anderen zur Verfügung zu stellen. Er eignet sich oft auch als Mentor bzw. Referent für die Einschulung und Weiterbildung von Mitarbeitern und Führungskräften.

Gute WiDoks – wissensorientierter Führungsstil

Wenn eine Führungskraft gute Wissensarbeit leistet, kann man sich meiner Erfahrung nach auch darauf verlassen, dass sie die Philosophie des Wissensmanagements an ihre Mitarbeiter weitergibt.

Führungskraft agiert stets als Vorbild

Die Führungskraft hat die Vorteile von WBI verstanden und verantwortet wertvolle WiDoks. Sie schlägt langfristig einen wissensorientierten Führungsstil ein und lebt Wissensmanagement vor. Sie beauftragt und delegiert WiDoks und zieht sie als Grundlage für Besprechungen heran. Sie hilft den Mitarbeitern in ihren Verantwortungsbereichen, unterstützt bei der Weiterverfolgung sowie Weiterentwicklung der relevanten Themen und trägt damit die WBI®Methode mit. Weitere Informationen finden Sie in **Kapitel 12**.

Fehler und Probleme treten seltener auf

Gerade wenn sich Probleme und Fehler ständig wiederholen, bietet WBI eine gute Lösung: Sie werden samt den jeweiligen Lösungen in WiDoks analysiert und festgehalten. So kann sichergestellt werden, dass derselbe Fehler in Zukunft nicht mehr passiert.

Gibt es beispielsweise immer wieder Probleme beim Versand eines Newsletters, bietet es sich an, den Ablauf, die relevanten Punkte sowie bekannte Probleme in einem WiDok zu erfassen. Das WiDok wird den relevanten Empfängern per »Aufgabe Lesen« zugewiesen und durch deren Feedback verbessert. **Sobald der fehlerhafte Ablauf im ersten Schritt im WiDok analysiert und optimiert wurde, kann der verbes-**

serte Ablauf im zweiten Schritt in die Realität umgesetzt werden. Fehler bei der inhaltlichen Freigabe bzw. beim Versenden des Newsletters werden dadurch minimiert. Welche Bestandteile in diesem Zusammenhang relevant sind, erfahren Sie in **Musterdokument 00497**.

4.2.6   Organisation lenken und gestalten

WBI unterstützt die Führungskräfte dabei, die eigene Organisation in ihrem Sinne zu gestalten und dadurch wirksam zu werden. Es sollte daher das Ziel bzw. im Eigeninteresse einer Führungskraft oder der Geschäftsführung sein, dass **alle Handlungen und Entscheidungen in Wertschöpfung resultieren und dabei keine Zeit verschwendet wird.**

Führungskraft muss wirksam werden

Ein neues Thema soll im Unternehmen analysiert und ausgearbeitet werden. Der Geschäftsführer erhält die »Info Lesen« und merkt, dass das Thema an Fahrt aufnimmt. Anlassbezogen setzt er sich zeitnah nach der Veröffentlichung des WiDoks mit dem Projektleiter zusammen und bespricht mit ihm die wesentlichen Eckpunkte. Dabei äußert er seine Meinung, Anregungen und Wünsche. Er wartet in den kommenden Tagen vergeblich auf die Neuveröffentlichung des überarbeiteten WiDoks. Bei der nächsten Zusammenkunft mit dem Projektleiter wird klar: Das WiDok wurde nicht im Sinne der Führungskraft weiterentwickelt und die investierte Zeit war umsonst.

Und genau an diesem Punkt muss die Führungskraft aktiv werden, um diese Art der Verschwendung künftig zu vermeiden: **Die Führungskraft muss dafür Sorge tragen, dass ihre Zeit und somit alle ihre Gedanken und Taten Früchte tragen.** Dazu muss alles Besprochene in Form von WiDoks festgehalten werden, sodass klar ist, wie die Organisation sich entwickeln soll.

Besprochenes als WiDok festhalten

Wenn die Gedanken jedoch nicht schriftlich erfasst werden, kann der gewünschte Zustand nicht eintreten. Die Führungskraft kann nicht wirksam werden und muss das Thema im schlimmsten Fall beim nächsten Meeting wieder von Neuem diskutieren.

Einen Rat möchte ich Ihnen besonders ans Herz legen: **Wählen Sie einen geeigneten Mitarbeiter, um Ihre Gedanken festzuhalten.** Dieser sollte Sie und Ihre Denkweise ausreichend kennen und richtig deuten können. Er soll künftig Ihre Gedanken sowie Aussagen in Form von WiDoks erfassen und dafür Sorge tragen, dass Ihre Sichtweise in bestehende WiDoks einfließt. Selbst wenn Sie ein WiDok in weiterer Folge an einen geeigneten Inhaltsverantwortlichen übertragen, sind Ihre Grundgedanken somit von Beginn an im Wissensdokument verankert. Mehr dazu in Kapitel 12.1.2.

4.2.7 Unterstützung bei der Nachfolge

Den passenden Nachfolger für eine Führungskraft zu finden, erweist sich meist als schwierige Aufgabe, da neben den fachlichen und persönlichen Kompetenzen auch eine wissensorientierte Perspektive und eine Führungskompetenz vonnöten sind. Gerade auf Geschäftsführer- bzw. Geschäftsleiter-Ebene handelt es sich oft um einen längeren Prozess, der eine gute Planung und entsprechende Maßnahmen voraussetzt.

Werte, Gedanken und Ansichten einfließen lassen

Der Nachfolger hat oft ein hartes Los, denn er muss sich im Unternehmen etablieren und als würdig erweisen. Doch er sollte sich nicht darauf beschränken, den Vorgänger angemessen zu vertreten und dessen Aufgaben zu übernehmen: Für einen Nachfolger ist es enorm wichtig, seine Werte, Gedanken und Ansichten in das Unternehmen einfließen zu lassen. Dadurch ist gewährleistet, dass das Unternehmen künftig in seinem Sinne geführt wird.

Die Arbeitsweise von WBI unterstützt den Nachfolger dabei wesentlich: **Durch das Erfassen und Delegieren von WiDoks ist es möglich, dessen Werte und Gedanken schrittweise im Unternehmen zu etablieren.** Dazu bespricht er mit den jeweiligen Inhaltsverantwortlichen deren Themen und kann sich und seine Sicht der Dinge einbringen. Mit der Zeit spiegeln die Wissensdokumente auch seine Gedanken wider.

Zudem kann eine Führungskraft stets mitentscheiden, welche Themen aufgegriffen werden und welche nicht. Mit der Zeit richtet sich dadurch die Wissensbasis – und somit auch das Unternehmen – nach der neuen Führungskraft aus. WBI gibt dem Nachfolger den nötigen Heimvorteil und ermöglicht eine reibungslose Übergabe.

Wissensbasis richtet sich nach der Führungskraft aus

Wie WBI die Führungskräfte und vor allem Geschäftsführer hierbei unterstützt und welche Vorteile dadurch gegeben sind, finden Sie in den **vertiefenden WiDoks 00423** sowie **WiDok 00424**.

4.3   Vorteile für Mitarbeiter

Wenn von Vorteilen gesprochen wird, dürfen nicht die unmittelbaren Vorteile für Inhaltsverantwortliche und Konsumenten vergessen werden. **Speziell die Ersparnis von Zeit, unnötigen Mühen und doppelter Arbeit kommt allen zugute und erleichtert die Arbeit maßgeblich.**

Positive Effekte für Mitarbeiter

Bevor jedoch von den Vorteilen für Mitarbeiter gesprochen werden kann, ist es wichtig, deren Beweggründe und Charakteristika zu kennen. Speziell die neueren Generationen, beispielsweise die »Millennials«[13], sind in Bezug auf deren Einstellung zu Beruf und Privatleben in vielerlei Hinsicht anders:

Neue Generation unterscheidet sich

» Sie sind zeitlich und örtlich flexibler.
» Sie sind technisch versiert.
» Sie sind in einer Welt voller disruptiver Technologien aufgewachsen.
» Sie sind offener gegenüber Neuem.
» Sie sind offener in Bezug auf die Wissensteilung.
» Sie legen viel Wert auf eine ausgeglichene Work-Life-Balance.
» Sie sind oft aus einer gewissen Überzeugung bei einem Unternehmen.
» Sie wollen gewisse Werte leben und verwirklichen.
» Sie wollen gestalten und wirksam werden.
» Sie bevorzugen Mentoren gegenüber klassischen Führungskräften mit hierarchischem Führungsstil.

13   Vgl. Nier 2017, online

» Sie wollen Rahmenbedingungen und einen klaren Kontext zur Bewältigung von Aufgaben.
» Sie äußern gerne ihre persönliche Meinung zu diversen Themen.
» Sie sind mobiler und vielfach auch bereit, für den gewünschten Job umzuziehen.
» Sie legen oft weniger Wert auf Unternehmenstreue – das erhöht die Fluktuation.

Fluktuation deutlich höher

Jüngere Menschen ticken also in weiten Stücken anders als vorherige Generationen, in denen es oft üblich war, bis zum Ruhestand in einem Unternehmen zu bleiben. Da eine erhöhte Fluktuation meist mit erheblichen Wiederherstellungskosten verbunden ist, ist es enorm wichtig, gerade diese jungen Menschen zur Wissensarbeit zu motivieren und ihnen gute Gründe zu bieten, im Unternehmen zu verbleiben. Denn inzwischen sind die Millennials in den Führungsetagen diverser Unternehmen angekommen und prägen die Berufswelt. Folgende Vorteile kommen ihnen dabei zugute und erleichtern ihre Arbeit maßgeblich:

4.3.1 Zeitlich und örtlich unbegrenzt verfügbar

Treten während der Arbeit Probleme auf, gibt es oft ein Wissensdefizit, also eine Wissenslücke. Die erste Reaktion darauf ist meist das Bedürfnis, einen Kollegen oder Vorgesetzten zurate zu ziehen. **Die benötigten Ansprechpersonen sind jedoch nicht immer sofort verfügbar, weshalb die Lösung oft erst zeitverzögert oder gar nicht folgt.** Die Frustration der Mitarbeiter steigt. Es wird improvisiert oder das Thema bleibt einfach liegen.

Wissen prompt verfügbar

Die Alternative: der direkte Zugriff auf die zentrale Wissensdatenbank und somit auf das benötigte, in den WiDoks gesicherte Wissen. **Man arbeitet selbstverantwortlich und zeitnah an der Lösung, befragt im Zweifelsfall den Inhaltsverantwortlichen und erledigt so schnellstmöglich seine Aufgabe.** Es gibt also weder zeitliche noch örtliche Einschränkungen, da die benötigten Informationen prompt abrufbar sind.

Je nachdem für welche technische Lösung Sie sich entscheiden, ist es möglich, außerhalb des Firmennetzwerks auf die Wissensdatenbank und somit auf die benötigten Wissensdokumente zuzugreifen. Selbst Mitarbeiter, die sich im Homeoffice befinden, können effizient arbeiten. Ein Vorteil, der gerade während des ersten Corona-Lockdowns im Jahr 2020 sowie in allen folgenden Lockdowns eine wesentliche Arbeitserleichterung darstellte. Allen wurde schlagartig klar, wie schwierig es sein kann, Arbeitskollegen zu erreichen, um eine kompetente Auskunft zu erhalten.

4.3.2 Handlungsfähigkeit

Wissen, das nicht angewendet wird und nicht in Handlungen resultiert, ist ökonomisch sinnlos. Daher muss es im Interesse aller liegen, dass WiDoks mit relevantem Wissen genau jenen Personen im Unternehmen zur Verfügung stehen, die sie benötigen und aktiv nutzen.

Wissen aktiv anwenden

Aufgabe

In Unternehmen fallen unterschiedliche Aufgaben an. Damit diese erfolgreich erfüllt werden können, sollte das notwendige Wissen festgehalten werden.

WiDok

Dazu werden die Aufgabenstellung und der Ist-Stand analysiert und in einem WiDok erfasst.

Handlung

Ist das Wissensdokument veröffentlicht, kann auf Basis dessen die entsprechende Handlung erfolgen.

Abb. 9: Entwicklung von der Aufgabe zur Handlung

Durch das rasante und weltweite Wachstum der letzten Jahrzehnte gab es bei Meusburger viele verschiedene Zahlungskonditionen. Nach einer Analyse des Ist-Standes wurden die Ergebnisse in Form eines WiDoks festgehalten und darauf aufbauend ein gewünschter Soll-Zustand definiert. Dieser sah nur noch einige wenige Zahlungsmodalitäten vor. Ziel war es, die Altlasten sukzessive abzuschaffen, sobald sich eine Möglichkeit bot. Durch die wissensorientierte Arbeitsmethodik und die Art der Umsetzung konnte der Wildwuchs bei den Zahlungskonditionen systematisch beendet werden. Die Mitarbeiter im Verkaufs-Innendienst können nun noch schneller eine Auskunft geben und den Kunden einen kompetenten Service bieten. Sie können auf Basis von WiDoks eigenmächtig handeln, entscheiden, Auskünfte geben und somit Aufgaben besser erledigen. Die Handlungsfähigkeit wird durch WBI demnach maßgeblich erhöht.

4.3.3   Weniger Unterbrechungen

Arbeitsunter-
brechungen
vermeiden

Die Reduzierung von Arbeitsunterbrechungen und Störungen sowie die Minimierung von Stress sind wichtige Faktoren für einen angenehmen Arbeitsalltag. Durch die zentrale Wissensdatenbank müssen weniger Fragen gestellt und beantwortet werden. **Wer etwas über ein bestimmtes Thema wissen möchte, sucht zuerst in der Wissensdatenbank, bevor er seine Arbeitskollegen kontaktiert.** Somit können störende Telefonate und E-Mails auf ein erträgliches Maß reduziert werden und die Hektik bei der Arbeit nimmt spürbar ab.

Die WBI®Methode will damit keinesfalls die Kommunikation in einer Organisation unterbinden, sondern lediglich unnötige Unterbrechungen verhindern. Das persönliche Gespräch mit Kollegen ist ausdrücklich gewünscht, sollte aber auf qualitativ hohem Niveau erfolgen. Siehe **Kapitel 8.1**.

Durch das Bereitstellen von FAQs und Anleitungen in Form von WiDoks konnte bei Meusburger eine merkbare Entlastung des Supports erreicht werden. Gerade wenn eine Organisation nicht über einen 24/7

verfügbaren Helpdesk verfügt, sind Wissensdokumente oft die einzige Chance, um Unterbrechungen und Stehzeiten zu verhindern.

4.3.4 Klare Zuständigkeiten

Durch WBI werden Zuständigkeiten klar definiert und sind auf jedem Wissensdokument einsehbar. Wird in der Wissensdatenbank nach einem Verantwortlichen gesucht, so ist durch die Regelung der Inhaltsverantwortung schnell klar, wer für welches Thema zuständig ist. Doppel- und Wiederholungsarbeit sowie Konflikte und Missverständnisse können dadurch oft vermieden werden.

Verantwortungsbereiche klar geregelt

Geht es darum, einen Zuständigen für ein gewisses Thema ausfindig zu machen, kann in einem WMS gefiltert werden, welcher Inhaltsverantwortliche welche WiDoks verantwortet. **Die Liste der WiDoks einer Person spiegelt ihre fachlichen Tätigkeiten wider und kann im Falle einer notwendigen Um- oder Nachbesetzung herangezogen werden.** Die Anforderungen sind darin oft noch eindeutiger und genauer formuliert als in einer klassischen Stellenbeschreibung.

WiDoks widerspiegeln Aufgaben

4.3.5 Lob und Anerkennung

Durch das Erfassen und Teilen von wertvollem Erfahrungswissen kann jeder Inhaltsverantwortliche seine Kompetenzen einbringen und einen Beitrag zum Unternehmenserfolg leisten. Er kann sich sinnvoll betätigen, wirksam werden und erfährt im Gegenzug Wertschätzung durch seine Kollegen und Vorgesetzten. Der Inhaltsverantwortliche wird als wertvoller Wissensträger gesehen und seine Leistungen werden anerkannt.

Anerkennung als wertvoller Wissensträger

Wissensträger sind die Speerspitzen in einem Unternehmen – gerade wenn es um Weiterentwicklung und Innovation geht. Zeigen Sie daher Ihre Wertschätzung und geben Sie ihnen positives Feedback.

Das Lob bekräftigt die Wissensträger darin, hochwertige, aussagekräftige WiDoks zu erfassen und weiterhin ihr Wissen zu teilen. Gerade bei Mitarbeitern, die großen Wert auf Ansehen und Anerkennung legen, kann die Motivation zur Wissensarbeit dadurch erhöht werden. Die Motivation-Nutzen-Spirale aus **Kapitel 6.1.3** spielt in diesem Zusammenhang eine wesentliche Rolle: Wenn ein Experte sieht, dass seine WiDoks rege genutzt werden, handelt es sich dabei um eine Wertschätzung seiner Arbeit und somit um ein indirektes Lob.

4.3.6   Persönliche Weiterentwicklung

Expertenstatus ausbauen

Stoßen Mitarbeiter in WiDoks auf Unklarheiten oder haben weiterführende Fragen zu einem Thema, kontaktieren sie den Inhaltsverantwortlichen. Dieser setzt sich mit den Fragen auseinander und arbeitet sich dadurch weiter in das Thema ein. Er kann seinen Wissensstand sowie seinen Expertenstatus erweitern und wird umso wertvoller für das Unternehmen. Die Fragen der Kollegen sind somit durchaus interessant, fordern ihn und helfen ihm bei seiner persönlichen Weiterentwicklung.

Junge Mitarbeiter sind oft für das »Mentoren-Prinzip« zu begeistern. Sie wünschen sich Rahmenbedingungen und einen klaren Kontext für die Erfüllung ihrer Aufgaben, bemühen sich und sind sehr konsequent bei der Erreichung der vorgegebenen Ziele. Die wissensorientierte Unternehmenskultur ist im Sinne der wissbegierigen, neuen Generationen: Sie sind gerne bereit, ihr Wissen zu teilen, um sich im Gegenzug mit dem Wissen anderer weiterzubilden und sich zu verwirklichen.

Deutliche Effizienzsteigerung durch WBI

WBI sorgt also auf mehreren Ebenen für Vorteile: Die Mitarbeiter kommen bei Fragen oder Problemen schneller zu einer praktikablen, richtigen Lösung. Sie können das gesammelte Wissen in der täglichen Arbeit anwenden und erlangen dadurch mehr Sicherheit in ihrem Handeln. Gerade durch die ständige Weiterentwicklung sowie durch das Minimieren von Fehlerquellen zeigt sich eine deutliche Effizienzsteigerung. Eine Übersicht über alle Vorteile finden Sie im **vertiefenden WiDok 00468**.

KURZ & KNAPP

» WBI verknüpft durch die Ernennung von Inhaltsverantwortlichen die inhaltliche und operative Zuständigkeit.

» Wissensmanagement bietet in den Bereichen Wissenssicherung, Zeitersparnis, Qualität, Innovation, Motivation sowie bei der wissensorientierten Unternehmensführung mehrere Vorteile.

» Mitarbeiter und Führungskräfte sparen sich Zeit, da sie zeitlich und örtlich unbegrenzt auf bestehendes Wissen und relevante Informationen zugreifen sowie nachhaltig darauf aufbauen können.

» Durch kollektives Wissen werden Fehler erkannt, Risiken minimiert, Abläufe bzw. Prozesse optimiert sowie WiDoks weiterentwickelt. Da es gemeinschaftlich entwickelt wurde, deckt es mehr Eventualitäten ab, wirkt nachhaltiger und fördert eine hohe Qualität von Produkten und Prozessen.

» WBI sichert den bestehenden Wissensstand ab und bildet durch das explizite, hochwertige Wissen die Basis für Innovation.

» WBI unterstützt Führungskräfte beim Delegieren von Zuständigkeiten und gibt ihnen einen Überblick über unternehmensrelevante sowie erfolgskritische Themen.

» WBI hilft Führungskräften durch den kontinuierlichen Verbesserungsprozess bei der ständigen Weiterentwicklung und schützt vor Wissensverlust.

» Durch aktuelle, richtige und relevante Informationen bietet WBI eine gemeinsame Ausgangsbasis, verringert den Abstimmungsaufwand und erleichtert die Entscheidungsfindung.

» WBI unterstützt bei der Nachfolge, hilft neuen Führungskräften, ihre Werte, Gedanken und Sichtweisen einzubringen und die Organisation in ihrem Sinne zu lenken.

» WBI erhöht die Handlungs- sowie Auskunftsfähigkeit von Mitarbeitern und bringt ihnen Lob und Anerkennung für wertvolle Wissensdokumente.

5 WAS IST EIN WIDOK?

In diesem Kapitel geht es nun um das zentrale Element, auf dem WBI aufbaut: **das »Wissensdokument« – kurz »WiDok«.**

5.1 Das WiDok als zentrales Element

Das WiDok ist das Herzstück der WBI®Methode und durchläuft regelmäßig den WBI-Prozess. Das WiDok und der WBI-Prozess sind wiederum Teil der Unternehmenskultur. Alle drei Ebenen stehen in Abhängigkeit zueinander und sind Bestandteil der WBI®Methode. Daher ist es wichtig, dass alle Komponenten im Einklang sind.

Herzstück von WBI

Abb. 10: Das WiDok als Herzstück

» Ohne das WiDok kann der WBI-Prozess nicht funktionieren und die wissensorientierte Unternehmenskultur nicht aufgebaut werden.
» Ohne den WBI-Prozess verkümmert das WiDok und kann sich nicht auf die Unternehmenskultur auswirken.
» Ohne entsprechende Unternehmenskultur können sich der WBI-Prozess und die einzelnen WiDoks nur sehr schwer durchsetzen und geraten in Vergessenheit.

5.2 Das WiDok als managebare Einheit

Ein WiDok bildet eine managebare und standardisierte Einheit bzw. »Wissensportion« – ähnlich einem »Frachtcontainer«. Frachtcontainer haben eine eindeutige Nummer, eine Normgröße, sind stapelbar und können versendet werden. Das erleichtert den Umgang, den Transport und die Arbeit damit. Ein Hafenmeister kann beispielsweise im Frachthafen gut mit den einheitlichen Containern arbeiten und hat den Überblick. Ähnlich verhält es sich bei Wissensdokumenten.

Meusburger verfügt über mehr als 12.000 WiDoks, die im Ursprung alle auf derselben Vorlage basieren. Diese Vorlage gibt gewisse Bestandteile – sogenannte **»Metadaten«** – vor, die verpflichtend auf jedem Wissensdokument angeführt werden müssen.

Praktikable Wissensportion Ein WiDok darf nicht zu komplex bzw. zu lang sein, da es sonst nicht mehr praktikabel ist. **Es sollte demnach immer nur jene Informationen enthalten, die im Arbeitsalltag auch tatsächlich benötigt werden: so wenig wie möglich – so viel wie nötig.**

Dass dieses Thema nicht neu ist, zeigt diese Aussage von Charlotte von Stein, die sie einst in einem Brief an ihren guten Freund Johann Wolfgang von Goethe verfasst hat:

 Lieber Freund, entschuldige meinen langen Brief, für einen kurzen hatte ich keine Zeit.[14]

Angemessener Umfang wichtig Frei nach dem Motto *»Eine Seite ist notwendig, zwei sind in Ordnung, drei sind zu viel«* sollte es dem Leser innerhalb kürzester Zeit möglich sein, den Inhalt eines WiDoks zu erfassen. Dabei handelt es sich jedoch nicht um eine Vorgabe, sondern um einen Richtwert. Selbstverständlich gibt es berechtigte Ausnahmen, wann längere WiDoks sinnvoll sind.

Bei Diplomarbeiten, Studien und Bedienungsanleitungen macht es aufgrund ihres großen Umfangs beispielsweise nur in manchen Fällen Sinn, diese in einer Wissensdatenbank zu sichern.

14 Charlotte von Stein (1742–1827), Hofdame in Weimar

In support-intensiven Branchen gibt es manchmal umfangreiche Bedienungsanleitungen. Beinhalten diese Dokumente wertvolles Wissen, das für einen reibungslosen Unternehmensalltag benötigt wird, empfiehlt es sich, daraus kleinere Wissensportionen zu machen bzw. einzelne relevante Themen zu extrahieren. **Auf diese Weise wird gewährleistet, dass nur Wissen zur Verfügung steht, das auch benötigt wird.** Falls ein Extrahieren nicht möglich ist, kann das WiDok als Inhaltsverzeichnis verwendet werden, in dem die Seiten verlinkt sind.

5.3 Beispiele für Wissensdokumente

Es gibt sicherlich schon viele potenzielle WiDoks in Ihrem Unternehmen. Die folgende Liste sowie auch die umfassendere Liste in **Musterdokument 00456** sollen Ihnen einen Anhaltspunkt bei der Suche nach diesen WiDoks bieten. Markieren Sie dazu die für Ihr Unternehmen relevanten Beispiele in der Liste. Welche werden bereits eingesetzt? Welche könnten für das Unternehmen zukünftig wichtig sein?

Anleitungen, Tipps & Hinweise
» Arbeitsanweisungen
» Bedienungsanleitungen

Auswertungen & Analysen
» Kundenanalysen
» Marktanalysen
» Projektauswertungen

Checklisten
» Kundenevents
» Messevorbereitungen
» Mitarbeiter Ein-/Austritte

Formulare & Vorlagen
» Besuchsformulare
» Spesenabrechnungen

Präsentationen
» Firmenpräsentationen
» Produktpräsentationen

Produktinformationen
» Materialzertifikate
» Produktspezifikationen

Richtlinien & Vorschriften
» Gestaltungsrichtlinien
» Sicherheitsvorschriften

Schulungsunterlagen
» Einschulungspläne
» Schulungsinformationsblätter
» Schulungspräsentationen
» etc.

Online-Inhalte:
www.wbi-buch.at

Bei dieser Auflistung handelt es sich nur um einige exemplarische WiDoks aus den Bereichen Verwaltung und Organisation, die in fast allen Unternehmen in einer ähnlichen Form vorhanden sind. **Natürlich gäbe es noch andere spannende Themen für potenzielle WiDoks, z. B. zum Thema Innovation oder im Bereich der Produktion.** Da diese WiDoks jedoch sehr firmenspezifisch sind, macht es keinen Sinn, diese WiDoks hier aufzulisten. Einige davon stehen Ihnen jedoch bei den Online-Inhalten unter **www.wbi-buch.at** zur Verfügung.

Wissen sichtbar
und nutzbar
machen

Wie Sie sehen, ist WBI also keine Wissenschaft. **Es zeigt Ihnen, wie Sie bestehende Dokumente und relevante Inhalte sichtbar, nutzbar und somit effizienter machen können.**

5.4 Metadaten von WiDoks

Beschreibende
Merkmale von
WiDoks

Das aus dem Griechischen stammende Wort »**metá**« bedeutet »jenseits« bzw. »darüber hinaus«. **Also sind Metadaten zusätzliche Informationen, die über die herkömmlichen Informationen hinausgehen und ein Dokument beschreiben.** Es handelt sich um Merkmale und Eigenschaften, die nötig sind, um Dokumente zu charakterisieren, zu gruppieren und zu organisieren.

Sichtbare und
unsichtbare
Metadaten

Bei WBI wird zwischen sichtbaren und nicht sichtbaren Metadaten unterschieden. **Die sichtbaren Metadaten sind elementar für WBI und werden im sogenannten »Dokumentenkopf« abgebildet** – siehe **Abbildung 11**. Dieser sollte auf jedem Word®- und Excel®-Dokument im Unternehmen eingefügt werden.

Abb. 11: Empfohlene Metadaten im Dokumentenkopf

In einem WMS werden die sichtbaren Metadaten durch das System in jedem WiDok eingesetzt. **Es handelt sich dabei nicht um bloße Daten, sondern um funktionale Felder, die mit dem WMS in Verbindung stehen.** Die restlichen Metadaten bleiben hingegen »unsichtbar«. Sie werden im Hintergrund im System verwaltet und unterstützen weitere Funktionen des WBI-Prozesses.

5.4.1 Titel des WiDoks

Jedes Dokument erhält einen kurzen, prägnanten, aussagekräftigen Titel. Ähnlich einer journalistischen Schlagzeile oder einem Buchtitel soll er eindeutig Aufschluss über den Inhalt geben – also die sogenannte »**Essenz**« des Inhalts wiedergeben. Der Titel sollte so gewählt werden, dass er im Dokumentenkopf einzeilig dargestellt werden kann. Welche Fehler oder Probleme bei der Wahl eines Titels häufig vorkommen, erfahren Sie im **vertiefenden WiDok 00492**.

Aussagekräftiger einzeiliger Titel

Da die Begriffe im Titel bei den meisten Suchfunktionen priorisiert behandelt und ausgegeben werden, sollten allgemein gehaltene Begriffe vermieden werden. Sie würden bei der Suche zu übermäßig vielen oder kaum zu unterscheidenden Ergebnissen führen.

5.4.2 Eindeutige Dokumentennummer

Ab dem Moment seiner elektronischen Erfassung wird jedes Dokument mit einem Dokumentenkopf versehen. Hieraus ist die Dokumentennummer ersichtlich. Solange das Dokument noch nicht zum ersten Mal veröffentlicht wurde, hat es eine »**Nuller-Nummer**«, also »**00000**«. Es wird als »**Nuller-Dokument**« bzw. »**0er-Dokument**« bezeichnet. Siehe auch Kapitel 5.7.1.

Dokumentenkopf immer einfügen

Wird das Nuller-Dokument im WMS erstellt oder in das WMS hochgeladen und dann veröffentlicht, so bekommt es eine eindeutige, fortlau-

Fünfstelliger Nummernkreis

fende Dokumentennummer zugeteilt. **Um einen späteren Engpass zu vermeiden, arbeitet die WBI®Methode bewusst mit einem fünfstelligen Nummernkreis (00001 bis 99999).** Das erste WiDok hat somit die Nummer 00001, das zweite 00002, das dritte 00003, das hundertste 00100 usw.

Die Vergabe der fortlaufenden Nummern sollte automatisch über das WMS erfolgen. Eine nachträgliche Änderung darf nicht möglich sein, da sonst die Eindeutigkeit verloren geht und es zu Missverständnissen und Problemen bei Verlinkungen kommt. Dokumentennummern von archivierten oder gar gelöschten WiDoks dürfen nicht erneut vergeben werden.

Viele Vorteile durch die Dokumentennummer

Die Dokumentennummer bringt einige Vorteile mit sich:

» Durch die fünfstellige Dokumentennummer kann jedes WiDok eindeutig als solches erkannt werden.

» Bei einer Besprechung oder in einer E-Mail kann einfach auf die Nummer des WiDoks verwiesen werden.

» Das Eintippen von fünf Ziffern ist schneller als das Eingeben des gesamten Titels.

» Die Dokumentennummer ist eindeutig und ändert sich nicht. Der Titel ist jedoch nicht beständig – er könnte sich im Laufe der Zeit durch die Weiterentwicklung des WiDoks ändern.

» Wichtige, geläufige Nummern merkt man sich mit der Zeit wie Telefonnummern.

» Durch die eindeutige Dokumentennummer kann sich eine Führungskraft darauf verlassen, dass das Thema als WiDok im WMS gespeichert ist.

» Da es jede Nummer nur einmal gibt, findet man bei der Suche genau das Dokument, das gesucht wird.

Ob das Wissen bzw. ein WiDok ab der Vergabe der Dokumentennummer bereits als **»verifiziert«** gilt, hängt davon ab, ob die Organisation sich für die Unterteilung in sogenannte **»Reifegrade«** entscheidet. Dabei handelt es sich um eine Möglichkeit, WiDoks anhand ihres Fertigstellungsgrades zu unterscheiden und diese entsprechend zu kennzeichnen.

Gibt es keine Reifegrad-Funktion, müssen die Wissensdokumente bereits bei der ersten Veröffentlichung über eine entsprechende Qualität verfügen. Sie dürfen nur richtiges, relevantes und aktuelles Wissen beinhalten, denn die Dokumentennummer stellt in diesem Fall eine Art Gütesiegel dar.

Ohne Reifegradfunktion

Gibt es jedoch eine Reifegrad-Funktion, können die Wissensdokumente dadurch einfach in verschiedene Reifegrade unterteilt werden. Mehr dazu in **Kapitel 10.4.2**.

Mit Reifegradfunktion

5.4.3 Informationen zum Inhaltsverantwortlichen

Die Kommunikation zwischen allen Personen einer Organisation ist ein wesentlicher Bestandteil von WBI. Sie schafft Verbindlichkeit und fördert das Verantwortungsgefühl. Durch das Anführen der Kontaktdaten im Dokumentenkopf soll klar zum Ausdruck kommen, dass ein **Gedankenaustausch zum Inhalt ausdrücklich erwünscht ist.** Daher sieht die WBI®Methode vor, dass unter dem Titel eines WiDoks immer die folgenden Kontaktdaten des Inhaltsverantwortlichen angeführt werden:

Kontaktaufnahme klar erwünscht

Zu- und Vorname des Inhaltsverantwortlichen

Auf jedem WiDok bzw. Nuller-Dokument muss der Zu- und Vorname des Zuständigen genannt werden. Dadurch ist sofort klar, wer das Dokument verantwortet. Diese Person kann bei Fragen kontaktiert werden und steht für Feedback und Anregungen zur Verfügung.

Wen muss ich kontaktieren?

Es handelt sich dabei nicht nur um eine Empfehlung, sondern um eine Vorgabe, denn ohne die Nennung der zuständigen Person kann WBI nicht funktionieren.

Diese Vorgabe hat einen wesentlichen positiven Effekt: Die Erinnerung an Wissen ist in Verbindung mit einer Person am wirkungsvollsten.

Das erleichtert die spätere Suche nach einem bestimmten WiDok, denn oft erinnert man sich nur noch an den Inhaltsverantwortlichen, aber nicht mehr an den genauen Titel oder die Dokumentennummer.

Kurzzeichen des Inhaltsverantwortlichen

Bei Organisationen mit mehr als 50 Mitarbeitern empfiehlt WBI die Verwendung von Kurzzeichen für die interne Kommunikation. Für jeden Benutzer wird daher eine eindeutige drei- oder vierstellige Kombination von Großbuchstaben im System reserviert. Siehe **vertiefendes WiDok 00526**.

Wenn ein Unternehmen bereits Namenskürzel in Verwendung hat, ist es natürlich sinnvoll, das bestehende System weiterzuführen und dieses auch bei den WiDoks einzusetzen.

Telefondurchwahl des Inhaltsverantwortlichen

Das Hinzufügen einer Telefondurchwahl neben dem Namen und dem Kurzzeichen ermöglicht eine rasche Kontaktaufnahme mit dem Inhaltsverantwortlichen. Es erspart dem Leser die lästige Suche nach der benötigten Durchwahl.

5.4.4 Datum der letzten Bearbeitung

Aktualität des WiDoks

Dieser Wert gibt Auskunft über die Aktualität des Dokuments. Anhand des Datums ist ersichtlich, wann es zuletzt bearbeitet wurde. Es ist daher wichtig, nach jeder Bearbeitung das Datum anzupassen und den Dokumentenkopf zu aktualisieren.

Je nach technischer Lösung kann die Aktualisierung des Datums automatisch durch das System erfolgen. Das stellt eine deutliche Arbeitserleichterung für alle Inhaltsverantwortlichen dar.

5.4.5   Seitenzahl und Seitenanzahl

Neben der **»Seitenzahl«** wird im Dokumentenkopf auch stets die **»Sei-** Liegt das WiDok
tenanzahl« – also die Gesamtanzahl aller Seiten eines Dokuments vollständig vor?
– angezeigt. In ausgedruckter Form ist somit sofort ersichtlich, wie
umfangreich das Dokument ist und ob es in vollumfänglicher Form vorliegt. Dadurch wird sichergestellt, dass nicht nur mit richtigen Informationen, sondern auch mit vollständigen Dokumenten gearbeitet wird.

Um die Seitenanzahl so gering wie möglich zu halten, ist es wichtig,
die Seitenumbrüche im Dokument sinnvoll zu gestalten. Gerade beim
Ausdrucken von WiDoks, z. B. für ein Arbeitsgespräch oder Meeting,
kann durch das Entfernen von leeren Seiten eine unnötige Papierver-
schwendung verhindert werden.

5.4.6   Layout

Je nach Anwendungsgebiet und Zielgruppe kann es sinnvoll sein,
verschiedene Layouts einzusetzen. Dadurch kann beispielsweise zwischen WiDoks mit unternehmensinternem und -externem Layout unterschieden werden. Siehe **Abbildung 12** und **13** auf **Seite 80.**

Interne Wissensdokumente sind für den firmeninternen Gebrauch Dokumenten-
bestimmt und verfügen über einen Dokumentenkopf mit allen vor- kopf sichtbar
gegebenen Metadaten. Sie werden hauptsächlich innerhalb der Organisation verwendet. Das Layout ist allen betriebsinternen Personen
bekannt und selbsterklärend. Ein Beispiel finden Sie in **WiDok 00522**.

Externe Wissensdokumente sind für den Gebrauch außerhalb des Vergleichbar
Unternehmens bestimmt und verfügen über keinen Dokumentenkopf, mit einem
da dieser die externen Personen nur irritieren würde. Stattdessen wird Briefpapier
bei externen WiDoks mit dem Firmenlogo, der Firmenfußzeile und
einem Hinweis auf die Dokumentennummer gearbeitet. Ein Beispiel
für ein externes Wissensdokument finden Sie in **WiDok 00523**.

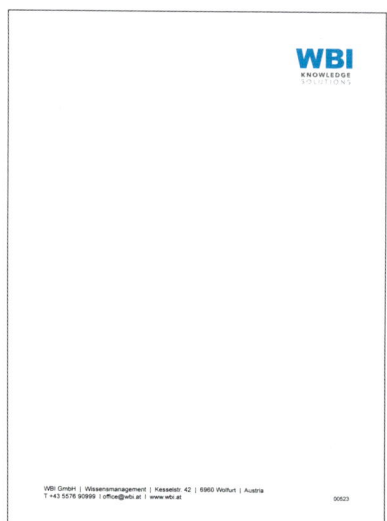

Abb. 12: Beispiel für internes Layout

Abb. 13: Beispiel für externes Layout

Abhängig vom WMS können auch verschiedene andere Layouts für Wissensdokumente, z. B. Vorlagen für das Qualitätsmanagement, eingesetzt werden. Wichtig dabei ist, dass sich diese immer an den sogenannten **»Gestaltungsrichtlinien«** für WiDoks orientieren. Siehe Kapitel 5.5.

5.4.7   Wiedervorlage

Technische Erinnerung

Die Wiedervorlage ist eine Erinnerungsfunktion und bildet die technische Grundlage für die »Aktualitätsprüfung«. Je nach Wahl der Software kann der jeweilige Inhaltsverantwortliche in den Metadaten des WiDoks eines der vorgegebenen Intervalle hinterlegen.

Mindestens einmal jährlich

Als Standard – und somit als längst mögliches Intervall – sollte immer die jährliche Wiedervorlage vorgegeben sein. Welches Intervall der Inhaltsverantwortliche dann aber konkret wählt, ist sehr stark vom Inhalt abhängig und kann daher frei entschieden werden. Wichtig ist, dass der Aufwand für die Aktualisierung den Nutzen nicht übersteigt.

Folgende Intervalle sind sinnvoll bzw. ratsam:

» Jährliche Wiedervorlage
» Halbjährliche Wiedervorlage
» Quartalsweise Wiedervorlage
» Monatliche Wiedervorlage
» Wöchentliche Wiedervorlage
» Wiedervorlage zu einem definierten Datum

Gerade im Qualitätsmanagement und bei Auswertungen, die zum Ende eines Quartals oder eines Jahres fällig sind, ist die Wiedervorlage essenziell und eine praktische Arbeitserleichterung.

Nach Ablauf des Wiedervorlagezyklus muss der Inhaltsverantwortliche schnellstmöglich die **»Aktualitätsprüfung«** durchführen. **Dabei prüft er das WiDok auf Aktualität, Richtigkeit und Relevanz.** Der genaue Ablauf wird in Kapitel 6.3.5 beschrieben.

Aktualität, Richtigkeit und Relevanz prüfen

5.4.8   Versionsnummer

Die Versionsnummer dient der Verfolgung der zeitlichen Entwicklung eines Wissensdokuments und kann optional im Dokumentenkopf angeführt werden. Durch diese Nummer ist für alle ersichtlich, in welcher Version das aktuelle Dokument vorliegt. Dem Arbeiten mit veralteten Daten sowie Missverständnissen wird dadurch vorgebeugt. Somit können alle Mitarbeiter auf das aktuelle, versionsgleiche Wissen in der zentralen Wissensdatenbank zugreifen.

Zeitliche Entwicklung nachvollziehbar

Werden bei einer Auswertung mehrere Datenstände verglichen, so sollte man sich dabei immer auf die entsprechende Versionsnummer beziehen. Die Versionsnummer bezeichnet immer einen eindeutigen Stand. **Das Datum eines WiDoks sagt hingegen nur bedingt etwas über den Stand aus, denn im Laufe eines Tages könnte sich der Inhalt eines WiDoks durchaus ändern.**

Nehmen wir an, ein WiDok wird um 11 Uhr vormittags als Version neu veröffentlicht: Bis 11 Uhr hat die alte Version ihre Gültigkeit und erst nach der Veröffentlichung gilt die neue Version. Das Datum ist nicht aussagekräftig und es könnte daher zu Missverständnissen kommen.

In einem WMS mit Versionsverwaltung können ältere Versionen desselben Dokuments im Hintergrund gespeichert bleiben. In diesem Zusammenhang sollte hinterfragt und definiert werden, ob alle oder nur eine gewisse Anzahl an vorherigen Versionen in einer Historie angezeigt werden sollen.

Durch die Weiterentwicklung der WBI®Methode hat sich auch die Versionierung von Wissensdokumenten von der 2. zur 3. Auflage dieses Buches wesentlich verändert. Weitere Informationen dazu finden Sie im **vertiefenden WiDok 00488**.

5.5 Gestaltungsrichtlinien für WiDoks

Corporate Design als roter Faden

Um allen Beteiligten die Arbeit mit WiDoks zu erleichtern, ist eine einheitliche Gestaltung unumgänglich. Daher ist es ratsam, ein **»Corporate Design«** – kurz **»CD«** – für WiDoks zu definieren. **Das Corporate Design muss sich wie ein roter Faden durch alle WiDoks ziehen.** Es trägt zur visuellen Identität und somit zu einem unverwechselbaren Erscheinungsbild bei. WiDoks bekommen dadurch einen hohen Wiedererkennungswert. Mitarbeiter und Führungskräfte können auf den ersten Blick erkennen, dass es sich um ein WiDok handelt.

Die Vorgaben des CD, die Details für die inhaltliche Gestaltung und die Aufmachung des standardisierten Dokumentenkopfs werden in den **»Gestaltungsrichtlinien«** fixiert:

» Schriftart und Schriftgröße
» Schreibweise des Datums
» Schreibweise von Quellenangaben
» Schreibweise von Namensangaben und Kürzeln

» Wahl der Diagramme

» Einsatz von Fotos

» Tabellenformatierung

» Hinweis auf sinnvolle Seitenumbrüche

» Farben zur Gestaltung von Texten und Grafiken

Verfügt eine Organisation über eine eigene **»Corporate Identity«**, macht es durchaus Sinn, die darin festgelegten Farben und Schriften in die Gestaltungsrichtlinien der Wissensdokumente zu übernehmen.

Durch die Gestaltungsrichtlinien wird das einheitliche Aussehen von WiDoks gefördert. Die WiDoks sind dadurch – aus gestalterischer Sicht – ansprechender und angenehmer anzusehen. Die bekannte Gestaltungsform und das etablierte Layout erleichtern die Orientierung, wodurch sich der Betrachter rascher zurechtfindet.

Gestaltungs-
richtlinien als
Vorgabe

Aus didaktischer Sicht sind die Inhalte verständlicher und können schneller aufgenommen werden. Sämtliche Mitarbeiter sind daher angewiesen, sich an die Gestaltungsrichtlinien zu halten.

Didaktisch
aufbereitet

Wenn das Wissen in Ihrer Organisation dezentral erfasst wird, also von unterschiedlichen Wissensträgern der Organisationseinheiten, ist es sinnvoll, eine sogenannte **»CD-Kontrolle«** vorzusehen. Dabei werden alle neuen und überarbeiteten WiDoks durch den **»CD-Verantwortlichen«** auf die genaue Einhaltung der Gestaltungsrichtlinien überprüft. Mehr dazu in Kapitel 7.8.

Ein Beispiel für die Gestaltungsrichtlinien bei Meusburger finden Sie in **Musterdokument 00184** sowie in **Musterdokument 00395**. Lassen Sie sich von den WiDoks inspirieren und entscheiden Sie, wie die Gestaltungsrichtlinien lauten sollen. Stellen Sie das neue WiDok anschließend allen Inhaltsverantwortlichen zur Verfügung. Dadurch sind die Vorgaben des Unternehmens für alle zugänglich.

Über die Jahre hat sich bei Meusburger sogar ein spezieller **»Stil«** entwickelt, der über die Gestaltungsrichtlinien hinausgeht. Mehr dazu erfahren Sie in Kapitel 10.1.

Das einzige unersetzliche Kapital, das eine
Organisation besitzt, ist das Wissen und die
Fähigkeiten seiner Mitarbeiter. Die Produktivität
dieses Kapitals hängt davon ab, wie effektiv die
Mitarbeiter ihre Kompetenzen mit denen teilen,
denen sie nützen.

Andrew Carnegie (1835–1919)
Schottisch-US-amerikanischer Industrieller,
Stahl-Tycoon und Philanthrop

EXKURS:
DER FLEISSIGE GÄRTNER HEINRICH

Es ist Frühling geworden. Wie jedes Jahr kann es Heinrich kaum erwarten, sich nach dem langen und frostigen Winter wieder um seinen Garten zu kümmern. Er ist froh, dass die Tage endlich wärmer werden und er den Garten wieder in erstklassigen Zustand bringen kann. Er ackert, jätet, sät und gießt.

Manchmal redet er auch mit den Pflanzen, die in seinem Garten wachsen. Aber natürlich nur, wenn er alleine ist, denn eigentlich darf das niemand wissen. Sonst hält man ihn noch für verrückt. Die Nachbarn wundern sich über den immensen Aufwand, den Heinrich auf sich nimmt, und schütteln oft nur den Kopf.

Der Garten gedeiht, bis Heinrich eines Tages plötzlich erkrankt. Er kann eine Zeit lang nicht mehr in seinem Garten arbeiten. Immerhin haben sich zwei Nachbarn bereit erklärt, sich um das Notwendigste zu kümmern. Doch die Krankheit ist schwerer als erwartet und Heinrich liegt zwei Wochen lang im Bett.

Kaum ist er wieder bei Kräften, zieht es ihn sofort in seinen geliebten Garten. Als er ihn erblickt, trifft ihn fast der Schlag! Was ist nur geschehen? Von seinem gepflegten Garten ist nicht mehr viel übrig. Wo man hinblickt, wuchert Unkraut. Zwischen dem Gemüse wuchern Blumen, im Blumenbeet wächst Petersilie und auf dem Komposthaufen gedeihen Kürbisse.

Wie konnte das passieren? Sind die Nachbarn schuld, weil sie ihr Versprechen nicht gehalten und sich nicht um den Garten gekümmert haben? Oder hat Heinrich einfach zu wenige Anweisungen gegeben? Nun ja, vielleicht beides. Auf jeden Fall lohnt es sich, diese Situation zu analysieren:

Unkraut kommt immer von selbst. Es stellt sich oft in den Vordergrund und meist dauert es nicht lange, bis die zuvor gut gepflegten Pflanzen im Unkraut untergehen. Hin und wieder passiert es jedoch auch, dass aus einem zarten Pflänzchen, das als Unkraut bezeichnet wurde, plötzlich eine wunderschöne, große Sonnenblume wächst. Daher stellt sich die Frage: Was ist Unkraut? Ist das für jeden klar oder kann es unterschiedliche Ansichten geben?

Vor allem aber drängt sich eine weitere Frage auf: Wie gut muss man geschult sein, um schon bei der Entstehung der Pflanze entscheiden zu können, ob etwas Unkraut ist oder nicht? Heinrich hatte es beispielsweise mit sehr viel Erfahrung, Geschick und erheblichem Aufwand geschafft, das Unkraut zu vermeiden.

Wenden wir uns an dieser Stelle den Nachbarn zu: Haben sie ihr Versprechen gebrochen? Oder konnten sie einfach nur nicht zwischen Unkraut und Pflanzen unterscheiden? Erinnern wir uns zurück: Sie haben versprochen, sich um »das Notwendigste« im Garten zu kümmern. Darunter kann alles Mögliche verstanden werden.

Für Heinrich gehört das Jäten auf jeden Fall dazu. Für die Nachbarn bedeutet das »Notwendigste« jedoch nur, den Garten zu gießen, damit die Pflanzen nicht absterben. Denn die Nachbarn haben den Sinn des Gartens nicht verstanden und waren deshalb nicht motiviert, den Aufwand auf sich zu nehmen. Was hätte also passieren müssen, damit sich der Zustand von Heinrichs Garten während seiner Abwesenheit nicht verschlimmert hätte und er mit seiner Vertretung zufrieden gewesen wäre?

Lassen Sie uns gemeinsam ein alternatives Ende überlegen! Aber es gilt die Bedingung, dass wir weder einen anderen Ersatz für Heinrich suchen noch die Nachbarn einer Gehirnwäsche unterziehen. Wir dürfen aber davon ausgehen, dass wir innovativ sind und etwas Neues erfinden können.

Zuerst entscheiden wir, einen zweiten Garten mit separaten Beeten für Gemüse und Blumen anzulegen. In diesem Garten darf nur nach gewissen Regeln gearbeitet werden. Das bedeutet für Heinrich, dass auch er sich an diese neuen Regeln halten muss. Das gefällt ihm zuerst gar nicht und er ist sehr skeptisch.

Doch wir wühlen in der Trickkiste und bieten ihm eine magische Folie an, die im ganzen Garten ausgelegt wird. Die Folie ist praktisch unsichtbar und hat keine Auswirkungen auf seinen Garten. Doch genau diese Folie soll das Grundproblem lösen: Sie hält das Unkraut zurück und fördert zugleich auch die Entwicklung der erwünschten Pflanzen und Blumen.

Findet Heinrich eine schöne Pflanze, so kann er diese durch ein Loch in der Folie befreien und wachsen lassen. Die Pflanzen über der Folie werden dann bevorzugt behandelt und können nicht mehr von Unkraut überwuchert werden.

Sollte unter der Folie etwas Neues, Gutes entstehen, kann Heinrich einfach weitere Löcher in die Folie schneiden und schon wächst die nächste wertvolle Pflanze heran. Heinrich entscheidet also, welche Pflanzen es durch die Folie nach oben schaffen sollen. Er hat dafür seine Regeln bzw. Kriterien und hält sich daran, damit der Garten so schön bleibt, wie er ist.

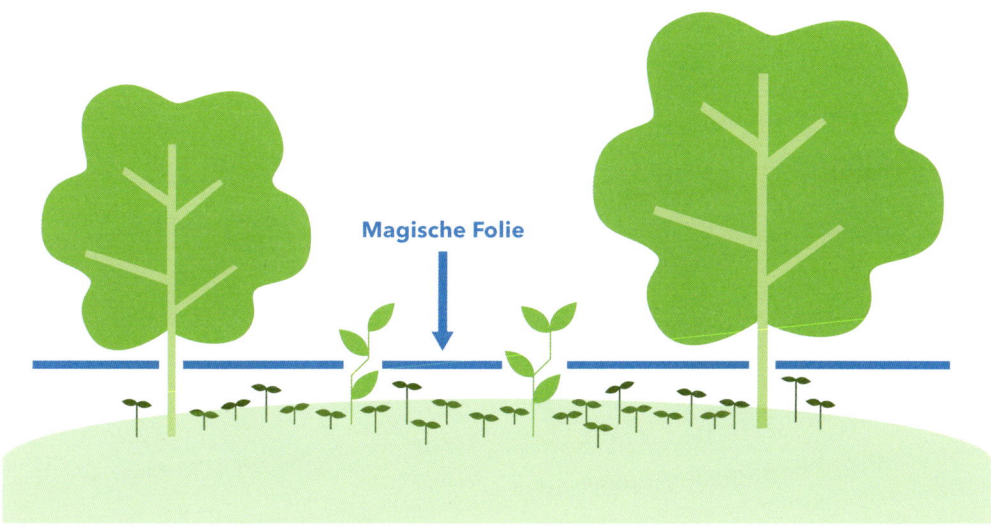

Abb. 14: Die magische Folie in Heinrichs Garten

Falls Heinrich wieder einmal erkrankt, können nur die Pflanzen in ihren Beeten weiterwachsen, die es bereits durch die magische Folie geschafft haben – das Unkraut kann hingegen nicht mehr wuchern. So wird seine mühevolle Arbeit zukünftig nicht mehr durch das schnell wachsende Unkraut vernichtet. Doch wie lauten diese Regeln bzw. Kriterien, nach denen Heinrich entscheidet, welche Pflanze nützlich ist und welche nicht?

Eine berechtigte Frage! Das folgende Kapitel gibt Ihnen die Antwort darauf – jedoch in Bezug auf Wissensmanagement in einem Unternehmen …

5.6 Kriterien für WiDoks

Nicht jedes Dokument hat das Potenzial für ein WiDok. Die Entscheidung, ob ein Thema in die Wissensdatenbank des Unternehmens aufgenommen werden bzw. darin erhalten bleiben soll, liegt im Ermessen der Zuständigen und basiert auf bestimmten Kriterien. **Wenn mindestens zwei der folgenden Kriterien zutreffen, sollte ein WiDok erstellt bzw. erhalten werden:**

» Über den Inhalt des WiDoks wird ein nachhaltiger Nutzen erzielt.

» Das erfasste Wissen dient einem erweiterten Empfängerkreis.

» Die Nachfragen zu einer bereits erarbeiteten Problemlösung oder einem Thema wiederholen sich (z. B. FAQ).

» Mehrere Personen setzen sich mit einem Thema auseinander und arbeiten daran.

» Das Thema bezieht sich auf das Kerngeschäft des Unternehmens und muss daher gesichert werden.

» Ein neuer Arbeitsablauf soll eingeführt und umgesetzt werden.

» Das WiDok hat eine hohe Nutzungsfrequenz.

» Es wird mit viel Energie und Aufwand an einem Thema gearbeitet.

» Durch das Thema wird ein Ablauf oder eine Zuständigkeit geregelt.

» Das WiDok stellt einen Ist-Zustand sowie einen Soll-Zustand dar und begünstigt deshalb qualitativ hochwertige Entscheidungen.

» Das WiDok dokumentiert eine relevante Entscheidung oder eine Idee mit Potenzial.

» Das WiDok dient der Entflechtung der Komplexität.

» Das Thema hat Potenzial für ein WiDok, ein Projekt, eine Idee oder eine Innovation.

Ein Handout zu den Kriterien für WiDoks, das Sie für das Unternehmen adaptieren und für sich und Ihre Kollegen einsetzen können, finden Sie in **WiDok 00485**.

Ist ein Wissensträger unsicher, ob ein Thema für ein WiDok geeignet ist oder nicht, kann er es zur Abklärung in die Wissensdatenbank einstellen und das anonymisierte Nutzungsverhalten über einen gewissen Zeitraum beobachten. Wird das WiDok in dieser Zeit nicht verwendet, sollte sich der Zuständige Gedanken machen und abwägen, ob er das WiDok nicht besser wieder löscht.

5.7 Argumente gegen WiDoks

Neben den Gründen, die für ein WiDok sprechen, gibt es auch Argumente, die gegen ein WiDok sprechen. In den meisten Fällen werden diese jedoch erst offensichtlich, wenn das WiDok bereits für einige Zeit im WMS gespeichert wurde und nun wieder gelöscht werden soll. Die Löschgründe für WiDoks finden Sie in **Kapitel 6.6.7**.

Relevanz oft erst später erkennbar

In manchen Fällen wird aber bereits beim Aufkommen eines Themas entschieden, dass daraus kein Wissensdokument werden soll, da der Mehraufwand bzw. Verwaltungsaufwand den Nutzen eindeutig übersteigt. Sollte also der Aufwand für

Verwaltungsaufwand höher als Nutzen

» das Einfüllen und Verwalten der entsprechenden Metadaten,
» das Einhalten der Gestaltungsrichtlinien
» oder für die Pflege und Weiterentwicklung der Inhalte des WiDoks

zu groß sein, ist es besser, die Inhalte als sogenanntes »**Nuller-Dokument**« auf einem Laufwerk zu speichern.

5.7.1 Nuller-Dokumente

Als »Nuller-Dokument« oder »0er-Dokument« wird ein Dokument bezeichnet, das noch nie im WMS veröffentlicht wurde. Es verfügt zwar über einen Dokumentenkopf, hat aber keine eindeutige Dokumentennummer.

Nuller-Dokumente auf einem Laufwerk entsprechen nicht den Kriterien für WiDoks und werden daher nur lokal auf einem Laufwerk abgelegt.

Unveröffentlichtes Dokument

Nuller-Dokumente im WMS wurden entweder direkt im WMS erstellt oder lokal erstellt und in das WMS hochgeladen. Da sie noch nicht veröffentlicht wurden, sind sie nur für den jeweiligen Ersteller sichtbar.

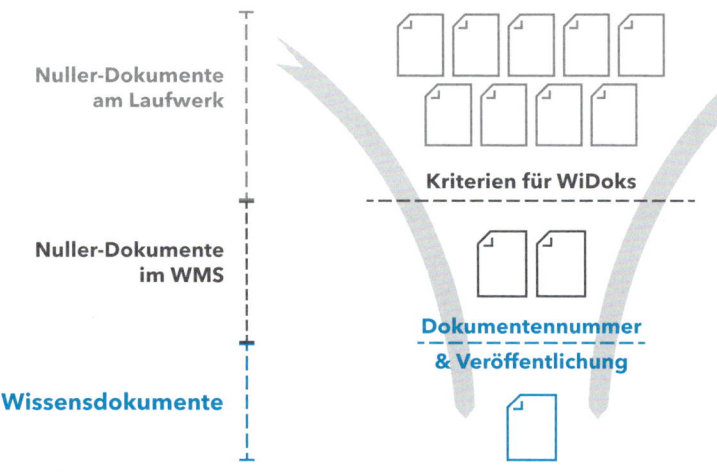

Abb. 15: Abgrenzung von Nuller-Dokumenten und Wissensdokumenten

5.8   WiDoks im Unternehmensalltag

Unbegrenzte Einsatzmöglichkeiten

In jedem Bereich eines Unternehmens läuft eine große Menge an Wissen und Informationen in Form von WiDoks zusammen. Bereichsabhängig sind deshalb Wissensdokumente aufzufinden, die entweder abteilungsintern oder abteilungsübergreifend genutzt werden können und funktionale Lücken schließen. Die Einsatzmöglichkeiten der WiDoks im Unternehmen sind nahezu unbegrenzt.

Um ein WiDok so anwenderfreundlich wie möglich zu gestalten, sollte es in seiner ursprünglichen Form in einem der gängigen Dokumentenformate wie Word®, Excel® oder PowerPoint® erstellt werden. Die WiDoks können dadurch leicht editiert werden und sind druckoptimiert. Vielen Mitarbeitern fällt das Arbeiten in Word® und Excel® wesentlich leichter als bei einem HTML-basierten System wie einem Wiki. Bei Meusburger sind daher rund 90 % aller WiDoks Word®- oder Excel®-Dateien. Welche anderen Gründe für diese Dokumentenformate sprechen, erfahren Sie im vertiefenden **WiDok 00422**.

Anwenderfreundlich als Word® oder Excel®

WiDoks sollten zudem über eine angemessene Darstellungsform verfügen und in einer allgemein verständlichen Sprache verfasst sein. Nur so ist es möglich, das Wissen im Arbeitsalltag schnell und einfach zu vermitteln. In den unterschiedlichen Branchen gibt es natürlich eine Vielzahl von Fachbegriffen, Abkürzungen, speziellen Ausdrücken und Formulierungen.

Allgemein verständliche Sprache

Ein solches **»Wording«** – also eine Art **»Unternehmenssprache«** – entsteht oft unbewusst und bildet eine einheitliche Basis für die Kommunikation im Betrieb. Das Fehlen einer gemeinsamen, allgemein verständlichen Sprache kann zu Kommunikationsproblemen und Missverständnissen führen. Tipps zum Gestalten und Schreiben von WiDoks finden Sie in Kapitel 10.1.

Wording wichtig für das Verständnis

5.8.1 WiDoks am Monitor öffnen und besprechen

WiDoks sollten im Arbeitsalltag immer wieder auf einem Monitor geöffnet und als Grundlage für die aktuellen Themen während der Besprechung herangezogen werden. Die Besprechungen werden durch das Einbeziehen von WiDoks intensiver und effizienter. Der Monitor muss allerdings über eine entsprechende Größe verfügen, sodass alle Beteiligten das WiDok gemeinsam betrachten können.

Das Betrachten am Monitor bringt folgende Vorteile mit sich:
» Das WiDok bildet eine gemeinsame Gesprächsbasis.
» Durch den Bezug auf die richtigen und aktuellen Inhalte in einem WiDok kann auf einem höheren Niveau diskutiert werden.
» Grafiken und Metaphern können dazu eingesetzt werden, um allen

Beteiligten ein klares Bild bzw. eine gewisse Botschaft zu vermitteln. Siehe Kapitel 10.1.2 und 10.1.3.

» Es wird vermieden, dass im Gespräch falsche Zahlen oder Fakten eingebracht werden.

» Das festgehaltene Wissen wird vermehrt aktiv genutzt und entwickelt sich dadurch weiter.

» Das Besprochene kann unmittelbar im Anschluss im WiDok erfasst werden.

» Alle Beteiligten können das WiDok später öffnen und sich informieren.

Bezieht sich eine Person in einer Besprechung auf Inhalte, die bereits in einem WiDok veröffentlicht wurden, verhelfen die Inhalte zu besonderer Durchsetzungskraft. Es fällt oftmals leichter, den bereits erfassten Standpunkt zu verteidigen.

5.8.2   WiDoks ausdrucken und verteilen

WiDoks werden mitunter zu Beginn einer Besprechung oder einer Schulung auch in ausgedruckter Form verteilt, speziell wenn es erwünscht ist, dass Mitarbeiter sich eigene Notizen darauf machen.

Natürlich ist es grundsätzlich wichtig, vermehrt digital zu arbeiten, um Papier zu sparen und die Umwelt zu schonen. In manchen Fällen macht es jedoch durchaus Sinn, auf Papier zu arbeiten: Wird ein WiDok beispielsweise für eine Besprechung ausgedruckt, können die Anwesenden direkt auf dem Papier schreiben, zeichnen, korrigieren und anmerken. Spontane Gedankengänge werden somit sofort festgehalten. Jeder kann sich einbringen. Die Arbeit auf Papier ist hier einfach spontaner und dynamischer.

KURZ & KNAPP

» Das Wissensdokument – kurz WiDok – ist das Herzstück von WBI und durchläuft regelmäßig den WBI-Prozess.

» Alle Wissensdokumente basieren auf einer ausgereiften, CD-konformen Vorlage und werden in einer zentral zugänglichen, organisierten Wissensdatenbank gespeichert.

» Jedes WiDok verfügt über eine eindeutige Dokumentennummer und ist dadurch eindeutig identifizierbar.

» WiDoks haben fest definierte, sichtbare Metadaten, die in einem standardisierten Dokumentenkopf ersichtlich sind und einen elementaren Bestandteil von WBI darstellen.

» WiDoks verfügen zudem über optionale und unsichtbare Metadaten, die nur im System hinterlegt sind.

» Es gibt Wissensdokumente mit internem und externem Layout – sie sind je nach Anwendungsgebiet und Zielgruppe unterschiedlich gestaltet.

» Durch die Versionierung bleibt die Historie eines WiDoks nachvollziehbar.

» Die Wiedervorlage ist eine automatische Erinnerungsfunktion, die im gewählten Zyklus eine Aktualitätsprüfung beim Inhaltsverantwortlichen anstößt.

» Für WiDoks gibt es Gestaltungsrichtlinien, die jedes Unternehmen für sich selbst definieren sollte.

» WiDoks sollten in einer allgemein verständlichen Sprache verfasst sein, um Kommunikationsprobleme und Missverständnisse zu vermeiden.

» Es gibt Kriterien, die für die Erfassung von WiDoks sprechen, aber auch Argumente gegen WiDoks.

6 WIE FUNKTIONIERT DER WBI-PROZESS?

Der WBI-Prozess ist in folgende Schritte gegliedert, die klar strukturiert sind und den Lebenszyklus eines WiDoks beschreiben:

Abb. 16: Der WBI-Prozess

Der Prozess ist in Anlehnung an die **»Kernprozesse des Wissensmanagements«** nach Probst, Raub und Romhardt[15] entstanden. Die Details zu deren Modell finden Sie im **vertiefenden WiDok 00450**.

6.1 Erfassen

Ziel von WBI ist es, so viel unternehmensrelevantes, implizites Wissen wie möglich in Form von WiDoks zu erfassen. Doch gerade das implizite Wissen ist schwer zu identifizieren, da die verschiedenen Mitarbeiter unterschiedliche Fähigkeiten und Wissensstände haben.

Implizites Wissen explizit machen

Wissen muss in dem Moment erfasst werden, in dem es entsteht. Nur so ist garantiert, dass die Gedanken in einer unverfälschten Form festgehalten werden und nichts davon in Vergessenheit gerät. Ähnlich wie bei einer Füllfeder und einem Blatt Papier: Kaum schreibt man mit der Feder darauf, nimmt das Papier die Tinte auf und sie ist konserviert.

15 Vgl. Probst; Raub; Romhardt 2012, S. 30

Abb. 17: Der WBI-Prozess – Erfassen

Wissen
nachhaltig
sichern

WiDoks dienen bei WBI als eine Art Absicherung: Ist das Wissen erst einmal in einem Wissensdokument erfasst, ist der Wissensstand gesichert. Er kann sich nur noch erweitern, aber nicht mehr verloren gehen. Man muss daher das Rad nicht immer wieder neu erfinden und wie Sisyphus den Stein ständig denselben Berg hinaufwälzen.

Abb. 18: Sisyphus bei der Arbeit ohne Unterstützung durch WBI

Abb. 19: WBI sichert Sisyphus nach hinten ab

Aus technischer Sicht werden ab dem ersten Erstellen des WiDoks alle Versionen abgespeichert. Somit ist der jeweilige Wissensstand gesichert und kann nicht mehr verloren gehen. Selbst wenn ein WiDok gelöscht wird, gibt es die sogenannte **»Löschfreigabe«**. Dieser Sicherheitsmechanismus sorgt dafür, dass WiDoks nicht aus Versehen oder aus Verständnislosigkeit gelöscht werden können. Mehr dazu in **Kapitel 6.6.7**.

6.1.1 Impulse zur Wissensdokumentation

Im Unternehmensalltag stoßen Mitarbeiter und Führungskräfte immer wieder auf Wissenslücken oder Probleme und stehen vor neuen Herausforderungen. In diesen Situationen ist es äußerst wichtig, dass die erarbeiteten Lösungen und neuen Wissensstände im Sinne der Wirtschaftlichkeit und Nachhaltigkeit erfasst werden.

6.1.1.1 Impuls durch den Mitarbeiter

Optimalerweise ergreift der Mitarbeiter selbst die Initiative. Er erfasst das Thema aus Eigeninteresse bzw. Eigenbedarf und erstellt einen Entwurf.

Eigeninitiative des Mitarbeiters

Bei der nächsten Gelegenheit bespricht er es mit seinem Vorgesetzten und weist auf seine Lösung bzw. seinen Vorschlag hin. Der impulsgebende Mitarbeiter wird zum Inhaltsverantwortlichen und übernimmt damit die inhaltliche und operative Verantwortung für das Thema.

Impulsgeber wird zum Inhaltsverantwortlichen

Abb. 20: Der Impuls durch den Mitarbeiter

6.1.1.2 Impuls durch die Führungskraft

Mitarbeiter wird
mit Erstellung
beauftragt

Wissensträger kommen nicht immer von sich aus auf die Idee, ein WiDok zu erfassen. Manchmal braucht es einen Impulsgeber, der die Erstellung eines WiDoks anstößt.

Abb. 21: Der Impuls durch die Führungskraft

Wie ein Adler, der seine Beute sucht, sollte eine Führungskraft in einem Arbeitsgespräch oder einem Meeting ständig auf der Suche nach implizitem, undokumentiertem Wissen sein. **Dazu benötigt sie die notwendige Achtsamkeit, um Potenziale zu erkennen.**

Abb. 22: Der Adler auf der Jagd

Es geht dabei nicht nur um das Potenzial für ein wertvolles WiDok, sondern auch um das Potenzial

» für ein erfolgversprechendes Projekt,

» für eine Idee,

» um eine Wissenslücke zu schließen sowie

» für eine (Produkt-)Innovation.

Alle Führungskräfte sollten daher die Kriterien für WiDoks kennen und ein Gespür dafür entwickeln, wann ein Impuls für ein WiDok angemessen ist.

Auftrag durch
Führungskraft

6.1.2 Gründe für das Erfassen von Wissen

Es gibt viele verschiedene Gründe, warum Wissen erfasst werden sollte. Es geht dabei nicht um die in **Kapitel 5.6** erwähnten Kriterien für WiDoks, sondern um Situationen, in denen Wissen entsteht und daher erhalten werden muss.

Situatives
Erfassen von
Wissen

6.1.2.1 Wissen aus Besprechungen festhalten

Mit WBI kann aus jedem Arbeitsgespräch und jedem Meeting ein neues WiDok entstehen. Wenn ein Thema Potenzial hat, muss es in der Wissensdatenbank gesichert werden. **Dieser Grundgedanke sollte alle Gespräche im Unternehmen begleiten und zielt auf die direkte Wissenssicherung ab.**

Themen mit
Potenzial
sichern

Die Vorbereitung des Arbeitsgesprächs

Als Vorbereitung für ein Arbeitsgespräch ist es sinnvoll zu recherchieren, ob es zu diesem oder einem ähnlichen Thema bereits ein WiDok in der Wissensdatenbank gibt. **Insbesondere in einem Unternehmen wie Meusburger, in dem bereits über 12.000 WiDoks existieren, ist es wichtig, auf das bestehende Wissen und eine gemeinsame Basis aufzubauen.**

Während des Arbeitsgesprächs

Grundsätzlich ist bei Meusburger jeder Mitarbeiter dazu angehalten, zu jedem Termin einen Block und einen Stift mitzubringen.

Immer dabei:
Stift & Block

Somit kann er sich während des Arbeitsgesprächs Notizen oder auch Skizzen machen. **Dadurch geraten Ideen nicht in Vergessenheit.**

Notizen oder Skizzen machen

Das schnelle Erfassen von Skizzen und Notizen auf Papier spart Zeit, da man sich darauf verlassen kann, dass die Idee erst einmal gesichert ist, man sich aber nicht sofort im Detail damit auseinandersetzen muss. Später können aus solchen einfachen Zeichnungen und Notizen wertvolle WiDoks entstehen. Ein Beispiel dafür sehen Sie in **WiDok 00514.**

Führungskräfte notieren sich Stichworte

Nicht nur Mitarbeiter sollten sich während eines Arbeitsgesprächs Notizen machen: Auch die anwesende Führungskraft sollte Stichworte notieren, um die Informationen im Dokument des Mitarbeiters später gegebenenfalls korrigieren oder ergänzen zu können.

TIPP Stellen Sie Ihre eigenen Notizen Ihrem Kollegen nicht direkt nach dem Gespräch zur Verfügung – er soll sich zunächst selbst intensiv mit dem Thema beschäftigen. Gleichen Sie Ihre Notizen erst mit dem Vorschlag Ihres Kollegen ab, wenn Sie die erste Version mit ihm gemeinsam besprechen.

Am Ende des Arbeitsgesprächs

Spätestens wenn sich während des Arbeitsgesprächs abzeichnet, dass die diskutierten bzw. erarbeiteten Inhalte relevantes Wissen darstellen, muss die Führungskraft in Erfahrung bringen, ob das Thema bereits in einem WiDok erfasst ist.

Bestehendes ergänzen

Existiert bereits ein WiDok zu einem bestimmten Thema, kann es überarbeitet bzw. ergänzt werden. Dazu übernimmt der Wissensarbeiter die fehlenden Aspekte und Inhalte, die er im Laufe des Meetings notiert hat.

Neues Wissen wird erfasst

Existiert jedoch noch kein explizites Wissen zu einem Thema, muss die Gelegenheit genutzt werden. Der Wissensträger wird gebeten, das Thema zeitnah schriftlich festzuhalten, denn das Wissen ist in dem Moment am präsentesten, in dem es entsteht.

Nach dem Arbeitsgespräch

Nach dem Arbeitsgespräch erstellt der beauftragte Mitarbeiter an seinem Arbeitsplatz ein neues Nuller-Dokument. Er formuliert seine Notizen und bringt sie in eine sinnvolle Struktur. Im Zuge des Schreibens setzt er sich nochmals intensiv mit dem Thema auseinander. Er recherchiert und sammelt alle nötigen Informationen. Fragen und offene Punkte werden erfasst und beantwortet. **Der Mitarbeiter denkt mit, lernt dazu und entwickelt sich zum Wissensträger auf diesem Gebiet.** Die Führungskraft ist in dieser Phase nicht involviert und spart sich somit Zeit.

Intensive Auseinandersetzung mit dem Thema

Aus einem Dokument wird ein WiDok

Das Dokument wird mehr und mehr mit Wissen angereichert und schließlich der impulsgebenden Führungskraft zur Durchsicht vorgelegt. Diese kann nun anhand der eigenen Notizen prüfen, ob alle besprochenen Themen im Dokument enthalten sind. Fehlen wichtige Inhalte, sind sie falsch oder nicht im Sinne der Führungskraft, kann diese den Mitarbeiter auf die betreffenden Punkte aufmerksam machen und eine Korrekturschleife anregen.

Korrekturschleife anregen

Wenn nach der Korrekturschleife schließlich alle relevanten Inhalte erfasst sind, gibt die Führungskraft ihre Genehmigung. **Das WiDok wird zum ersten Mal veröffentlicht und bekommt eine eindeutige Dokumentennummer.**

Kollektives Feedback

Nachdem das WiDok das erste Mal veröffentlicht wurde, steht es nun auch dem erweiterten Empfängerkreis zur Verfügung. Die Empfänger können es lesen und Feedback zum WiDok geben. Durch die verschiedenen Perspektiven und Ansichten wird die Qualität des WiDoks verbessert. **Das kollektive Wissen kann somit als enormer Hebel für die Qualität gesehen werden.** Das WiDok wird weiterentwickelt und erneut veröffentlicht.

Verschiedene Perspektiven einbringen

Engagement
als gutes
Zeichen

Kümmert sich der Inhaltsverantwortliche fortan mit Engagement um das WiDok und um die Umsetzung der Inhalte im Unternehmen, weiß die Führungskraft, dass sie den richtigen Mitarbeiter ausgewählt hat und sich das Ganze in die richtige Richtung entwickelt.

WiDok als
substanzielles
Ergebnis

Das im Unternehmensalltag entstandene relevante Wissen wird durch diese Vorgehensweise zeitnah explizit gemacht und im WMS gesichert. Die so entstandenen WiDoks dienen nachhaltig dem Erfolg und der Verbesserung des Unternehmens. **Das Wissensdokument ist demnach ein substanzielles Ergebnis, das aus jedem Arbeitsgespräch oder Meeting hervorgehen kann bzw. sollte.**

6.1.2.2 Verfügbarkeit von Wissen erhöhen

Persönlich
bedingter
Wissensverlust

Das Erfassen von Wissen wirkt dem persönlich bedingten Wissensverlust von wertvollem Unternehmenswissen entgegen und ermöglicht es, Wissen nachhaltig verfügbar zu machen. **Wird das Wissen in Form von WiDoks dokumentiert, steht es selbst dann zur Verfügung, wenn der Inhaltsverantwortliche aus einem der folgenden Gründe temporär oder dauerhaft nicht verfügbar ist:**

» Urlaub/Ferien
» Krankenstand/Arbeitsunfähigkeit
» Elternkarenz/Elternzeit/Mutterschaftsurlaub
» Interner Abteilungswechsel von Mitarbeitern
» Pension/Rente/Ruhestand
» Austritt von Mitarbeitern – siehe Kapitel 11.6

6.1.2.3 Wiederkehrende Fehler und Probleme vermeiden

In manchen Fällen steht die Vermeidung von wiederkehrenden Fehlern und bekannten Problemen bei der Erstellung eines WiDoks im Vordergrund. **Es handelt sich um schmerzgetriebenes Wissensmanagement, bei dem durch das Erfassen negativer Erfahrungen neues Wissen entsteht.** Ziel ist es, Beschädigungen und andere Konsequenzen, die zu einer Erhöhung der Kosten für das Unternehmen führen, durch eine entsprechende Anweisung oder Vorschrift zu verhindern.

Vor einigen Jahren kam es bei Meusburger vermehrt zu Problemen beim Versand von Messeexponaten. Die Exponate wurden nicht richtig verpackt, beim Transport beschädigt und konnten dadurch auf der Messe nicht gezeigt werden. Zudem verursachten die Schäden hohe Kosten. Um diese Fehler künftig zu vermeiden, erstellte ein Mitarbeiter ein WiDok zum Thema »Richtiges Verpacken von Messeexponaten«. Darin enthalten sind Fotos richtig eingepackter Produkte mit der jeweiligen Erklärung dazu. Aus dem WiDok entstand eine Verpackungsrichtlinie für Messeexponate, die seither zu berücksichtigen ist. Das führte zu einer deutlichen Senkung der Beschädigungen und somit der entstehenden Kosten für das Unternehmen. Wie solch ein WiDok konkret aussieht, sehen Sie in **Musterdokument 00438**.

6.1.2.4   Darstellung des Status quo bzw. Ist-Standes

Der Status quo in einem Unternehmen verändert sich ständig, das Ziel ist jedoch immer dasselbe: der wirtschaftliche Erfolg und somit die Überlebensfähigkeit des Unternehmens. **WiDoks unterstützen ein Unternehmen maßgeblich dabei, die kleineren und größeren Veränderungen zu meistern und den jeweiligen Status quo darzustellen.**

Status quo ändert sich ständig

Ist der Status quo bzw. Ist-Stand bereits in einem WiDok festgehalten, bildet das WiDok ein wichtiges Fundament, auf das weiter aufgebaut werden kann. Gerade bei schwierigen Themen ist es durch das WiDok leichter, »aus dem Sumpf« zu kommen. Das WiDok kann vor einem Arbeitsgespräch verteilt und später auf dieser gemeinsamen Basis diskutiert werden. Das Thema kann besser analysiert werden und reifen. Wenn das WiDok dann aufgrund seiner Qualität und Zweckmäßigkeit einen hohen Nutzen mit sich bringt, wird es auf breite Akzeptanz stoßen und gerne angewendet. Durch den Ist-Stand kann nun die Erreichung des optimalen Soll-Standes besprochen, fixiert und geplant werden. Darin liegt ein großes Innovationspotenzial.

Wurde der Ist-Stand hingegen noch nicht in einem WiDok erfasst, sollte gerade in größeren Gruppen immer zuerst ein Konsens darüber gefunden werden. Der aktuelle Status quo wird anschließend in Form eines neuen WiDoks im WMS festgehalten.

Gerade beim Erfassen des Ist-Standes und zu Beginn eines Projekts arbeiten wir bei Meusburger mit Weitblick: **Bereits in der Konzeptionsphase durchdenken, hinterfragen und betrachten wir Themen im Sinne der WBI®Methode aus verschiedenen Perspektiven.** Wir erkunden Hintergründe sowie Verbindungen und holen uns relevante Stakeholder mit ins Boot. Wir bringen wichtige Aspekte an die Oberfläche, erfassen alles Wesentliche in Form von Wissensdokumenten und sorgen somit frühzeitig für Transparenz. Der anfängliche Mehraufwand rentiert sich allemal, denn dadurch werden mehrere Eventualitäten abgedeckt und spätere Überraschungen oder gar Probleme meist vermieden.

6.1.2.5 Entscheidungen dokumentieren

Gründe für Entscheidung nicht mehr nachvollziehbar

Oft kennen Mitarbeiter lediglich die Entscheidung, aber nicht die Beweggründe, die ursprünglich zu dieser Entscheidung geführt haben. Dafür kann es verschiedene Ursachen geben: In manchen Fällen handelt es sich um neue Mitarbeiter, die bei der Entscheidungsfindung noch nicht dabei waren und diese nun hinterfragen – in anderen Fällen wurden die Beweggründe für die Entscheidungen einfach im Laufe der Zeit vergessen, vor allem, wenn diese mehrere Jahre zurückliegen.

Entscheidungen festhalten

Daher ist es ratsam, den Entscheidungsfindungsprozess in einem WiDok zu dokumentieren, damit das Unternehmen zukünftig bei ähnlichen Problemen oder Situationen mit diesen Überlegungen nicht wieder von vorne beginnen muss. Dies betrifft vor allem Entscheidungen mit einem hohen personellen oder finanziellen Aufwand. Sollte ein spezielles Thema zu einem späteren Zeitpunkt wieder relevant werden, kann auf Basis der bisherigen Überlegungen weitergearbeitet und erneut entschieden werden.

In einem Unternehmen wird beispielsweise das Thema **»Outsourcing«** für ein Produkt oder für eine Dienstleistung diskutiert. Wird im Zuge dessen eine Liste mit Vorteilen und Nachteilen des Outsourcings erarbeitet, so sollten diese Gründe und der Weg zur Entscheidung dokumentiert werden. Dadurch können diese Inhalte auch zukünftig wieder herangezogen werden, falls es erneut Bedarf in diesem Bereich gibt.

Wird eine Entscheidung in einem WiDok erfasst, sollten auch die genauen Zuständigkeiten definiert und festgehalten werden. Speziell wenn eine Entscheidung in der Gruppe getroffen wurde, wird dadurch verhindert, dass die persönliche Verantwortung verloren geht.

Zuständigkeiten
dokumentieren

Die Entscheidung, ob ein Projekt umgesetzt wird oder nicht, kann gerade bei großen, umfangreichen Projekten bis zu einem Drittel des Gesamtaufwands der Konzeptionsphase ausmachen. Mehr Informationen dazu finden Sie im **vertiefenden WiDok 00462**. Um das Ergebnis der jeweiligen Entscheidung zu dokumentieren, bietet sich ein Ergebnisprotokoll an. Eine Vorlage dazu finden Sie in **Musterdokument 00112**.

Abb. 23: Die Entscheidung im Projektmanagement

Bei Meusburger gab es vor einiger Zeit Überlegungen, nicht nur den B2B-Bereich mit Werkstattbedarf zu beliefern, sondern auch im B2C-Bereich Fuß zu fassen. Ein Projektteam setzte sich intensiv mit dieser Idee auseinander, analysierte Mitbewerber sowie die aktuelle Marktlage. Die Ergebnisse der Recherche sowie die Pros und Contras einer Erschließung des B2C-Bereichs wurden in Form eines WiDoks erfasst und aufgrund dessen eine Entscheidung getroffen. Diese Entscheidung, den B2C-Markt nicht zu erschließen, wurde ebenfalls in Form eines WiDoks dokumentiert. Es beinhaltet die Begründung, wie die Entscheidung zustande kam und auf welchen Aspekten sie basiert. Da das WiDok im WMS zentral zugänglich ist, kann das Thema zu einem späteren Zeitpunkt wieder aufgegriffen und weiterentwickelt werden.

6.1.2.6 Gedanken und Ideen festhalten

Ein weiterer Grund für das schriftliche Erfassen ist das Bestreben, bestimmte Gedanken und Ideen nachhaltig zu sichern – also das wunschgetriebene Wissensmanagement: WBI beginnt beim ersten Gedanken. Zu Beginn sind diese Gedanken und Ideen im Kopf eines

Wunschgetriebenes Wissensmanagement

Von Gedanken
zu Worten

Menschen unstrukturiert und chaotisch. Aus diesen sprunghaften Gedanken werden im Gehirn Worte geformt. Erst das Aussprechen oder Niederschreiben der gedachten Inhalte ermöglicht eine Strukturierung und logische Anordnung. Der Mechanismus zur Erarbeitung des gesicherten Wissens wird in Gang gesetzt.

Beschäftigt man sich anfangs intensiv mit einem Gedanken, einer Idee oder einem Thema, erscheint im Augenblick alles logisch. Doch nach einiger Zeit kann sich das ändern. Es ist daher wichtig, Gedanken mit Potenzial immer in dem Moment festzuhalten, in dem sie entstanden sind.

Notieren Sie Ihre Gedanken, Ideen und Besprochenes immer direkt auf einem Block, denn eine Notiz auf Papier ist die schnellste Form der Wissenssicherung. Das setzt natürlich voraus, dass Sie im Optimalfall immer Papier und Stift bei sich haben. Müssen Sie nämlich zuerst aufstehen und etwas zum Schreiben suchen, werden Ihre Gedanken unbewusst durch neue visuelle Reize in Ihrer unmittelbaren Umgebung beeinflusst. Der Impuls bzw. Ursprungsgedanke geht dabei oft verloren.

Weswegen
bin ich hier?

Das klingt im ersten Moment vielleicht etwas kompliziert, aber vermutlich haben Sie eine solche Situation sogar schon erlebt: Sie sind in Gedanken und wollen nur schnell etwas aus dem Nebenzimmer holen. Sie gehen in den anderen Raum und wissen plötzlich nicht mehr, was sie dort eigentlich wollten.

Erfassen Sie Ihre handschriftlichen Notizen kurz darauf in einem Wissensdokument. Durch das Schreiben werden die ersten Gedanken konkretisiert und Ideen mit Entwicklungspotenzial festgehalten. Das neue Wissen und die Essenz gehen somit nicht verloren. Im Laufe der Zeit können die Ideen immer wieder herangezogen und weiterentwickelt werden. Durch diese Vorgehensweise können aus vielen kleinen Einfällen und Erweiterungen größere Innovationen heranreifen.

Das Reifenlassen von Gedanken hat auch einen reinigenden Effekt. Die Idee wird nochmals reflektiert und verbessert oder verworfen. So ist gewährleistet, dass nur Ideen mit Potenzial in Angriff genommen werden und der Rest nicht unnötig Ressourcen verschwendet. Die Spreu trennt sich vom Weizen. Ideen und Innovationen können dadurch gezielt verfolgt oder bewusst stillgelegt werden. Das Wiederaufgreifen von Ideen wird erleichtert, da alle dokumentiert sind und klar ist, weshalb welche Idee verworfen wurde.

Entwicklungspotenzial wird gesichert

In einem Unternehmen ist eine Produkt-App geplant. Immer wieder wird das Thema angesprochen und von Neuem überlegt, welche Faktoren und Rahmenbedingungen zu beachten sind. Regelmäßig entstehen neue Analysen der Mitbewerber-Apps. Das kostet viel Zeit und Energie. Abhilfe schafft hier ein WiDok, in dem der jeweils aktuelle Stand gespeichert und an dem konsequent weitergearbeitet wird. Gibt es einen neuen Zuständigen, kann er auf dem bisherigen Stand aufbauen und diesen weiterentwickeln. Das WiDok wird weiter vervollständigt und die Idee konkretisiert.

BSP

Dieses Beispiel ist kein Einzelfall. **Es gibt viele Herausforderungen, mit denen sich Unternehmen immer wieder beschäftigen müssen.** Existiert dazu bereits ein WiDok, muss nur das fehlende Wissen ergänzt werden.

Wiederkehrende Herausforderungen

6.1.2.7 Erfassen aufgrund eines Wissensdefizits

Oft entsteht ein WiDok, wenn eine Gruppe von Personen in einem Arbeitsgespräch auf ein Wissensdefizit stößt. Es werden Fragen gestellt, die niemand genau beantworten kann, obwohl die Gruppe aus kompetenten Mitarbeitern besteht. Daher wird recherchiert und nach einem Experten gesucht, denn im Unternehmen gibt es fast immer jemanden, der die richtige Antwort kennt. **Das ist ein spannender Moment für Führungskräfte, da sie live beobachten können, wie vor ihren Augen wertvolles, kollektives Wissen generiert wird.** In dieser Situation muss die Führungskraft den Überblick bewahren und im Laufe des Gesprächs eine Person bitten, das neue Wissen zu erfassen und den aktuellen Wissensstand zeitnah in einem WiDok zu veröffentlichen. Es handelt sich dabei um schmerzgetriebenes Wissensmanagement mit dem Ziel, Transparenz zu schaffen und alles Wesentliche in einem WiDok festzuhalten.

Kollektives Erarbeiten von Wissen

Ist der Ist-Stand erfasst, sind rund 80 % der konzeptionellen Arbeit getan. Die restlichen 20 % für die weitere Vorgehensweise und die schriftliche Definition des Soll-Standes fallen dann oft überraschend leicht.

6.1.2.8 Entflechtung der Komplexität

Das Geheimnis des Vorankommens besteht darin, dass man anfängt. Das Geheimnis des Anfangens liegt darin, dass man seine komplexen und überwältigenden Aufgaben in kleine, durchzuführende Handgriffe zerlegt und dann mit dem Ersten beginnt.[16]

Komplexe Probleme zerlegen

Dieses Zitat von Mark Twain verdeutlicht, dass die Entflechtung der Komplexität oft der wesentliche Schritt ist, um mit einem neuen Thema zu beginnen bzw. voranzukommen. **Dabei wird das komplexe Gesamtproblem in mehrere überschaubare Teilprobleme bzw. Arbeitspakete zerlegt, da diese leichter zu lösen sind.** Der Zuständige recherchiert alle relevanten Aspekte und lässt diese in sein WiDok einfließen.

Dabei ergeben sich folgende Vorteile:
- » Der Ist-Stand kann im Detail analysiert werden.
- » Die Konzentration richtet sich auf das Wesentliche.
- » Inhalte sind leichter verständlich.
- » Fehler im System können lokalisiert und Verbesserungsvorschläge gemacht werden.
- » Probleme und Situationen, die anfangs kompliziert oder aussichtslos erscheinen, können sukzessive gelöst werden.
- » Große Brocken werden – getreu dem Motto »*Ein Thema, ein WiDok*« – in bewältigbare Einheiten geteilt.

Teilprobleme und Arbeitspakete abarbeiten

Wissensdokumente bringen also »**Licht ins Dunkel**«. In weiterer Folge können die Teilprobleme bzw. Arbeitspakete Schritt für Schritt abgearbeitet werden.

---

16 Mark Twain (1835–1910), US-amerikanischer Schriftsteller

6.1.3 Motivation zur Wissensarbeit

Motivierte Mitarbeiter sind sehr wichtig für das Wissensmanagement, denn nur kooperative, offene Mitarbeiter werden bereit sein, ihr
Wissen mit anderen zu teilen, und so maßgeblich eine transparente
Unternehmenskultur unterstützen. Doch dazu müssen diese zuerst
identifiziert werden. Die Einschätzung von Motivation, Eigeninitiative
und Verantwortungsbereitschaft ist Aufgabe der Führungskraft.

Motivation und Verantwortungsbereitschaft

**Motivierte Wissensträger sollten in ihrer Arbeit weiter gefordert,
zeitlich entlastet und unterstützt werden.** Im Gegensatz dazu müssen schwächere Wissensträger motiviert und gefördert werden. Nur
wenn allen bewusst gemacht wird, wie Wissensmanagement ihren
Arbeitsalltag positiv beeinflusst, werden sie das Wissen gerne nutzen
und im Austausch auch ihr Wissen mit ihren Kollegen teilen.

Beschäftigt sich ein engagierter Mitarbeiter aus Interesse oder akutem
Bedarf mit einem neuen Thema und setzt sich intensiv damit auseinander, wird er in weiterer Folge zu einem Experten auf diesem Gebiet.
Er teilt sein Wissen mit den Kollegen und stellt es ihnen zielgruppengerecht zur Verfügung. Der Mitarbeiter übernimmt damit Schritt für
Schritt eine neue Zuständigkeit und erweitert damit sein Aufgabengebiet. **Er nutzt die Möglichkeit, sein Betätigungsfeld mitzubestim-
men, und erhält dadurch einen attraktiven, vielseitigen Job.**

Betätigungsfeld mitbestimmen

Ein Mitarbeiter in der Warenannahme stellt fest, dass es unterschiedliche Vorgehensweisen bei der Annahme von Paketen gibt: Ein Kollegen kontrolliert die Ware nur auf Transportschäden. Ein anderer
gleicht zwar den Lieferschein mit der Bestellung ab, kontrolliert aber
nicht, ob diese mit der tatsächlich gelieferten Menge übereinstimmt.
Ein weiterer nimmt die Lieferung an und kontrolliert alles, informiert
jedoch den Besteller nicht über das Eintreffen der Ware. Es geschehen
also immer wieder Fehler, da es keine einheitliche Vorgehensweise
bzw. Vorgabe gibt, die allen bekannt ist. Der motivierte Mitarbeiter erkennt das Verbesserungspotenzial und beschäftigt sich gründlich mit

Firmeninterne Richtlinie als Erleichterung

diesem Thema. Er macht seinen Vorgesetzten darauf aufmerksam und erarbeitet mit ihm eine klare firmeninterne Richtlinie für den Ablauf der Warenannahme. Diese wird schließlich in einem WiDok festgehalten und allen beteiligten Mitarbeitern zur Verfügung gestellt. Siehe **Musterdokument 00447**. Durch die intensive Auseinandersetzung mit dem Thema wird er zum Wissensträger und kann die inhaltliche und operative Verantwortung für das Thema übernehmen. Seine Motivation sowie sein Handeln werden durch das Lob und die Anerkennung von Kollegen und Vorgesetzten belohnt.

Vorteile überwiegen

Gerade am Anfang stellt das Erfassen von Wissen einen Aufwand dar, aber die Vorteile für den Inhaltsverantwortlichen überwiegen:

» Er kann das Wissen bei erneutem Bedarf selbst anwenden.

» Er kann anderen das Wissen besser vermitteln bzw. darauf verweisen, da es bereits erfasst ist.

» Er trägt die operative Verantwortung und kann mit dem WiDok steuern, wie ein Ablauf erfolgen soll.

» Er spart sich Zeit, da er durch das WiDok später weniger gefragt und beansprucht wird.

» Er wird zu einem wertvollen Wissensträger in der Organisation.

» Er erhält Lob und Anerkennung von Kollegen und Vorgesetzten.

Nutzen Sie die folgenden Tipps, um Ihre Kollegen zu motivieren, ihr Wissen nachhaltig in Wissensdokumenten zu erfassen:

» **Schaffen Sie ein Bewusstsein für Wissensmanagement im Unternehmen** und kommunizieren Sie, dass Wissensmanagement ein Geben und Nehmen ist. Niccolò di Bernardo dei Machiavelli sagte in diesem Zusammenhang:

 Wer will, dass ihm die anderen sagen, was sie wissen, der muss ihnen sagen, was er selbst weiß. Das beste Mittel, Informationen zu erhalten, ist, Informationen zu geben.[17]

---

17 Niccolò di Bernardo dei Machiavelli (1469–1527), florentinischer Philosoph, Politiker und Dichter

» **Motivieren Sie Mitarbeiter und Kollegen, ihr Wissen mit anderen zu teilen,** indem Sie ihnen als Vorbild dienen. Leben Sie WBI vor.

» **Lassen Sie Inhaltsverantwortliche weitestgehend selbstständig arbeiten.** Sie werden sehen: Viele Mitarbeiter schätzen einen uneingeschränkten Handlungsspielraum. Wenn Sie es richtig anstellen, entsteht eine vorteilhafte Eigendynamik. Siehe **Abbildung 24**.

» **Beziehen Sie die Mitarbeiter und Kollegen aktiv in die Arbeit an WiDoks mit ein.** Erklären Sie ihnen das Prozedere und zeigen Sie ihnen die Vorteile, welche WBI speziell für sie bietet.

» **Überzeugen Sie alle Beteiligten von der Sinnhaftigkeit der nachhaltigen Sicherung von Wissen** und schaffen Sie das notwendige Verantwortungsbewusstsein für das Wohl des Unternehmens.

» **Setzen Sie Anreize, die Ihnen helfen, die Mitarbeiter und Kollegen für die Methode zu gewinnen,** die Produktivität zu steigern und so auf lange Sicht das Unternehmen weiterzubringen.

Edward L. Deci und Richard M. Ryan[18] unterscheiden in ihrer Motivationstheorie zwischen »intrinsischer« und »extrinsischer Motivation«. **Eine intrinsische Motivation liegt demnach vor, wenn der Inhaltsverantwortliche um seiner selbst willen ein WiDok erfasst.** Er benötigt es selbst, sieht es als Herausforderung oder es bereitet ihm Freude, anderen mit seinem Wissen zu helfen. Die intrinsische Motivation ist also durchaus wünschenswert.

Die extrinsische Motivation basiert hingegen auf externen Anreizen wie z. B. materiellen Anreizsystemen. **Gerade materielle Anreize führen jedoch oft dazu, dass Wissen halbherzig und aus den falschen Motiven erfasst wird.** Die Qualität der WiDoks leidet maßgeblich darunter, weshalb sich WBI bewusst von materiellen Anreizsystemen distanziert. Unbedenklich sind hingegen extrinsische immaterielle Anreize, wie das Lob und die Anerkennung von Vorgesetzten. Diese stärken die Motivation und wirken sich positiv auf das Verhalten aus.

Materielle Anreize vermeiden

18   Vgl. Deci; Ryan 2008, S. 182 ff.

Lassen Sie bei der Einführung von Wissensmanagement alle Benutzer möglichst frei auf die Wissensdatenbank zugreifen. Nur wenn möglichst viele Personen das erfasste Wissen nutzen, sind die Inhaltsverantwortlichen auch weiterhin motiviert, neue Inhalte zu dokumentieren.

Verbindung von Motivation und Zugriffen

Die Motivation der Inhaltsverantwortlichen, ist oft unmittelbar mit den Zugriffszahlen auf deren WiDoks verbunden. **Die steigende Motivation zeigt sich in der Motivation-Nutzen-Spirale:**

» Qualitativ hochwertige Inhalte bilden die Wissensbasis des Unternehmens und fördern die Zugriffe auf die Wissensdatenbank.

» Hohe Zugriffszahlen und Anerkennung erhöhen die Motivation der Inhaltsverantwortlichen, ihr Wissen explizit zu machen und es mit anderen zu teilen.

» Die hohe Motivation der Inhaltsverantwortlichen führt wiederum dazu, dass sie weitere wertvolle WiDoks erfassen und ihren Kollegen zur Verfügung stellen.

» Die Wissensbasis wächst und entwickelt sich ständig weiter.

» Das Vertrauen der Anwender ist hoch und die WiDoks werden gerne und häufig genutzt.

» Die Inhaltsverantwortlichen sehen, dass ihre WiDoks geschätzt werden, und ihre Motivation erhöht sich – siehe **Abbildung 24**.

Niedrige Qualität – geringe Zugriffszahlen

Verfügen die WiDoks allerdings über eine niedrige Qualität oder sind veraltet, ist genau das Gegenteil der Fall. **Wie die Todes-Spirale zeigt, sinkt das Vertrauen in die Qualität der WiDoks und somit auch die Motivation der Inhaltsverantwortlichen:**

» WiDoks mit qualitativ schlechten oder veralteten Inhalten werden nur selten geöffnet oder genutzt.

» Die Zugriffszahlen sinken, die Motivation der Inhaltsverantwortlichen schwindet und die WiDoks werden nur noch selten bearbeitet.

» Durch die zunehmend veralteten Inhalte verschwindet das Vertrauen der Anwender in die WiDoks und somit in die gesamte Wissensdatenbank.

» Die Motivation der Inhaltsverantwortlichen sinkt weiter, bis die WiDoks schließlich gar nicht mehr aktualisiert werden.

» Der Großteil der Wissensdatenbank verkümmert oder stirbt – siehe **Abbildung 25**.

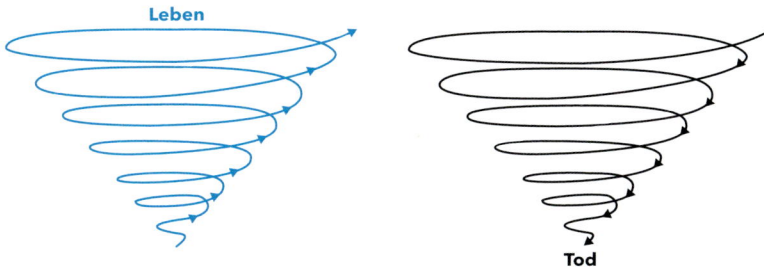

Abb. 24: Die Motivation-Nutzen-Spirale   Abb. 25: Die Todes-Spirale

Wie im Vorwort erwähnt, habe ich mich im Zuge der Recherche zu meinen Büchern bereits mit vielen Unternehmern im deutschsprachigen Raum ausgetauscht und viele Vorträge zum Thema Wissensmanagement besucht. Oft bekam ich sogar einen persönlichen Einblick und durfte mir ein exklusives Bild vom Ist-Stand sowie von den eingesetzten Wissensmanagement-Tools machen. Ein nicht unwesentlicher Teil davon waren tote Wikis oder andere verkümmerte Systeme. **Bei fast allen Systemen wurde nach dem anfänglichen Enthusiasmus der Einführungsphase die Nutzungsphase nicht genügend gefördert.** Mehr Informationen zu diesem wichtigen Thema erhalten Sie in Kapitel 10.3.

Viele Systeme verkümmern nach der Einführung

6.1.4   Probleme beim Erfassen von Wissen

In der Praxis ist es oft so, dass Wissensträger ihr Wissen aus verschiedensten Gründen nicht zur Verfügung stellen. Diese haben meist persönliche Ursachen. Probst, Raub und Romhardt sehen die »individuelle Teilungsbereitschaft« als wichtigen Aspekt. Sie unterscheiden zwischen Teilungsfähigkeit und Teilungsbereitschaft. Die Teilungsfähigkeit wird durch Kommunikationstalent und Sozialverhalten geprägt. Die Teilungsbereitschaft wird von anderen Faktoren beeinflusst:

» Vermeintlicher oder tatsächlicher Zeitmangel,
» Informationsüberlastung,
» Besitzerstolz,
» Angst, die Stellung in der Organisation zu gefährden.[19]

19   Vgl. Probst; Raub; Romhardt 2012, S. 167

Gerade in Betrieben mit einer verschlossenen Unternehmenskultur wird es daher schwierig sein, Wissensmanagement erfolgreich zu etablieren.

Wissens(ver)teilung stößt auf individuell und kulturell verankerte Barrieren. Diese betreffen vor allem Macht und Vertrauensfragen.[20]

Bauen Sie auf Vertrauen und Transparenz – beide Faktoren sind wichtige Voraussetzungen für den Erfolg von Wissensmanagement. Setzen Sie auf eine offene Kommunikation und eine konstruktive Fehlerkultur in der Organisation. Arbeiten Sie am gemeinsamen Erfolg des Unternehmens. Produkte können leicht kopiert werden, eine wissensorientierte Unternehmenskultur ist jedoch eine einzigartige Stärke eines Unternehmens, die nicht unmittelbar imitierbar ist.[21]

6.1.4.1   Zeitmangel

Häufigster Grund: vermeintlicher Zeitmangel

Der weitaus am häufigsten genannte Grund, warum Wissen nicht erfasst werden kann, ist Zeitmangel. Wie bereits in **Kapitel 4.1.2** erklärt, ist die Zeit einer der wahren Feinde und paradoxerweise auch einer der besten Freunde des Wissensmanagements.

Wird vermeintlicher Zeitmangel als Problem bei der Wissenssicherung erkannt, können folgende Maßnahmen dem entgegenwirken:

Kapazitäten erhöhen

Sollte es ein Kapazitätsproblem geben, ist es ratsam, zumindest den Ist-Stand in einigen wenigen Stichworten oder Punkten in einem WiDok zu erfassen und ihn in der Wissensdatenbank zu veröffentlichen. Dadurch kann der Inhaltsverantwortliche Stellung zum Thema beziehen und das Wissen kann nicht mehr in Vergessenheit geraten. Sobald es die Zeit zulässt, wird das WiDok überarbeitet und ergänzt, denn Wissen ist eine Investition in die Zukunft.

Notwendige Zeit einräumen

Sollte es andere Aufgaben mit einer höheren Priorität geben, muss sich der Mitarbeiter zumindest die Zeit für das Erstellen eines ersten WiDoks nehmen können.

20   Probst; Raub; Romhardt 2012, S. 179
21   Vgl. Al-Laham 2016, S. 1 f.

In beiden Szenarien muss die Geschäftsführung den Wissensträgern also die notwendige Zeit zum Erfassen von Wissen einräumen. Selbst wenn auf den ersten Blick andere Dinge oft wichtiger erscheinen: **Der Erhalt von Unternehmenswissen mit hoher Alltagsrelevanz hat einen hohen Stellenwert und somit Vorrang.**

Wissenssicherung hat Vorrang

Wenn ein Inhaltsverantwortlicher zeitlich entlastet werden soll, kann ihm ein Mitarbeiter zur Seite gestellt werden, der die Rolle des **»Autors«** übernimmt. Es handelt sich dabei meist um einen Mitarbeiter des Inhaltsverantwortlichen, der das WiDok erfasst oder überarbeitet. Weitere Informationen dazu finden Sie in Kapitel 7.3.

Es ist nicht notwendig und wird auch nicht empfohlen, firmenweit eine Person abzustellen, die das Wissen wie eine Art **»Redakteur«** von allen abfragt und erfasst. Dadurch entsteht nur ein unnötiger Flaschenhals, da das Wissen zentral erfasst wird, statt dezentral am jeweiligen Ort des Geschehens.

Am Ort des Geschehens erfassen

6.1.4.2 Vergessen

Das menschliche Gedächtnis und damit verbunden das Vergessen zählen zu den größten Feinden der Wissenssicherung. Viele Mitarbeiter und Führungskräfte denken: »*Hauptsache, ich weiß es, das reicht aus*« und machen daher wertvolles Wissen nicht explizit.

Menschliches Gedächtnis

Allerdings verschwindet Wissen, das nicht aufgeschrieben wird, oft schneller wieder als gedacht. **Gerade Führungskräfte und Geschäftsführer, die über viel implizites, relevantes Wissen verfügen, sind hier eine große Gefahr:** Sie selbst stellen eine Art personifizierte Wissensdatenbank dar und vergessen dabei, dass auch sie im schlimmsten Fall ausfallen können und rasch ersetzt werden müssen. Ein Szenario, an das niemand denken möchte, das aber leider dennoch eintreten kann.

Wandelnde Wissensdatenbanken

Deshalb setzt WBI auf das sukzessive Erfassen von Wissen, das im Arbeitsalltag erarbeitet wurde. Das verhindert einen persönlichen Wissensverlust durch das Vergessen und bildet das Fundament für

Vergessen
gefährdet
Innovation

Innovation. **Denn Innovation ist nur möglich, wenn man sich im Vergleich zum Vortag verbessern kann – als Mensch und als Organisation.**

Dadurch, dass Wissen an den Menschen gebunden ist und als Ergebnis eines Denkprozesses im Moment des Denkens entsteht, folgt ein direkter Zeitbezug auf die Gegenwart, denn Wissen kann ganz einfach vergessen werden. Rein physiologisch liegt dieser Feststellung zu Grunde, dass das Kurzzeit- bzw. Arbeitsgedächtnis des Menschen einer Beschränkung hinsichtlich der Speicherdauer und der Menge an verarbeitbaren Informationen auf der einen Seite sowie einem kontinuierlichen Prozess des Vergessens auf der anderen Seite unterliegt.[22]

6.1.4.3 Verschollen auf einem persönlichen Laufwerk

Ungeeigneter
Speicherort

Die persönlichen Laufwerke der Mitarbeiter sind oft eine wahre Fundgrube für Wissensdokumente. **Gerade wenn es um die Dokumentation von Wissen und damit einhergehend um eine Arbeitserleichterung im eigenen Arbeitsbereich geht, erstellen Mitarbeiter meist sehr wertvolle WiDoks.** Leider geraten diese dann häufig in Vergessenheit, wenn sich beispielsweise das Aufgabengebiet des Mitarbeiters ändert oder er das Unternehmen verlässt. Daher müssen alle unternehmensrelevanten, erfolgskritischen Dokumente in einem zentralen Wissensmanagement-System veröffentlicht und verwaltet werden.

In den letzten 20 Jahren habe ich oft beobachtet, wie Wissen erarbeitet und danach einfach liegen gelassen wurde. Intern nenne ich solche verschollenen Dokumente »Rohrkrepierer«, denn hier werden oft wertvolle Themen mit Potenzial vergeudet. Sobald sich der anfängliche Enthusiasmus gelegt hat und anspruchsvolle Aspekte oder gar Hürden aufkommen, wird das Thema beiseitegelegt. Es kann nichts Nachhaltiges daraus entstehen und das Thema verstaubt auf einem persönlichen Laufwerk. **Gerade wenn es sich dabei um »Fleißaufgaben« handelt, ist das besonders schade, da es meist wertvolle Themen oder Arbeitserleichterungen sind, die in Eigeninitiative entstanden sind.**

22   Schmidt; Kempa-Liehr 2015, S. 243

Als Wissensmanager oder Führungskraft ist es wichtig, frühzeitig zu erfahren, woran die Mitarbeiter nebenbei arbeiten. Nutzen Sie daher die Arbeitsgespräche und fragen Sie die Mitarbeiter, wie es ihnen geht und was neben den aktuellen Projekten sonst noch ansteht. **Sie werden von der einen oder anderen wertvollen Idee erfahren und dann fehlt nicht mehr viel:** Zeigen Sie gezielt Interesse an dem neuen Thema und bitten Sie den Mitarbeiter, Ihnen die »Aufgabe Lesen« zukommen zu lassen. Dadurch wird ihm schnell klar, dass Sie davon ausgehen, dass das Thema Potenzial hat und zu einem WiDok werden soll.

Woran arbeiten die Mitarbeiter?

WBI sieht vor, dass Mitarbeiter und Führungskräfte dafür Sorge tragen, dass erfolgskritisches Unternehmenswissen und Themen bzw. Ideen mit Potenzial im Unternehmensalltag kontinuierlich erfasst und gesichert werden. Erst wenn sich das Wissen in Form von WiDoks im WMS befindet, ist es wirklich gesichert und ein Wissensverlust kann vermieden werden.

6.1.4.4 Angst vor Kritik oder Blamage

Speziell bei den ersten Wissensdokumenten kann es vorkommen, dass ein Mitarbeiter aus Angst vor Kritik oder Blamage nicht bereit ist, sein Wissen zu teilen bzw. es schriftlich zu erfassen. **Es handelt sich um eine große emotionale Hürde – speziell wenn der Mitarbeiter das Gefühl hat, dass sein Wissen »nicht der Rede wert« ist.** Er fürchtet, er wird sich damit vor seinen Vorgesetzten oder Kollegen bloßstellen, und vergisst, dass sein erlerntes Fachwissen für andere nicht selbstverständlich ist.

Emotionale Hürden

Für einen Mitarbeiter in der IT-Abteilung ist klar, wie ein neuer Standarddrucker installiert wird. Er braucht dafür kein WiDok, sondern hat es gelernt und verinnerlicht. Bei einem Mitarbeiter im Marketing oder im Verkauf kann es hingegen vorkommen, dass dieser noch nie einen Standarddrucker installiert hat. Für ihn wäre ein solches WiDok mit einer kurzen Anleitung sehr hilfreich. Sobald der Zuständige aus der IT das WiDok erstellt hat, müssen sich die unerfahrenen Personen nicht mehr jedes Mal an die IT wenden. Sie fragen sich, wie eine derartige Anleitung aussieht? Dann nutzen Sie gerne **Musterdokument 00437.**

Wenn Mitarbeiter immer wieder dieselben Fragen stellen oder vor denselben Problemen stehen, ist das ein starkes Indiz dafür, dass die Antworten in einem WiDok erfasst und zur Verfügung gestellt werden sollten. Ermutigen Sie daher Mitarbeiter und Kollegen gerade bei alltäglichen Themen, ein WiDok zu erfassen, da aus kleinen Dingen auch etwas Großes entstehen kann.

Selbst dieses Buch, das Sie gerade in Händen halten, ist mit der WBI®Methode entstanden. **Alle relevanten Themen wurden gesammelt, bewertet und in WiDoks erfasst.** Diese WiDoks wurden ständig weiterentwickelt und die Themen weiter verdichtet. Aus den einzelnen WiDoks wurde dann das Skript für das erste Buch und nach einigen Weiterentwicklungen auch für dieses. **Aus einfachen WiDoks kann also unter Umständen ein (druck-)fertiges Produkt entstehen.**

6.1.4.5 Angst vor Machtverlust

Schon Francis Bacon sagte: *»Wissen ist Macht.«*[23] – und davon sind leider auch manche Mitarbeiter überzeugt. Sie halten deshalb ihr Wissen bewusst zurück, um ihren Expertenstatus oder ihre Position abzusichern. Sie haben Angst vor Machtverlust oder befürchten, ihren Job zu verlieren. Doch genau das Gegenteil ist der Fall, denn gerade Wissensträger werden immer gebraucht, da sie – zusätzlich zu den WiDoks – stets über vertiefendes, wertvolles Wissen verfügen.

Inhaltsverantwortlicher nicht ersetzbar

Motivierte Mitarbeiter mit Weitblick, die bereit sind, ihr Wissen mit anderen zu teilen, sind somit die wertvollsten Mitarbeiter und unverzichtbar für ein Unternehmen. Sie verantworten oftmals viele WiDoks, beteiligen sich aktiv an der Weiterentwicklung und teilen in der Regel zukünftig mehr und mehr Wissen mit Kollegen. Sie leisten einen wesentlichen Beitrag zum Erfolg des Unternehmens und sind aufgrund ihrer Erfahrungen von Bedeutung für die Ausbildung von anderen. Mitarbeiter erleiden durch das Teilen von Wissen also keinen Machtverlust, sondern können sich dadurch sogar ihre Expertenposition sichern.

Ein Inhaltsverantwortlicher muss somit keine Angst haben. Ob der Spruch *»Wissen ist Macht«* in einem Unternehmen dennoch zu Sorgen

23 Francis Bacon (1561–1626), englischer Philosoph, Staatsmann und Wissenschaftler

bei den Mitarbeitern führt, hängt von der Unternehmenskultur ab und wird durch die Geschäftsführung und die Führungskräfte geprägt.

6.1.4.6 Grenzen der Externalisierung von Wissen

Ziel der Externalisierung von Wissen ist es, die Transparenz zu steigern und so viel Wissen wie sinnvoll und möglich explizit zu machen. **Dennoch können Experten ihr Wissen nur in einem limitierten Umfang zur Verfügung stellen.** Selbst wenn sich ein Wissensträger bemüht, kann nicht alles Wissen verbalisiert werden.

Externalisierung begrenzt möglich

Das Wissen eines Menschen ist vergleichbar mit einem Eisberg, der im Wasser treibt: Nur ein kleiner Bruchteil davon ist sichtbar – der Großteil davon befindet sich unter der Wasseroberfläche und bleibt verborgen. Will ein Anwender also mehr Details zum entsprechenden Thema erfahren, muss er den Inhaltsverantwortlichen persönlich kontaktieren.

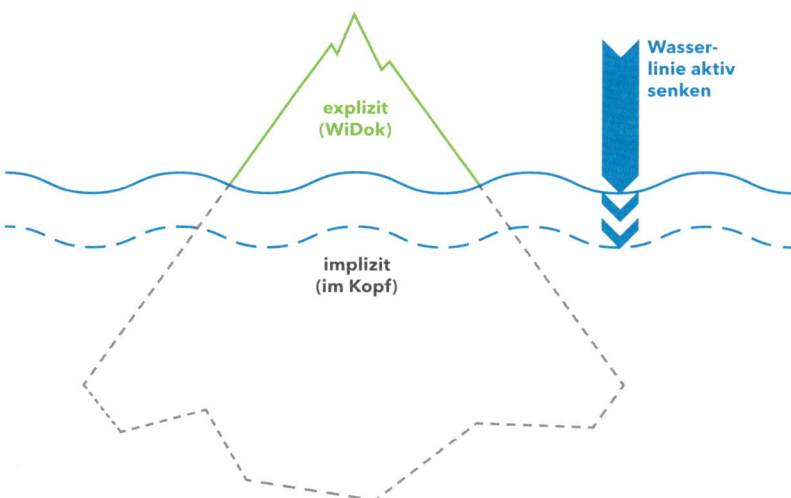

Abb. 26: Der Eisberg des Wissens

WBI zielt bewusst darauf ab, die Wasserlinie sukzessive hinunterzudrücken. Dadurch kommt immer mehr implizites Wissen an die Oberfläche und kann in weiterer Folge allgemein genutzt und weiterentwickelt werden.

Wasserlinie sukzessive senken

Dennoch wächst der implizite Wissensanteil im Kopf des Wissensträgers proportional stärker als der explizite Teil im WiDok. Der
Mensch wird also nicht ersetzbar, sondern noch wertvoller!

6.1.4.7 Anonymität

Persönlicher Austausch bevorzugt

**Ein weiteres Problem von Wissensmanagement liegt in der »Un-
menschlichkeit« der Systeme für die Wissenssicherung.** Oft sind Mitarbeiter zwar bereit, ihr Wissen mit Kollegen und neuen Mitarbeitern
zu teilen, aber nicht mit einer Datenbank. Der wesentliche Unterschied
liegt in der Art der Interaktion: Bei der **»Face-to-face«-Kommunikation**
treten sie direkt mit Menschen in Kontakt. Ein Prozedere, das alle ge-
wohnt sind.

Anonymität führt zu Misstrauen

Wikis oder andere Systeme stellen jedoch eine **»Many-to-many«-Kom-
munikation** dar und unterscheiden sich daher von der gewohnten Art
des innerbetrieblichen Austausches. **Wissensträger kennen also die
Empfänger bzw. Leser nicht persönlich und wissen nicht, wie das Wissen genutzt wird.** Die Anwender kennen im Umkehrschluss vielfach
die Wissensträger nicht und verlassen sich daher nur ungern auf die
geteilten Inhalte. Diese Anonymität führt demnach oft zu Misstrauen,
da keine direkte Interaktion mehr gegeben ist.

Da bei WBI das Wissen in einem WiDok durch die Inhaltsverantwortung direkt mit den jeweiligen Experten in Verbindung steht, wird
dieses Problem bewusst umgangen. **Die Inhaltsverantwortlichen sind
auf jedem WiDok ersichtlich und können durch die Nennung der
Telefondurchwahl unkompliziert kontaktiert werden.**

6.1.5 Wissen »just-in-time« verfügbar machen

Die WBI®Methode unterscheidet sich in einem wesentlichen Punkt
von anderen Methoden, da sie Wissen **»just-in-time«** verfügbar macht:
Gemäß dem Zitat *»Das Glück bevorzugt den, der vorbereitet ist«*[24] von

---

24 Louis Pasteur (1821–1895), französischer Chemiker, Physiker
    und Mitbegründer der medizinischen Mikrobiologie

Louis Pasteur sorgt WBI dafür, dass Inhalte frühzeitig in einem WiDok erfasst werden. Dadurch sind sie zu einem späteren Zeitpunkt, an dem sie benötigt werden, bereits vorhanden und können genutzt werden.

Szenario 1 – ohne WBI: Bei der Beschichtung von Produkten durch einen Dienstleister gibt es immer wieder Probleme und Verzögerungen. Ein engagierter Mitarbeiter kommt daher auf die Idee, die Produkte zukünftig im Haus zu beschichten. Er sieht darin einen echten Bedarf und denkt an die zahlreichen Vorteile und Synergieeffekte, die dabei zum Tragen kommen werden. Er macht sich auch Gedanken über die negativen Aspekte und Nachteile der internen Abwicklung. Ihm wird klar, dass die Nachteile derzeit überwiegen, und er verwirft die Idee.

Durch die vielen Reklamationen wird das Qualitätsmanagement auf die wiederkehrenden Probleme aufmerksam. Bei einem Meeting kommen plötzlich Fragen zum Thema »Beschichtungen« auf. Auf der Suche nach Lösungen wird unter anderem das Thema »Outsourcing« angesprochen. Es wird diskutiert und auf diversen Firmenlaufwerken nach Inhalten zu diesem Thema gesucht. Leider findet sich kein entsprechendes Dokument, da der Mitarbeiter seine Idee nicht erfasst und nicht im WMS gespeichert hat. Da das Wissen aber jetzt benötigt wird, muss es von den Anwesenden prompt erarbeitet werden.

Abb. 27: Szenario 1 – ohne WBI

Szenario 2 – mit WBI: Das zweite Szenario beginnt wie das erste, nur mit dem wesentlichen Unterschied, dass der Mitarbeiter seine Ideen nicht gleich verwirft, sondern diese in einem WiDok erfasst. Ihm ist zwar bewusst, dass die Nachteile derzeit noch überwiegen, aber er erkennt, dass das Thema »Beschichtungen« Potenzial hat und er hier gedanklich schon wichtige Vorarbeit geleistet hat.

Wissen
just-in-time
verfügbar

Aufgrund der wiederkehrenden Probleme kommen auch im zweiten Szenario in einem Meeting Fragen dazu auf. Die Anwesenden suchen im WMS und stoßen auf das WiDok des engagierten Mitarbeiters. **Das Thema ist bereits in seinen Grundzügen ausgearbeitet und dadurch »just-in-time« verfügbar.** Die Teilnehmer des Meetings können den Inhaltsverantwortlichen hinzuziehen und das Thema – basierend auf den Inhalten des WiDoks – mit ihm besprechen. Da das Wissen nicht kurzfristig erarbeitet werden muss, verfügt es über eine höhere Qualität und ist besser durchdacht.

FRÜHER	HEUTE	MORGEN
Wissen wird in Ruhe und gewissenhaft erarbeitet.	Das benötigte Wissen ist jetzt bereits als WiDok vorhanden.	Das Wissen wird genutzt und sukzessive weiterentwickelt.

Abb. 28: Szenario 2 – mit WBI

WBI bietet den Mitarbeitern und Führungskräften dadurch einen echten Mehrwert und erleichtert ihnen den Arbeitsalltag nachhaltig. Es bewirkt also nicht nur, dass Wissen identifiziert, erfasst, verteilt und weiterentwickelt wird, sondern auch, dass es frühzeitig verfügbar ist.

6.1.6   Das allererste WiDok

Das Erfassen und Veröffentlichen des allerersten WiDoks verdient besonderes Augenmerk. **Es ist für jeden Mitarbeiter ein prägendes Ereignis und ein wesentlicher Grundstein für die zukünftige Wissensarbeit.** Einigen Menschen fällt es leicht – für andere ist es eine große, teilweise emotionale Hürde. Daher muss der Wissensmanager bzw. der Vorgesetzte hier sehr behutsam vorgehen. Lob und positives Feedback sollten im Vordergrund stehen.

Gerade skeptischen Wissensträgern sollte vermittelt werden, dass es vorrangig darum geht, das bereits erarbeitete Wissen in Form einiger Punkte oder Stichworte als WiDok zu veröffentlichen. **Es ist nicht**

nötig, ein »perfektes« WiDok zu schaffen, denn genau genommen wird ein WiDok nie »perfekt« oder »fertig« sein. WiDoks leben mit dem Unternehmen mit. Sie entwickeln sich ständig weiter, so wie sich auch das Unternehmen immer weiterentwickelt. Wenn Sie es schaffen, den Wissensträgern diesen Druck des Perfektionismus zu nehmen, wird die Wissensarbeit allen wesentlich leichter fallen. Vielleicht beruhigt es sie auch zu hören, dass selbst Mozart 600 Werke komponieren musste, um fünf Meisterwerke zu schaffen. Auch Shakespeare schrieb 191 Stücke, von welchen nur fünf heute wirklich bekannt sind.

WiDok nie »perfekt« oder »fertig«

Setzen Sie, wenn nötig, erfahrene Mitarbeiter als Mentoren ein, die ihre Kollegen beim ersten WiDok unterstützen. So erreichen Sie, dass dieser Vorgang nach mehrmaliger Anwendung akzeptiert und zur Routine wird. Sollte sich ein Mitarbeiter dennoch zieren, sein erstes WiDok zu erfassen, ist es am einfachsten, ihn ins kalte Wasser zu werfen und einfach mit der Erstellung eines WiDoks zu beauftragen. Ist das erste WiDok einmal erfasst, fällt dieser Schritt beim nächsten Mal meist schon viel leichter. Denn wie schon Konfuzius sagte:

 Sage es mir, und ich werde es vergessen,
zeige es mir, und ich werde es vielleicht behalten,
lass es mich tun, und ich werde es können.[25]

6.1.7 Kollektives Erarbeiten eines WiDoks

Ein gutes Wissensdokument entsteht oft im Dialog mit anderen Personen im Unternehmen. Dabei wird nachgedacht, diskutiert, es werden Fragen gestellt und beantwortet. Gemeinsam wird das Thema erarbeitet und erreicht schließlich durch den Austausch mehrerer Meinungen ein höheres Niveau. Schon Albert Einstein war überzeugt:

Kollektives Erarbeiten von Wissen

 Der Fortschritt lebt vom Austausch des Wissens.[26]

25   Konfuzius (551–479 v. Chr.), chinesischer Philosoph
26   Albert Einstein (1879–1955), deutscher Physiker und Nobelpreisträger

Die Qualität eines Wissensdokuments wird oft auch durch die Herangehensweise des Inhaltsverantwortlichen mitbestimmt:

Im stillen Kämmerchen

Schreibt ein Inhaltsverantwortlicher ein WiDok »im stillen Kämmerchen«, ohne andere einzubeziehen, kann er damit auf Ablehnung bei seinen Kollegen stoßen. Oft handelt es sich um sehr umfangreiche WiDoks, die den Kollegen erst in einem zu späten Stadium präsentiert werden und daher nicht verstanden oder akzeptiert werden.

Früh in die Kollaboration

Schreibt der Inhaltsverantwortliche hingegen eine erste Fassung mit wenig Inhalten und holt in einem frühen Stadium weitere Wissensträger mit ins Boot, so wird das WiDok schnell qualitativ hochwertig. Er nutzt den Umstand, dass die anderen ihn mit ihrem Feedback und ihren Anregungen bei der weiteren Ausarbeitung unterstützen, und somit den optimalen Weg der Kollaboration.

Grundsätzlich ist es also besser, ein WiDok zu einem frühen Zeitpunkt in die Wissensdatenbank zu stellen – auch wenn darin bloß einige Punkte aufgelistet sind.

Bei Meusburger werden viele Themen im Rahmen von Arbeitsgesprächen kollektiv entwickelt. Je mehr Mitarbeiter einbezogen werden, desto mehr können diese bei der kollektiven Weiterentwicklung mithelfen. Das Wissensdokument nimmt somit schnell an Umfang und Qualität zu. **Vor allem wenn das WiDok an sich das gewünschte Ergebnis darstellt, ist eine kollaborative Wissensarbeit in einem frühen Stadium erwünscht.**

TIPP

Es hat sich in der Praxis bewährt, ein WiDok zu einem neuen Thema bereits früh auch anderen zur Verfügung zu stellen. Gerade wenn das neue WiDok veröffentlicht und verteilt wird, bekommt der Inhaltsverantwortliche viele Reaktionen: Die Veröffentlichung löst einen **»Ping-Pong-Effekt«** aus, bei dem die Empfänger ihr Feedback bzw. ihre Änderungen zahlreich an den Inhaltsverantwortlichen durchgeben. **Diesen »Ping-Pong-Effekt« kann sich ein Inhaltsverantwortlicher gezielt zunutze machen** und damit eine qualitative Verbesserung bzw. die Vervollständigung eines WiDoks initiieren.

6.1.8 Genehmigung

Die Genehmigung ist ein wesentlicher Mechanismus zur qualitativen Überprüfung von WiDoks. Erfasst oder überarbeitet ein Autor im Auftrag ein Wissensdokument, so müssen die Änderungen vor der Veröffentlichung durch den Inhaltsverantwortlichen genehmigt werden.

Änderungen genehmigen

Wird die Genehmigung erteilt, bestätigt der Inhaltsverantwortliche damit die Relevanz und Richtigkeit der Inhalte sowie der Metadaten. Das WiDok wird als neue Version in der Wissensdatenbank veröffentlicht und die »Aufgabe Lesen« per E-Mail an alle ausgewählten Empfänger gesendet.

Richtigkeit bestätigt

Wird die Genehmigung abgelehnt, muss dem Autor der Grund dafür unbedingt mitgeteilt werden. Je nach Wahl der Software kann dazu ein verpflichtendes Feld für einen **»Ablehnungsgrund«** definiert werden. Im Falle einer Ablehnung erhält der Autor eine Benachrichtigung und weiß, dass er den Inhalt des WiDoks noch weiter ausarbeiten, ergänzen oder korrigieren muss. Nach der Überarbeitung beginnt der Genehmigungsprozess von Neuem, bis die Genehmigung schließlich erteilt wird.

Erneute Überarbeitung notwendig

Bei Unklarheiten müssen der Autor und der Inhaltsverantwortliche persönlichen Kontakt aufnehmen und diese beseitigen. **Grundsätzlich gilt: Das persönliche Gespräch ist allen anderen Kommunikationsformen vorzuziehen, da so Missverständnisse vermieden werden können.**

Bei Meusburger stehen Autoren und Inhaltsverantwortliche in einem regen Austausch. Inhaltsverantwortliche, die eine Genehmigung ablehnen, gehen daher meist schon vorab auf die Autoren zu und erklären die Gründe dafür. Um eine Ablehnung und einen Mehraufwand zu verhindern, kommt es nicht selten vor, dass der Autor die angedachten Änderungen vorab mit dem Inhaltsverantwortlichen bespricht.

6.2   Verteilen

Abb. 29: Der WBI-Prozess – Verteilen

Unbegrenzte Empfängeranzahl

Personengebundenes, implizites Wissen kann immer nur an eine begrenzte Anzahl von Empfängern weitergegeben werden. Der große Vorteil von erfasstem Wissen hingegen ist, dass es prinzipiell an eine unbegrenzte Anzahl von Empfängern verteilt werden kann.

Ziel ist es, das wertvolle Unternehmenswissen so zur Verfügung zu stellen, dass es von den Betroffenen am richtigen Ort optimal eingesetzt werden kann. Dabei ist eine behutsame Vorgehensweise empfehlenswert, da damit immer auch die Gefahr einer Informationsflut einhergeht. Für die Verteilung gibt es drei Grundprinzipien:

6.2.1   Push-Prinzip – die Benachrichtigungen

Abb. 30: Das Push-Prinzip mittels Benachrichtigungen

WiDoks können Personen und Benachrichtigungsgruppen durch das Push-Prinzip aktiv zugewiesen werden. Damit entsteht für den Empfänger die Aufgabe, das Dokument zu lesen und das darin enthaltene Wissen bestmöglich zu erwerben.

Ein Mitarbeiter erstellt eine Auswertung von bestimmten Vertriebsgebieten. Er will prüfen, ob diese verkleinert werden sollten, um das Verkaufspotenzial zukünftig besser ausschöpfen zu können. **Die Ergebnisse der Auswertung könnten in weiterer Folge auch für andere Abteilungen von Bedeutung sein bzw. diese beeinflussen.** Wird beispielsweise ein Vertriebsgebiet aufgrund der Auswertung verkleinert und zukünftig ein zusätzlicher Außendienstmitarbeiter benötigt, so betrifft das auch die Personalabteilung. **Diese wird mit dem Push-Prinzip informiert und kann entsprechend handeln.**

Ziel dieser Benachrichtigungen ist die optimale Wissenslogistik bzw. Wissenskommunikation im Unternehmen:
» WER benötigt
» WAS
» WANN

Funktionelle WMS verfügen oft über die Möglichkeit, bei der Neuerstellung, Überarbeitung oder Löschung eines WiDoks Benachrichtigungen an gewisse Empfänger zu senden. **Die WBI®Methode arbeitet hier mit dem »Änderungskommentar«, der »Aufgabe Lesen« sowie mit der »Info Lesen«.** Die »Aufgabe Lesen« ist dabei mit dem Feld **»An«** in einem E-Mail-Programm vergleichbar. Die »Info Lesen« entspricht hingegen dem Feld **»CC«.**

Die Benachrichtigungen des WMS beinhalten in der Regel strukturierte Daten und verfügen über einen übersichtlichen, tabellarischen Aufbau. Sie umfassen neben dem direkten Link zur neusten Version des WiDoks auch den Änderungskommentar sowie alle relevanten Metadaten. Die Benachrichtigungen können entweder direkt im WMS angezeigt werden oder per E-Mail an die ausgewählten Benutzer und Benutzergruppen versendet werden. Der Empfänger gewöhnt sich in der Regel rasch an diese Struktur und kann sie daher geistig schneller erfassen als unstrukturierte E-Mails mit unübersichtlichen Fließtexten.

Strukturierte Daten von Vorteil

E-Mails eignen sich besonders gut für die Benachrichtigungen, da viele Empfänger täglich mit einem E-Mail-Programm arbeiten. Sie benötigen kein zusätzliches Programm, wodurch mögliche technische Hürden umgangen werden.

6.2.1.1 Änderungskommentar

Änderungen
im Kommentar
nachvollziehbar

Wird von einem bestehenden WiDok eine neue Version veröffentlicht, sind die Änderungen nicht immer auf Anhieb erkennbar. Deshalb ist es notwendig, dass der Inhaltsverantwortliche einen aussagekräftigen Kommentar angibt, der anschließend in der »Aufgabe Lesen« und »Info Lesen« angeführt wird.

Der »Änderungskommentar« ist eine kurze Zusammenfassung der vorgenommenen Änderungen und ein wesentlicher Hinweis für alle Empfänger. Wurde ein aussagekräftiger Kommentar gewählt, muss bei bereits bekannten WiDoks nicht mehr der gesamte Inhalt durchgelesen werden. Die kurze Information im Änderungskommentar reicht meist aus. Das spart einiges an Zeit. Unabhängig von der technischen Lösung sollte das Feld für den Änderungskommentar daher als Pflichtfeld definiert werden.

Die wesentlichen Fragen in Bezug auf die inhaltliche Weiterentwicklung lauten:

» Warum wurde etwas geändert?
» Was wurde geändert?
» Was ist neu dazugekommen?
» Was wurde gelöscht?

An dieser Stelle bietet die Arbeit mit Microsoft Word® einen besonderen Vorteil: In Word® kann in der Historie des Dokuments ein sogenannter **»Versionsvergleich«** erstellt werden. Dabei werden alle Änderungen zwischen den beiden ausgewählten Versionen durch farbliche Markierungen und durchgestrichene Textpassagen visuell gekennzeichnet. Der Leser sieht dadurch auf einen Blick, wo sich etwas geändert hat. Eine tolle Funktion, die Sie unbedingt testen sollten.

6.2.1.2 Aufgabe Lesen

Bei der »Aufgabe Lesen« handelt sich um eine gezielte Benachrichtigung an ausgewählte Empfänger. Wie der Name schon sagt, entsteht für alle Empfänger die Aufgabe, ein gewisses WiDok zu lesen. Alle Beteiligten bleiben dadurch stets über den aktuellen Stand und die vorgenommenen Änderungen informiert.

Um die »Aufgabe Lesen« auszulösen, wählt der Inhaltsverantwortliche bei seinem WiDok gezielt jene Empfänger, die bei der Veröffentlichung benachrichtigt werden sollen. Ausgewählt werden können einzelne **»Benutzer«** aus verschiedenen Bereichen und mit unterschiedlichen Funktionen, aber auch sogenannte **»Benachrichtigungsgruppen«**.

Benutzer und Benachrichtigungsgruppen

Eine »Benachrichtigungsgruppe« ist eine klar definierte Gruppe von Empfängern in einem WMS. Die Arbeit mit Benachrichtigungsgruppen macht vor allem dann Sinn, wenn immer wieder dieselben Personen bei der »Aufgabe Lesen« eingetragen werden müssten. **Benachrichtigungsgruppen sind nicht zwingend an das Organigramm gebunden und können sich wie eine Art Netzwerk über verschiedene Abteilungen erstrecken.** Im Laufe der Zeit kann es notwendig sein, neue Personen zu Benachrichtigungsgruppen hinzuzufügen und andere zu löschen.

Ziel ist es immer, jene Personen auszuwählen, für die das WiDok aus einem der folgenden Gründe relevant ist:

Für wen ist das WiDok relevant?

» Es handelt sich um eine allgemeine oder organisatorische Information, die gelesen und eingehalten werden muss, z. B. um eine Richtlinie zur Einhaltung der Arbeitszeiten oder um eine Anweisung zum Verhalten im Notfall.
» Das WiDok erleichtert die Arbeit des Empfängers.
» Der Empfänger benötigt es für die Erledigung der Aufgaben.
» Der Empfänger wird im WiDok erwähnt, da daraus eine Aufgabe oder Konsequenz resultiert.
» Der Empfänger muss eine Änderung, die im WiDok festgehalten ist, umsetzen und sollte sie mittragen.

» Der Empfänger ist Teil eines abteilungsübergreifenden Teams, das sich mit diesem Thema beschäftigt.

» Der Empfänger beschäftigt sich mit einem ähnlichen Thema.

Empfänger-kreis mit Bedacht wählen

Die Definition des Empfängerkreises für WiDoks ist also eine verantwortungsvolle Aufgabe des Inhaltsverantwortlichen:

» Werden zu viele Personen eingetragen, führt das zu einer Benachrichtigungsflut. Diese hat den negativen Nebeneffekt, dass sich niemand richtig angesprochen bzw. zuständig fühlt.

» Wird hingegen ein zu kleiner Empfängerkreis gewählt, werden die notwendigen WiDoks manchen Mitarbeitern bzw. Entscheidungsträgern vorenthalten.

Je mehr beteiligte Personen bei der »Aufgabe Lesen« eingetragen sind, desto mehr kennen das WiDok und suchen später bewusst danach. Durch die »Aufgabe Lesen« wird also gewährleistet, dass die Mitarbeiter wissen, dass es zu einem Thema bereits ein Wissensdokument gibt. Hat ein Mitarbeiter später eine Frage oder benötigt das WiDok, um beispielsweise einem Kunden eine Auskunft zu geben, kann er in der Wissensdatenbank gezielt danach suchen.

Nur Änderungen relevant

Die »Aufgabe Lesen« klingt im ersten Moment nach viel zusätzlicher Arbeit. **Hat man das WiDok jedoch zum ersten Mal gelesen, müssen danach nur noch die Änderungen nachvollzogen werden.**

Bei Meusburger wurden im Kalenderjahr 2019 über 290.000 Ansichten von WiDoks durch die »Aufgabe Lesen« initialisiert. Das entspricht rund 56 % der Gesamtansichten in diesem Jahr. Lediglich 44 % der Ansichten wurden durch die Suche ausgelöst. Im Kalenderjahr 2020 waren es mit über 300.000 Ansichten sogar 57 %.

6.2.1.3 Info Lesen – ein Automatismus

Führungskräfte sollten grundsätzlich über alle Vorgänge und Themen in ihrem Verantwortungsbereich Bescheid wissen. Um sicherzustellen, dass sie stets mit aktuellen, richtigen und relevanten Informationen versorgt werden, sieht die WBI®Methode eine Benachrichtigung namens **»Info Lesen«** für sie vor. Es handelt sich dabei jedoch nicht um eine Benachrichtigung, die manuell zugewiesen werden kann, sondern um einen Automatismus in einem WMS. Die Führungskräfte werden dadurch automatisch über aktuelle Projekte und die Arbeit ihrer Mitarbeiter informiert und können gegebenenfalls eingreifen.

Überblick durch »Info Lesen«

Oft gibt die »Info Lesen« dem Empfänger einen Impuls und inspiriert ihn. Dieser erinnert sich dadurch vielleicht an einen Gedanken, den er schon einmal zu diesem Thema hatte. Er kann ihn verschriftlichen oder zumindest an den Inhaltsverantwortlichen weitergeben.

Das klingt zwar nach vielen zusätzlichen Benachrichtigungen für Führungskräfte, hier ist jedoch zu bedenken, dass die Anzahl an klassischen E-Mails dadurch stark abnimmt. Zudem können WiDoks durch die »Info Lesen« an weitere relevante Empfänger weitergeleitet werden. Mehr dazu in Kapitel 12.2.5.

Nur scheinbar mehr Aufwand

Besonders wenn der Impuls für ein Wissensdokument nicht vom Mitarbeiter selbst, sondern von einem Vorgesetzten kommt, muss die Führungskraft den Empfängerkreis und die Metadaten des WiDoks kontrollieren und, wenn nötig, anpassen. **Führungskräfte eignen sich bestens für diese Aufgabe, da sie durch den abteilungsübergreifenden Blick oft besser einschätzen können, welche WiDoks von welchen Mitarbeitern benötigt werden und wen Änderungen noch betreffen könnten.**

6.2.2 Pull-Prinzip – die Suche

Wissen Sie, was Sie tun müssen, wenn Sie nicht wissen, was Sie tun müssen? Klingt sehr kompliziert – doch die Antwort ist ganz simpel:

» Entweder ein Mitarbeiter hat das benötigte Wissen bereits im Kopf
» oder er weiß, wo er nachschauen kann,
» oder er weiß, wen er fragen kann.[27]

27 Vgl. Kraus 2015, S. 18

Personen suchen aktiv nach Inhalten

Die beiden letzten Aspekte beziehen sich auf das aktive Suchen von Wissen und somit auf das Pull-Prinzip. Dieses sieht vor, dass sich die Personen in einem Unternehmen das relevante Wissen in Eigeninitiative »ziehen« – also in der Wissensdatenbank nach den notwendigen Antworten suchen.

Abb. 31: Das Pull-Prinzip – die Suche

Pull-Aktion folgt auf Push-Aktion

Eine Pull-Aktion folgt in der Praxis oft auf eine vorhergehende Push-Aktion. Das heißt, Mitarbeiter suchen gezielt Inhalte, von deren Existenz sie wissen, da sie zuvor schon damit in Kontakt gekommen sind. Der große Vorteil: Sie wissen, wonach sie suchen müssen.

Nur verifiziertes Wissen

Die Suche in einer Wissensdatenbank unterscheidet sich maßgeblich von einer Suche mit einer Suchmaschine im Internet. Bei öffentlichen Suchmaschinen wie Google® werden meist unzählige Ergebnisse mit fragwürdigem, oft widersprüchlichem Inhalt angezeigt. Die Quellen sind dabei sehr unterschiedlich und nicht zentral. In einer firmeninternen Wissensdatenbank befinden sich dank WBI hingegen nur WiDoks, deren Inhalt überprüft wurde. Somit können die Anwender stets auf aktuelles, relevantes und richtiges Wissen zugreifen und sich auf die qualitativ hochwertigen Inhalte verlassen.

 Wir ertrinken in einer Informationsflut und hungern trotzdem nach Wissen.[28]

Wie dieses Zitat verdeutlicht, reicht es im Unternehmensalltag nicht aus, eine Wissensdatenbank zu haben. Solange die Anwender die benötigten Informationen nicht finden, ist diese nur bedingt hilfreich. Gute Suchfunktionen sind daher Schlüsselfunktionen eines WMS und stellen eine wesentliche Grundlage für die Nutzung dar.

28 Rutherford D. Rogers (1915–2015), ehemaliger Bibliotheksvorstand
    an der Yale Universität in New Haven

Abgesehen von der Volltextsuche kann eine Suche auch über verschiedene andere Wege erfolgen:

Suche ein wesentlicher Erfolgsfaktor

» Suche mittels Suchbegriff(en)
» Suche mittels Dokumentennummer
» Suche mittels erweiterter Suche
» Suchen bzw. Filtern von Metadaten
» Suche mittels Kategorien

Nutzen Sie die Auswertung von Suchanfragen und Suchbegriffen, um etwaige Wissenslücken zu identifizieren und optimalerweise in weiterer Folge zu schließen. Je nach Wahl der Software können Sie dazu die häufigsten Begriffe der Suchstatistik sowie im Speziellen die Suchanfragen ohne Übereinstimmungen bzw. Treffer analysieren.

Im Jahr 2019 wurden bei Meusburger rund 225.000 Suchanfragen in der Wissensdatenbank getätigt. Im Folgejahr waren es sogar über 283.000 Suchanfragen – das entspricht einer Steigerung von mehr als 25 % im Vergleich zum Vorjahr.

6.2.2.1 Gezielte Suche

Die suchende Person kennt den genauen Titel bzw. die Dokumentennummer nicht, weiß jedoch, dass sich im System bereits ein WiDok zum gewünschten Thema befindet. Dafür gibt es mehrere Gründe:

Person sucht gezielt nach einem WiDok

» Das WiDok wurde dem Mitarbeiter bereits bei einem Arbeitsgespräch überreicht, gezeigt oder erklärt.
» Das WiDok war Grundlage für eine Schulung, an welcher der Mitarbeiter teilgenommen hat.
» Der Mitarbeiter hat bereits mit anderen darüber gesprochen.
» Der Mitarbeiter hat bereits eine Benachrichtigung erhalten.

Bei Meusburger sind rund 90 % der gezielten Suchvorgänge erfolgreich und führen zum gewünschten Ergebnis. Das liegt daran, dass die WiDoks entsprechend betitelt und immer wieder aktiv verwendet werden. Die Anwender wissen daher, wonach sie suchen.

6.2.2.2 Recherche

Die suchende Person ist nicht sicher, ob zu einem gewissen Thema bereits ein WiDok erfasst wurde, und recherchiert in der Wissensdatenbank.

Gehen Sie nicht grundsätzlich davon aus, dass Ihre Kollegen aktiv nach Wissen suchen. Oft siegen Routine sowie Bequemlichkeit und man fragt »*einfach mal schnell den Kollegen*«. Alle Anwender sollten daher angewiesen werden, immer zuerst in der Wissensdatenbank nach den benötigten Inhalten zu suchen – speziell vor dem Erstellen eines neuen WiDoks, denn dadurch können unnötige Doppelarbeiten und redundante Daten vermieden werden.

Auswirkung auf das Wohlbefinden

Außerdem sollte den Anwendern vermittelt werden, dass sich eine gute Suche, unabhängig von der technischen Lösung, auf ihr Wohlbefinden auswirkt und mehrere Vorteile bietet:

- » Höhere Zufriedenheit
- » Gesteigerte Produktivität
- » Weniger Warte- und Standzeiten
- » Höhere Auskunfts- und Handlungsfähigkeit
- » Vermeidung von Doppelarbeit und redundanten Daten
- » Lange Kommunikations- und Informationswege entfallen

Denken Sie dabei bitte auch an Kapitel 6.1.5, in dem ich beschrieben habe, wie wichtig es ist, Wissen **»just-in-time«** verfügbar zu machen: **Auch die beste Suche nützt nichts, wenn es keine Inhalte gibt, die es auch wert sind, gefunden zu werden!**

6.2.3 Follow-Prinzip – die Favoriten

Um gewisse beliebte oder oft benötigte Inhalte bestmöglich beobachten zu können, ist es ratsam, mit **»Favoriten«** zu arbeiten. Durch Favoriten kann ein Mitarbeiter von sich aus Interesse an einem WiDok bekunden und diesem folgen. Es handelt sich also um eine Art selbstbestimmter Benachrichtigung, jedoch ohne die Pflicht zu lesen.

Abb. 32: Das Follow-Prinzip – die Favoriten

Die Vorteile:

» Der Anwender hat die relevanten bzw. von ihm am häufigsten genutzten WiDoks im Überblick.

» Der Anwender hat direkten Zugriff und spart sich Zeit.

» Der Anwender wird bei Änderungen vom WMS aktiv informiert.

In einem funktionalen WMS können sich Benutzer bestimmte WiDoks als Favoriten speichern. Bei Neuerstellungen oder Überarbeitungen erhalten sie eine Benachrichtigung vom System.

6.2.4   Sichtbarkeitsrechte

In einem Wissensmanagement-System können Sichtbarkeitsrechte zugeteilt werden. Die Vergabe der Sichtbarkeitsrechte ist abhängig von der Position, den Aufgaben und der Verantwortung eines Mitarbeiters oder einer Führungskraft.

Abhängig von Position und Verantwortung

Je nach Hierarchie und Unternehmenskultur gibt es verschiedene Ansätze, die sowohl Vorteile als auch Nachteile mit sich bringen. Wichtig ist, dass jedes Unternehmen die passende Strategie für sich findet.

Verschiedene Ansätze

6.2.4.1   Unlimitiertes WMS

In einem unlimitierten WMS können alle Benutzer alle WiDoks sehen und lesen. Sie finden somit alle gewünschten Informationen und nutzen das System umso lieber. Keiner wird ausgeschlossen.

Unbegrenzter Zugriff

Unlimitierte Wissensmanagement-Systeme eignen sich besonders für kleine Unternehmen, in denen es von Vorteil ist, wenn alle Benutzer auf alle WiDoks zugreifen können.

Zu viele Suchtreffer

Einige Mitarbeiter könnten allerdings von der Vielzahl an WiDoks überfordert sein. Sie sehen durch die Informationsflut das Wesentliche nicht mehr und identifizieren sich weniger mit den Inhalten. Der unlimitierte Zugriff erschwert zudem die Suche, da die Suchergebnisse auch WiDoks beinhalten könnten, die für den Suchenden irrelevant sind.

6.2.4.2 Personalisiertes, limitiertes WMS

Personalisierte Funktionen

In einem personalisierten, limitierten WMS werden die Sichtbarkeitsrechte für bestimmte Benutzer oder Benutzergruppen angepasst. Sie können also nur auf den Teil der WiDoks zugreifen, der für deren Funktion bzw. Aufgabengebiet definiert wurde.

Bei Meusburger können die Mitarbeiter am Firmenhauptsitz in Vorarlberg/Österreich beispielsweise auf 87 % aller WiDoks zugreifen. Mitarbeiter im Außendienst können hingegen nur auf rund 28 % der Dokumente zugreifen, da die Sichtbarkeit auf die für sie wesentlichen WiDoks eingeschränkt ist.

Präzisere Suchtreffer

Je personalisierter ein WMS eingerichtet ist, desto präziser ist auch die Suche. Das Suchergebnis beschränkt sich auf die relevanten WiDoks, die der jeweilige Mitarbeiter aufgrund seiner Arbeitsaufgaben benötigt. Die Mitarbeiter gelangen somit schneller an die benötigten Informationen. **Gerade in großen Firmen oder Konzernen macht ein personalisiertes WMS mit einigen wenigen Limitierungen daher durchaus Sinn.** Eine zu starke Limitierung birgt die Gefahr, WiDoks auszuschließen, die für einen Mitarbeiter eventuell ebenfalls relevant sein könnten. Hat der Mitarbeiter keinen Zugriff darauf, führt das zu Unmut.

Erhöhter Aufwand

Die Personalisierung kann zwar der Informationsflut entgegenwirken, führt aus technischer Sicht aber zu Problemen bei der Verwaltung und einem erhöhten Aufwand, da die Komplexität dadurch zunimmt. Eine optimale Personalisierung ist daher nicht mit jedem WMS umsetzbar.

Gehen Sie je nach Offenheit und Transparenz im Unternehmen mit den Sichtbarkeitsrechten großzügig um. Führungskräfte sollten z. B. auf alle WiDoks zugreifen können. Anders verhält es sich bei den Mitarbeitern: Bitte bedenken Sie, dass Mitarbeiter durch einen unlimitierten Zugriff einer Vielzahl an Informationen ausgesetzt sind. Es ist daher wichtig, sie durch den bewussten Einsatz der Sichtbarkeitsrechte und der »Aufgabe Lesen« vor einer Informationsüberflutung zu schützen. Nutzen Sie das **vertiefende WiDok 00457** und erfahren Sie mehr über das Zusammenspiel von Sichtbarkeit und der »Aufgabe Lesen«.

6.3 Weiterentwickeln

Die Verteilung bildet die Basis für die Nutzung und somit auch für die Weiterentwicklung des Wissens. Denn das Wissen, das in einem WiDok erfasst ist, ist nicht unumstößlich.

Wissen nicht unumstößlich

Abb. 33: Der WBI-Prozess – Weiterentwickeln

Ein WiDok muss aktuell, richtig und relevant sein, um eine Daseinsberechtigung zu haben. Aber Dinge ändern sich im Laufe der Zeit. Daher ist es wichtig, immer wieder zu hinterfragen, ob die Inhalte des WiDoks auf dem neusten Stand sind und der Realität entsprechen. Sollte dem nicht so sein, ist es wichtig, den Inhaltsverantwortlichen sofort zu informieren und so an der Weiterentwicklung mitzuwirken. Er kann die Inhalte in weiterer Folge ergänzen, aktualisieren und richtigstellen.

WiDoks aktualisieren

Die Weiterentwicklung der organisationalen
Wissensbasis ist immer nur in Bezug auf
das alte Wissen möglich.[29]

Ständige Er-
weiterung und
Optimierung

Diese Aussage von Probst, Raub und Romhardt verdeutlicht, wie wichtig es ist, auf bestehendem Wissen aufzubauen und dieses weiterzuentwickeln.

Bei Meusburger werden die Änderungen oder Verbesserungen vielfach vom Initiator selbst direkt im Wissensdokument vorgenommen und dem Inhaltsverantwortlichen zur Genehmigung gesendet. Das setzt natürlich voraus, dass die Unternehmens- bzw. Wissenskultur bereits so weit vorangeschritten ist, dass diese Vorgehensweise gängig ist und von allen akzeptiert wird.

Ein Inhaltsverantwortlicher sollte die Ideen anderer zur Erweiterung oder Optimierung seines WiDoks daher nicht als Kritik ansehen, sondern als einen Schritt nach vorne und somit als Schritt in Richtung Innovation.

Schwarmintel-
ligenz nutzen

Denn genau das macht WBI aus: **WBI nutzt die Schwarmintelligenz und hilft damit dem Unternehmen, sich tagtäglich weiterzuentwickeln und zu verbessern.**

Es gibt verschiedene Gründe für die Weiterentwicklung der Inhalte von WiDoks:

» Das WiDok wird aktiv genutzt und dennoch treten Probleme auf.
» Das WiDok ist nicht vollständig.
» Das WiDok weicht von der Praxis ab.
» Das WiDok beinhaltet Fehler.
» Das WiDok ist veraltet oder nicht mehr relevant.
» Das WiDok ist zu umfangreich oder redundant.
» Das WiDok wird aufgrund einer Veränderung angepasst.
» Das WiDok wird kollektiv weiterentwickelt.

29 Probst et al. 2012, S. 202

6.3.1 Weiterentwicklung durch aktive Nutzung

Eine Weiterentwicklung wird oft durch die Nutzung eines vorhandenen WiDoks im Arbeitsalltag angeregt, denn oft zeigt sich erst in der Praxis, wie etwas noch besser geht oder anders gemacht werden kann.

Bei der Organisation von wiederkehrenden Veranstaltungen wie einer Weihnachtsfeier machen Zuständige unterschiedliche Erfahrungen. Daher ist es ratsam, im Anschluss zu reflektieren, was gut war und wo Verbesserungspotenzial vorliegt. Dazu werden Projekterfahrungen erhoben, gebündelt und schriftlich erfasst. Die Ergebnisse werden für die Planung weiterer Events herangezogen. **Die Mitarbeiter lernen dabei aus vergangenen Fehlern und Problemen.**

6.3.2 Weiterentwicklung durch Vervollständigung

Ein klares Indiz, dass ein WiDok noch zu vervollständigen ist, sind Rückfragen der Kollegen: Kommen laufend neue Fragen, sollte dem Inhaltsverantwortlichen klar sein, dass das WiDok missverständlich oder unvollständig ist. Er sollte die Fragen und Antworten nutzen und diese im Sinne der Nachhaltigkeit im WiDok ergänzen.

Rückfragen
klares Indiz

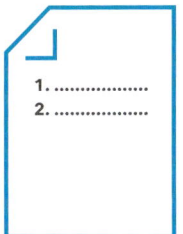 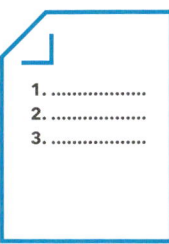 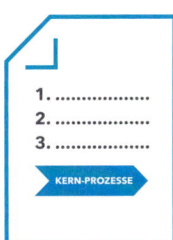 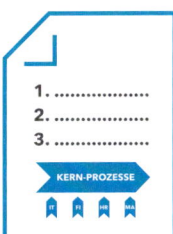

Abb. 34: Das »Daumenkino« mit WiDoks

Betrachtet man ein WiDok über mehrere Monate oder Jahre, kann man die Weiterentwicklung oft sogar visuell erkennen, ohne den genauen

Inhalt zu beachten. Legt man mehrere ausgedruckte Versionen eines WiDoks nebeneinander und betrachtet sie aus zwei bis drei Metern Abstand, wirken diese wie eine Art **»Daumenkino«** aus Kindheitstagen.

6.3.3 Abgleichen von Theorie und Praxis

Oft Unterschiede im Arbeitsalltag

In Unternehmen, in denen Abläufe, Verfahrensweisen, Richtlinien und andere wichtige Inhalte explizit festgehalten werden, ist es notwendig, die Realität immer wieder mit dem erfassten Stand im WiDok abzugleichen. Denn ein erfolgreiches, florierendes Unternehmen entwickelt sich tagtäglich weiter. Es werden Produkte entwickelt, Ziele definiert, Diskussionen geführt, Entscheidungen getroffen und Prozesse optimiert. Dabei kann es täglich zu Veränderungen kommen. **Werden diese Veränderungen nicht rechtzeitig festgehalten, verflüchtigen sie sich wieder und können nicht umgesetzt bzw. nachhaltig genutzt werden.**

Theorie bzw. WiDoks   **Praxis bzw. Arbeitsalltag**

Abb. 35: Theorie und Praxis laufen auseinander

Es gibt mehrere Gründe, weshalb Theorie und Praxis in einem Unternehmen auseinanderlaufen können:

» Der Inhaltsverantwortliche verantwortet das WiDok, fühlt sich aber nicht für die Umsetzung im Unternehmensalltag verantwortlich bzw. kommt seinen Aufgaben nicht nach.

» Der Inhaltsverantwortliche macht sich nichts aus Wissensmanagement. Er fühlt sich zwar im Arbeitsalltag für die Aufgaben verantwortlich, aber nicht für das WiDok.

Um dem vorzubeugen, sollten nur Inhaltsverantwortliche gewählt werden, die ein Herz für Wissensmanagement haben. Sie müssen sich nicht nur für das WiDok und die operative Umsetzung der Inhalte zuständig fühlen, sondern auch über die notwendige Durchsetzungskraft verfügen.

Es braucht einen Inhaltsverantwortlichen, der die Praxis an Ort und Stelle mit der Theorie vergleicht und prompt entscheidet, was der richtige bzw. bessere Weg ist. Durch ihn werden die ausführende sowie die beschreibende Welt ständig zusammengeführt und wenn nötig aneinander angepasst. Die Delegation der inhaltlichen und operativen Verantwortung an einen geeigneten Mitarbeiter ist daher eine enorm wichtige Führungsaufgabe.

Zusammenführen von Praxis und Theorie

An Ort und Stelle vergleichen und entscheiden

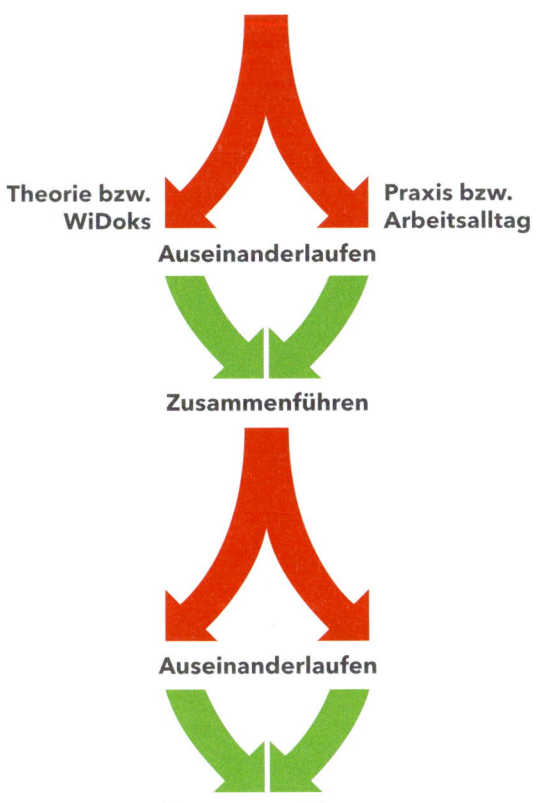

Abb. 36: WBI führt Theorie und Praxis immer wieder zusammen

Durch die klare Verbindung zwischen inhaltlicher und operativer Verantwortung wird bei WBI laufend sichergestellt, dass Theorie und Praxis immer wieder abgeglichen und zusammengeführt werden. Wissensmanagement bleibt dadurch dynamisch und lebendig.

Wird im Unternehmensalltag immer wieder Bezug auf verschiedene WiDoks genommen, kann ein abnehmender Realitätsbezug in den WiDoks vermieden werden. **WiDoks werden dadurch ständig mit der Praxis abgeglichen und überprüft.** Gibt es dennoch eine Abweichung zum Inhalt des dazugehörigen WiDoks, sieht WBI folgende Vorgehensweise vor:

» **Falls die Herangehensweise im WiDok besser ist als die derzeit praktizierte Methode**, muss der Inhaltsverantwortliche sich für die operative Umsetzung der Inhalte seines WiDoks in der Realität einsetzen und eine Änderung herbeiführen.

» **Falls eine Abweichung von der im WiDok festgehaltenen Arbeitsweise aufgrund verschiedener Faktoren gerechtfertigt ist**, muss der Inhaltsverantwortliche den Inhalt seines WiDoks an die Realität anpassen bzw. dies angemessen dokumentieren. Aus diesem Grund ist es essenziell, dass die Erfassung von Wissen am operativen Ort des Geschehens erfolgt.

6.3.4 Korrigieren von Fehlern

Kleine Fehler prompt verbessern

Eine einfache Form der Weiterentwicklung ist die Korrektur von Fehlern in Wissensdokumenten: Wenn ein Mitarbeiter einen kleinen Fehler in einem WiDok eines anderen Inhaltsverantwortlichen findet, kann dieser sofort korrigiert werden. **Als kleine Fehler gelten:**

» Tippfehler
» Fehler in der Gestaltung (Formatierung)
» Fehler in der Ansicht
» Unnötige Seitenumbrüche

Schwerwiegendere Fehler sollten hingegen per E-Mail oder in einem persönlichen Gespräch an den Inhaltsverantwortlichen weitergegeben werden. So wird gewährleistet, dass es keine Missverständnisse gibt und der Inhalt prompt korrigiert wird.

Rücksprache mit Inhaltsverantwortlichem

Zu den schwerwiegenderen Fehlern zählen:

» Teile des Inhalts im WiDok sind falsch oder veraltet.
» Der Inhalt ist nicht verständlich oder das Sprachniveau unpassend.
» Metadaten fehlen oder sind nicht korrekt eingetragen.
» Wichtiges Wissen fehlt.

Wurden in einem WiDok nur kleinere Fehler korrigiert, der Inhalt sonst aber nicht verändert, ist es wichtig, im Änderungskommentar einen entsprechenden Hinweis zu geben. Dadurch wissen die Empfänger der Benachrichtigung sofort, dass das WiDok nicht erneut gelesen werden muss.

6.3.5 Aktualitätsprüfung

WiDoks mit veralteten oder fehlerhaften Informationen können bei den Mitarbeitern das Vertrauen in die Datenqualität und somit das Vertrauen in die Wissensdatenbank zerstören. **Deshalb sind die Wiedervorlage sowie die Aktualitätsprüfung bzw. Aktualitätskontrolle wichtige Bestandteile der Weiterentwicklung.** Sie sorgen für redaktionelle Dynamik.

Regelmäßige Kontrolle

Am Ende des definierten Wiedervorlage-Zyklus fordert das System den Inhaltsverantwortlichen dazu auf, die anstehende Aktualitätsprüfung durchzuführen. Dieser muss nun den Inhalt seines WiDoks hinterfragen und es anhand der Kriterien für WiDoks neu bewerten.

Folgende Punkte sollten im Rahmen der Aktualitätsprüfung vom Inhaltsverantwortlichen kontrolliert und gegebenenfalls aktualisiert werden:

WiDoks hinterfragen und Punkte prüfen

» Entspricht das WiDok noch den Kriterien oder soll es gelöscht werden?
» Ist das WiDok noch zweckmäßig?
» Ist der Inhalt aktuell, richtig und relevant?
» Sind die Metadaten korrekt und aktuell?
» Muss der Titel angepasst werden?
» Muss der Empfängerkreis der »Aufgabe Lesen« angepasst werden?
» Haben relevante Personen die notwendigen Sichtbarkeitsrechte?
» Sind angeführte Links zu Websites noch aktiv?
» Sind angeführte Verweise zu anderen WiDoks noch aktiv?
» Gibt es ähnliche oder redundante Inhalte in anderen WiDoks?

 Wurde das WiDok kontrolliert und aktualisiert, kann es wieder veröffentlicht werden. **Dieser Regelmechanismus hält die Wissensbasis auf aktuellem Stand und dient der Sicherung der Qualität.** Probst, Raub und Romhardt warnen in diesem Zusammenhang:

 Ohne festgelegte Aktualisierungsmechanismen sterben Wissenssysteme über kurz oder lang.[30]

Es ist also wichtig, die Inhalte von WiDoks und somit auch die ganze Wissensdatenbank stets aktuell und dynamisch zu halten.

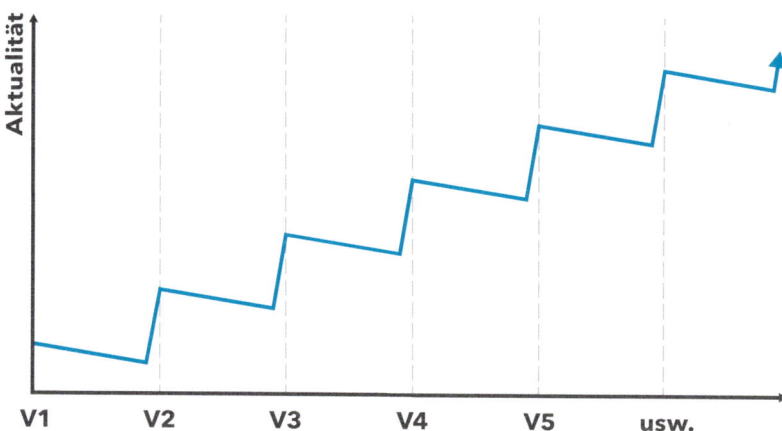

Abb. 37: Ständiger Verlust an Aktualität und somit an Qualität und Relevanz

30   Probst et al. 2012, S. 221

Wie **Abbildung 37** veranschaulicht, verliert ein Wissensdokument einige Zeit nach der Veröffentlichung der neusten Version an Aktualität und somit an Qualität und Relevanz für die Anwender. Daher müssen Inhaltsverantwortliche sukzessive an der Weiterentwicklung arbeiten und bei Bedarf eine neuere Version veröffentlichen.

Die Pflege von WiDoks ist also enorm wichtig, um diese und damit auch die Wissensdatenbank am Leben zu erhalten. Es ist vergleichbar mit einer Blume in Heinrichs Garten: Werden Blumen nicht regelmäßig gepflegt, so verkümmern sie rasch. Ähnlich verhält es sich bei Dokumenten mit relevantem Wissen auf einem Laufwerk im Unternehmen, die nicht regelmäßig in Verwendung sind: Sie verkümmern und verschwinden irgendwann. **Schaffen es diese Dokumente jedoch in die Wissensdatenbank, so greift der WBI-Prozess und hält sie am Leben.**

6.3.6 Teilen und Fusionieren

WiDoks sollten grundsätzlich als handliche, übersichtliche Wissensportionen gestaltet werden und sind als Einheit erkenn- bzw. abgrenzbar. Dennoch bzw. gerade deswegen macht es oft Sinn, Wissensdokumente zu teilen oder zu fusionieren.

Übersichtliche Wissensportionen

Teilen von WiDoks

Ein WiDok, das im Laufe der Zeit sehr umfangreich geworden ist, sollte in mehrere WiDoks aufgeteilt werden. Dadurch wird die Komplexität verringert und der Inhalt der einzelnen WiDoks auf das Wesentliche reduziert.

Ein klares Indiz für zu umfangreiche WiDoks sind mehrseitige Dokumente in einem Textverarbeitungsprogramm wie Word® sowie Dateien in Excel® mit mehr als fünf Tabellenblättern. In diesen Fällen sollten bewusst mehrere WiDoks daraus entstehen. Ausgenommen sind umfassende Anleitungen und fortlaufende Auswertungen, die über mehrere Jahre in verschiedenen Registerblättern dokumentiert werden.

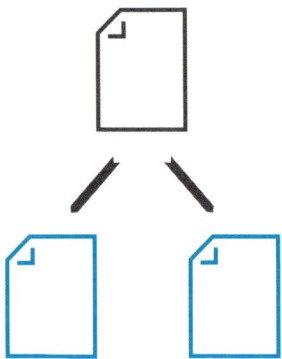

Abb. 38: Weiterentwickeln durch Teilen

 **TIPP** Damit dennoch immer eine nachvollziehbare Verbindung zwischen den geteilten WiDoks bestehen bleibt, sollte ein Hyperlink eingefügt werden. Dadurch kann der Leser auf das neue, sowie auf weitere relevante bzw. themennahe WiDoks aufmerksam gemacht werden. Die Dokumentennummer kann, je nach Wahl des Systems, genutzt werden, um einen eindeutigen Link für jedes WiDok zu generieren.

Fusionieren von WiDoks

Thematisch Ähnliches zusammenfassen

WiDoks mit thematisch ähnlichen Inhalten sollten zusammengefasst werden, um Redundanzen und somit Missverständnisse zu vermeiden. Dazu werden die Inhalte fusioniert und das entleerte WiDok wird anschließend, mit Hinweis auf die andere Dokumentennummer, gelöscht.

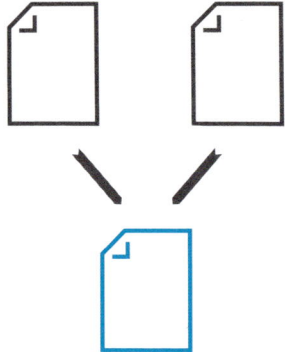

Abb. 39: Weiterentwickeln durch Fusionieren

Führungskräfte haben meist einen besseren Überblick über WiDoks in verschiedenen Bereichen. Es ist daher ihre Aufgabe, die notwendige Teilung oder Fusionierung sowie andere Arten der Weiterentwicklung von WiDoks zu überwachen und die entsprechenden Inhaltsverantwortlichen zu kontaktieren.

Wenn zu Beginn eines Arbeitsgesprächs nicht bekannt ist, ob ein Thema schon verschriftlicht wurde, und es aktuell keine Möglichkeit gibt, in der Wissensdatenbank zu recherchieren, ist es ratsam, es erneut aufzuschreiben. Es ist einfacher, die beiden WiDoks später zu fusionieren, als zu versuchen, die besprochenen Inhalte komplett zu rekonstruieren. Daher gilt hier die Devise: Lieber doppelt als gar nicht!

6.3.7 Veränderungsprozesse

WiDoks dienen als Verhaltensgrundlage für Mitarbeiter und beinhalten oft Abläufe, Richtlinien und Prozesse. **Durch die ständige Nutzung etabliert sich der Inhalt eines WiDoks im Laufe der Zeit und wird zur Routine.** Gilt es jedoch, eine Änderung oder einen neuen Ablauf zu etablieren, kann dies oft ein aufwendiger, zeitintensiver Prozess sein, der viel Energie kostet.

Verhaltensgrundlage für Mitarbeiter

WBI unterstützt hierbei maßgeblich: **Gibt es eine Neuerung im Unternehmen, kann diese durch die Änderung im bestehenden WiDok oder durch das Erfassen eines neuen WiDoks publik gemacht und die Umsetzung angestoßen werden.** WiDoks bilden somit ein optimales Fundament, um Änderungen in Abläufen oder Systemen durchzusetzen. Alles Tun und die Art der Umsetzung basieren also auf den im WiDok erfassten Inhalten und Vorgaben.

WiDok als Vorgabe bei Änderungen

Ein Inhaltsverantwortlicher erfasst eine **»Kennwort-Richtlinie«**. Siehe **Musterdokument 00045**. Diese besagt, wie die Kennwortwahl bzw. -vergabe zukünftig erfolgen soll, und bildet die Basis für eine Veränderung im Unternehmen. Die Richtlinie wird per »Aufgabe Lesen« verteilt und muss fortan, wie im WiDok beschrieben, umgesetzt werden.

Die Vorteile der Arbeit mit Wissensdokumenten im Rahmen von Veränderungsprozessen liegen auf der Hand:

Zahlreiche Vorteile

» Das WiDok ist für jeden zugänglich.
» Es kann zuerst auf Basis des WiDoks diskutiert werden.
» Die Empfänger der »Aufgabe Lesen« wissen, dass die Änderungen genehmigt sind und die Umsetzung beginnen kann.
» Weitere Änderungen werden im WiDok erfasst und erneut veröffentlicht.

WBI ermöglicht Veränderungsprozesse

Diese schnelle und unkomplizierte Art der Umsetzung funktioniert natürlich nur bei einer Unternehmenskultur, bei der WiDoks auch Gültigkeit haben bzw. wenn Mitarbeiter sich an die neuen Vorgaben in den WiDoks halten. WBI ermöglicht damit eine Form von Veränderungsprozessen und legt mit WiDoks einen Grundstein für die Weiterentwicklung im Unternehmen.

Kritische Themen und disruptive Veränderungen, wie die Umstellung der Arbeitszeiten, müssen vor der Umsetzung immer angemessen an alle Betroffenen kommuniziert werden. Das Durchsetzen von Veränderungen mittels WiDoks darf die mündliche Kommunikation nicht ersetzen. Das WiDok soll die Verteilung der neuen Anweisungen erleichtern.

6.3.8 Kollektive Weiterentwicklung

Zusammenarbeit erwünscht

Speziell bei der Weiterentwicklung von WiDoks ist die Zusammenarbeit mehrerer Wissensträger ein spannendes Thema mit großem Potenzial. **Daher sollte die »Aufgabe Lesen« auch nicht als reine Benachrichtigung gesehen werden, sondern vielmehr als eine Aufforderung bzw. Möglichkeit, sich aktiv einzubringen.**

Damit sich die Mitarbeiter dieser Chance bewusst werden, sollte die kollektive Weiterentwicklung als wichtiger Beitrag zum Erfolg und erwünschter Bestandteil der Unternehmenskultur kommuniziert werden.

Nur so gelingt es, dass die Empfänger die »Aufgabe Lesen« nicht als lästige Bürde, sondern als Möglichkeit des Mitwirkens empfinden.

Tritt bei der praktischen Umsetzung im Unternehmensalltag beispielsweise ein Fehler auf, kontaktiert der Anwender den Inhaltsverantwortlichen und teilt ihm seine Probleme, Anregungen oder Ideen mit. Das WiDok kann nun vom Inhaltsverantwortlichen dahingehend weiterentwickelt und in einer neuen Version veröffentlicht werden.

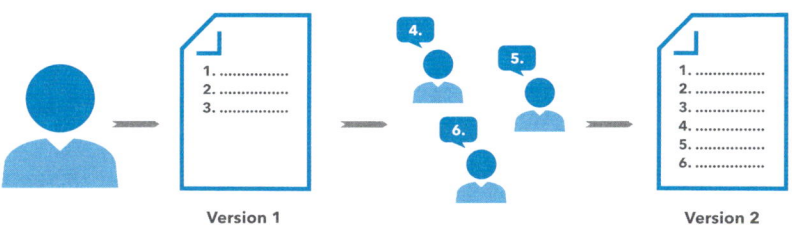

Abb. 40: Weiterentwicklung durch Zusammenarbeit mit anderen Anwendern

Mit der Zeit melden sich unter Umständen weitere Anwender beim Inhaltsverantwortlichen und das WiDok erfährt durch die Zusammenarbeit eine ständige Aufwertung. **Die Weiterentwicklung kann also sowohl von einer Person als auch von mehreren Personen ausgehen.**

Kontinuierliche Aufwertung des WiDoks

Gerade Mitarbeiter, die ihr Arbeiten bzw. Mitwirken auf den **»Dienst nach Vorschrift«** reduzieren, neigen dazu, die Inhalte und Vorschriften in WiDoks einfach hinzunehmen, anstatt sie zu hinterfragen. **Daher ist es wichtig, diesen Trott zu durchbrechen und sie beispielsweise mit einem entsprechenden Appell im Änderungskommentar aktiv zur Mitarbeit aufzufordern.**

6.4   Sichern

Das langfristige, systematische Sichern von relevantem, wertvollem Unternehmenswissen ist ein weiterer wichtiger Schritt im WBI-Prozess.

Systematisches, nachhaltiges Sichern

Abb. 41: Der WBI-Prozess – Sichern

Wissensstand **WiDoks funktionieren wie Widerhaken. Sie halten einen Wissens-**
festhalten **stand fest, der nicht mehr verloren gehen kann**, und haben dabei
einen großen Vorteil: Greift der Mechanismus erstmals, so können sich
die Haken nur noch in eine Richtung bewegen, nämlich nach vorne.
Nach hinten sind sie abgesichert – ähnlich dem Verschluss eines Schi-
schuhs.

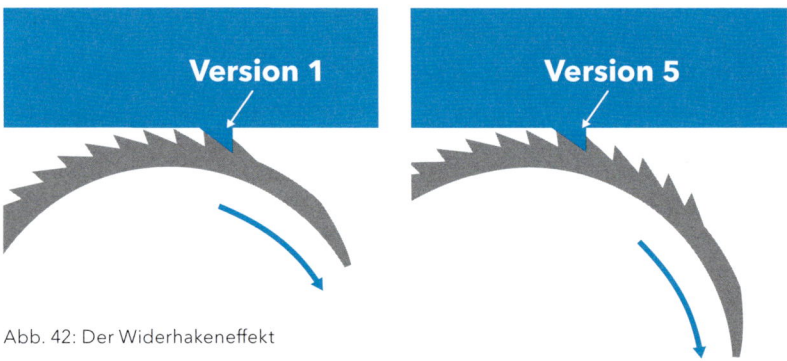

Abb. 42: Der Widerhakeneffekt

6.4.1   Technisches Sichern

Um wertvolles Wissen zu erhalten und einen unnötigen Datenverlust
zu vermeiden, müssen die WiDoks in der Wissensdatenbank gesichert
werden. **In regelmäßigen Abständen sollte von sämtlichen Inhalten
der Wissensdatenbank eine Sicherungskopie in Form eines »Back-
ups« erstellt werden.**

Je nach Wahl des WMS bietet dieses eine Backup-Funktion, um eine lokale Sicherungskopie aller Wissensdokumente zu erstellen. Dabei wird üblicherweise die jeweils aktuellste veröffentlichte Version aller WiDoks gesichert.

6.4.2   Sichern vor Diebstahl

Wissensmanagement ist ein zweischneidiges Schwert: Explizites Wissen ist für ein Unternehmen sehr wertvoll und bringt viele Vorteile mit sich. Doch wenn Wissen erst einmal dokumentiert und veröffentlicht wurde, ist es natürlich auch vor Diebstahl nicht vollkommen geschützt.

Zweischneidiges Schwert

Mitarbeiter könnten entsprechende Dokumente speichern und diese außerbetrieblich nutzen oder missbrauchen. Wenn ein Mitarbeiter beispielsweise durch einen Mitbewerber abgeworben wird, besteht die Möglichkeit der missbräuchlichen Weitergabe von Unternehmenswissen. **Deshalb sieht WBI vor, dass sensible Informationen nur limitiert zugänglich sind, und empfiehlt einige Sicherheitsvorkehrungen:**

Sensibles Wissen nur limitiert zugänglich

» Klären Sie die Mitarbeiter auf und stellen Sie im Arbeitsvertrag sicher, dass das unternehmensrelevante Wissen Eigentum der Firma ist und nur im Betrieb eingesetzt werden darf.
» Lassen Sie die Mitarbeiter eine Verschwiegenheitserklärung oder Geheimhaltungsvereinbarung unterzeichnen.

Technisch kann das Sichern vor Diebstahl durch mehrere Vorkehrungen erschwert werden:

» Die Sichtbarkeit wird eingeschränkt. Siehe **Kapitel 6.2.4**.
» Kritische Dokumente mit vertraulichen Daten werden mit einer Verschlüsselung bzw. einem Passwort versehen.
» Im WMS wird voreingestellt, dass nur gewisse Personen einen Download aller WiDoks ausführen können.
» Nach außen sollten Sie die Sicherheit technisch z. B. durch eine Firewall erhöhen.

EU-Richtlinie
für Know-how-
Schutz

Im Jahr 2016 wurde von der EU eine neue Richtlinie (EU) 2016/943 für Know-how-Schutz in Unternehmen erlassen, die sich dieses Themas annimmt. Diese Richtlinie sieht eine Wissensmanagement-Compliance vor, durch die vertrauliches, sensibles Know-how sowie vertrauliche Geschäftsinformationen (Geschäftsgeheimnisse) vor rechtswidrigem Erwerb, rechtswidriger Nutzung und Offenlegung geschützt werden sollen.[31] Dazu müssen die für den Geschäftsbetrieb wesentlichen Inhalte sowie geschäftskritischen Informationen identifiziert und gesichert werden.

Mehr Informationen zur Richtlinie (EU) 2016/943 für den Schutz vertraulichen Know-hows und vertraulicher Geschäftsinformationen finden Sie im **vertiefenden WiDok 00093**.

Ich kann Sie an dieser Stelle jedoch beruhigen: Bei Meusburger mussten wir in all den Jahren keine schlechte Erfahrung mit dem Diebstahl von Wissensdokumenten machen.

Landet wider Erwarten doch einmal ein WiDok bei einem Mitbewerber, ist das ärgerlich, aber nicht weiter problematisch. Der Mitbewerber wird das Wissensdokument niemals in derselben Art nutzen können, denn viele WiDoks sind sehr spezifisch. Sie sind meist historisch gewachsen und stark auf die jeweilige Organisation abgestimmt. **Einige Inhalte sind sogar nur in Kombination mit dem jeweiligen Inhaltsverantwortlichen nutzbar, sodass der Mitbewerber nicht anschlussfähig ist.** Während dieser versucht, das WiDok zu verstehen und für sich zu adaptieren, arbeiten Sie bereits mit der weiterentwickelten Version und haben dadurch stets einen Wettbewerbsvorteil. Sie sind Ihrem Mitbewerber also stets einen Schritt voraus.

Denken Sie bitte im Umkehrschluss an Folgendes: **Ohne explizites Wissen in WiDoks können Sie selbst auch nicht optimal arbeiten bzw. die vielen Vorteile des expliziten Wissens nicht nutzen.** Die Situation ist vielleicht mit Messern in der Küche vergleichbar: Hört ein Koch auf, mit einem Messer zu schneiden, nur aus Angst, dass er sich vielleicht verletzt, kann er nicht mehr arbeiten.

---

31   Vgl. Richtlinie (EU) 2016/943 des Europäischen Parlaments und des Rates vom 8. Juni 2016

6.5 Lebenszyklus eines WiDoks

Aus den vorangegangenen Kapiteln ergibt sich folgender Lebenszyklus eines WiDoks: Nach dem Erfassen und dem ersten Verteilen wird das Dokument genutzt. Durch die produktive Nutzung wird es überprüft und gegebenenfalls überarbeitet bzw. weiterentwickelt. Anschließend wird das Dokument neuerlich verteilt und steht wiederum zur Nutzung zur Verfügung.

Abb. 43: Der WBI-Prozess – Nutzen

Dieser Kreislauf kann beliebig oft durchlaufen und das Dokument somit ständig verbessert werden. Die Schritte Verteilen und Weiterentwickeln haben daher einen großen Stellenwert im Lebenszyklus eines WiDoks. Der Lebenszyklus sieht das Sichern von WiDoks als fixen Bestandteil vor, wodurch es bei jeder Überarbeitung in einer neuen Version im WMS gespeichert wird.

Wie die folgende **Abbildung 44** zeigt, entsteht der höchste Aufwand beim Erstellen eines neuen WiDoks. Das Wissen muss explizit gemacht und schriftlich festgehalten werden. Es muss an die Gestaltungsrichtlinien angepasst werden und kann dann in der ersten Version veröffentlicht werden. **Nach der Veröffentlichung der ersten Version sinkt der Aufwand deutlich und beschränkt sich fortan auf die laufende Weiterentwicklung des Wissensdokuments**.

Aufwand sinkt nach Ersterfassung

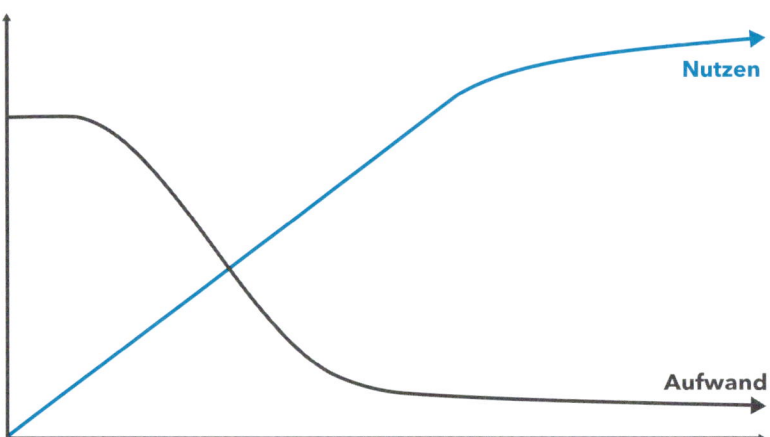

Abb. 44: Nutzen und Aufwand eines Wissensdokuments

Mehr Nutzen als Aufwand

Anders verhält es sich beim Nutzen eines WiDoks: **Bis die erste Version des WiDoks veröffentlicht ist, besteht der Nutzen nur darin, dass der Inhaltsverantwortliche sich mit dem Thema auseinandersetzt und sich dadurch neues Wissen aneignet.** Der Nutzen ist zu Beginn also nur individuell und daher recht niedrig. Durch die Verteilung des WiDoks steigt schließlich der Nutzen, denn es können auch weitere Personen darauf zugreifen und davon profitieren.

Erste Hürde überwinden

Der große Vorteil dabei: Das erfasste Wissen wird nicht abgenutzt, sondern vermehrt sich. **Ist die Hürde des ersten Erfassens also einmal überwunden und sind die ersten Versionen veröffentlicht, bringt das WiDok mit der Zeit mehr Nutzen als Aufwand.** Wann genau sich die Nutzenkurve mit der Aufwandskurve schneidet, ist abhängig von der Art und dem Inhalt des WiDoks und kann daher nicht generalisiert werden.

 **Der Wert eines Wissensdokuments drückt sich also in seinem erzielten Nutzen aus.** Je häufiger ein WiDok gelesen und angewendet wird, desto schneller hat es sich ausgezahlt. Hat ein WiDok einmal eine bestimmte Qualität und somit einen gewissen Wert erreicht, so nehmen auch dessen Nutzung und die Qualität ständig weiter zu. Es wird zu einem sogenannten **»Selbstläufer«**. Siehe **Seite 112**.

Viele der WiDoks mit niedrigen Dokumentennummern von 00001 bis 00100 begleiten Meusburger bereits seit über zwei Jahrzehnten und verlieren ihre Gültigkeit bislang nicht. Sie werden regelmäßig überprüft und weiterentwickelt.

6.6 Status eines WiDoks

Der Status eines Wissensdokuments kann sich im Laufe des WBI-Prozesses verändern. Die WBI®Methode unterteilt diesen wie folgt:

6.6.1 In Erstellung

Erstellt ein Wissensträger ein neues Dokument in einem WMS, so handelt es sich vorerst nur um ein Nuller-Dokument: Es befindet sich zwar im WMS und verfügt über einen Dokumentenkopf, jedoch wurde ihm noch keine eindeutige Dokumentennummer zugewiesen. Der Status lautet **»In Erstellung«**.

Noch nicht veröffentlicht

6.6.2 In Überarbeitung

Ein WiDok, das bereits einmal veröffentlicht wurde und daher über eine Dokumentennummer verfügt, muss in weiterer Folge immer wieder überarbeitet und weiterentwickelt werden. Solange sich das WiDok in der Ausarbeitung bzw. Weiterentwicklung beim Autor oder beim Inhaltsverantwortlichen befindet, wird es als **»Überarbeitung«** bezeichnet. Der entsprechende Status dazu lautet **»In Überarbeitung«**.

Überarbeitung von bestehenden WiDoks

Um ein bereits veröffentlichtes WiDok überarbeiten zu können, muss vom System zuerst eine Kopie der veröffentlichten Version erstellt werden. Diese Kopie ist ausschließlich für die überarbeitende Person sichtbar. Die anderen sehen zwischenzeitlich weiterhin die letzte veröffentlichte Version des WiDoks. Diese bleibt bis zur Veröffentlichung der neuen Version gültig und unangetastet. Damit ist gewährleistet, dass alle Mitarbeiter auch während der Überarbeitung eines WiDoks auf die notwendigen Informationen zugreifen können.

Hinweis auf
Überarbeitung

Solange sich ein WiDok in Überarbeitung befindet, ist die Bearbeitung zwischenzeitlich für alle anderen Personen gesperrt. Der jeweilige Anwender wird durch eine entsprechende Meldung oder einen visuellen Hinweis auf die temporäre Sperre hingewiesen. Auch die Nennung der bearbeitenden Person hat sich in diesem Zusammenhang als sehr hilfreich erwiesen, da diese notwendigenfalls kontaktiert werden kann.

Ist das WiDok überarbeitet, muss es noch veröffentlicht werden:

» Wird das WiDok vom Inhaltsverantwortlichen selbst überarbeitet, wird es ohne weitere Genehmigung direkt veröffentlicht.
» Erfolgt die Überarbeitung durch einen Autor, muss dieser den Entwurf zur Genehmigung an den Inhaltsverantwortlichen senden. Dieser erhält vom System eine Aufforderung, die neue Version zu genehmigen.

6.6.3 Ausstehend

Warten auf
Genehmigung

Solange ein Inhaltsverantwortlicher die Überarbeitungen eines Autors noch nicht bewilligt hat, ist die Genehmigung **»ausstehend«**. Der Status bleibt bis zur Genehmigung durch den Inhaltsverantwortlichen auf **»Ausstehend«**.

Damit die anderen Personen für die Dauer der Überarbeitung und der Genehmigung nicht auf das benötigte Wissen verzichten müssen, können sie in der Wissensdatenbank stets auf die letzte veröffentlichte Version zugreifen.

6.6.4 Veröffentlicht

Veröffentlichung der
neuen Version

Ist das WiDok genehmigt, bekommt es den Status **»Veröffentlicht«**. Es steht nun allen Berechtigten zur Verfügung. Mitarbeitern, die bei der »Aufgabe Lesen« eingetragen sind, wird eine Benachrichtigung per E-Mail zugesandt. Es liegt in ihrer Verantwortung, das WiDok zu lesen.

Wird das WiDok in weiterer Folge weiterentwickelt und bearbeitet, kann es jederzeit wieder veröffentlicht werden. **Ab der zweiten Veröffentlichung muss – je nach Erinnerungsvermögen des Empfängers –**

nicht mehr das gesamte WiDok gelesen werden. Es reicht aus, den vom Inhaltsverantwortlichen oder Autor verfassten Änderungskommentar mit den darin genannten Änderungen nachzuvollziehen.

6.6.5 Abgelehnt

Wurde die Genehmigung des WiDoks durch den Inhaltsverantwortlichen **»abgelehnt«**, muss es vom Autor nochmals überarbeitet werden. Aus der Eintragung im dafür vorgesehenen Kommentarfeld sollte der Grund für die Ablehnung hervorgehen. Der Autor muss das Dokument erneut bearbeiten und danach einen weiteren Genehmigungszyklus starten. Siehe in Kapitel 7.3.

Weitere Überarbeitung notwendig

6.6.6 Archiviert

Um die Wissensdatenbank aktuell zu halten und nicht unnötig zu belasten, sollte es die Möglichkeit geben, Wissensdokumente zu archivieren. Somit wird das aufwendig erarbeitete Wissen im Zweifelsfall nicht gleich gelöscht, sondern für eine gewisse Zeit ruhend gestellt.

Wissensdatenbank aktuell halten

In ein »Archiv« werden jene Dokumente verschoben, die aktuell keine Verwendung finden und deren Löschung absehbar ist. Das Archiv ist somit nur eine Zwischenstation. Es unterscheidet sich hier maßgeblich von einer **»Ablage«**, in der Geschäftsbelege und Dokumente mit einer gewissen Aufbewahrungspflicht dauerhaft abgelegt werden.

Löschung oft absehbar

Wissensdokumente wie umfangreiche Auswertungen, in die in der Vergangenheit viel Zeit und Energie investiert wurden, sollten nicht gelöscht werden, nur weil sie nicht mehr aktualisiert werden. In diesem Fall ist es sinnvoller, das Wissensdokument zu archivieren. Dadurch bleibt die Auswertung in ihrer letzten Version bestehen, muss aber nicht mehr aktualisiert werden. Sollte das Thema wieder aktuell werden, kann die Auswertung reaktiviert und auf dem alten Stand aufgebaut werden.

Solange sich das WiDok im Archiv befindet, hat es den Status **»Archiviert«**. Zeigt sich in dieser Übergangsphase jedoch, dass ein Wissensdokument doch noch häufiger benötigt wird, kann es **»reaktiviert«** werden. Hier gilt es, die Zugriffszahlen auf WiDoks im Archiv zu beobachten.

Je nachdem, für welches Wissensmanagement-System Sie sich entscheiden, verfügt es über ein separates Archiv für WiDoks. Dadurch können die Treffer für aktive bzw. archivierte WiDoks bei einer Suchanfrage gesondert angezeigt werden. Für den Anwender ist somit auf den ersten Blick ersichtlich, wo das WiDok aktuell liegt.

6.6.7 Gelöscht

Notwendige
Bereinigung

Unabhängig davon, ob ein WMS über ein Archiv verfügt oder nicht, müssen manche Wissensdokumente gelöscht werden, um die hohe Qualität der Wissensdatenbank zu erhalten und Redundanzen zu vermeiden. **Der Großteil der WiDoks stirbt jedoch nur dann, wenn sich der Unternehmenszweck komplett ändert oder das Unternehmen schließen muss.**

Es gibt verschiedene Gründe für die Löschung von WiDoks:

» Veraltete bzw. obsolete Inhalte, die nicht mehr benötigt werden
» Fusionierte Inhalte
» Redundante oder widersprüchliche Inhalte
» Bereits umgesetzte Aufgaben, Projekte oder Prozesse
» Ungenutzte Dokumente mit zu geringen Zugriffszahlen
» Geänderte Gesetzeslage oder Strategie
» WiDok wurde durch ein neues ersetzt
» PDF-Datei wird durch ein editierbares Dokumentenformat ersetzt
» Vererbte WiDoks mit unbrauchbaren Inhalten
» Temporäre Schulungspräsentationen – siehe Kapitel 10.5.2
» Archivierte Inhalte, die am Ende der Archivierungsdauer sind
» Das Wissen ist von einmaliger Bedeutung und wird nicht genutzt

Erfahrungsgemäß wird gerade der letzte Löschgrund recht häufig genannt, da nicht jedes WiDok zu einem wertvollen WiDok wird.

Auch wenn manche Wissensdokumente bereits über eine Dokumentennummer verfügen und mit viel Aufwand aktualisiert werden, sind die WiDoks erst wirklich wertvoll, wenn sie einen entsprechenden Zweck erfüllen und entsprechend häufig genutzt werden. **Daher sollte der Inhaltsverantwortliche das WiDok im Rahmen einer Überarbeitung und bei der Aktualitätsprüfung bewerten.**

WiDoks neu
bewerten

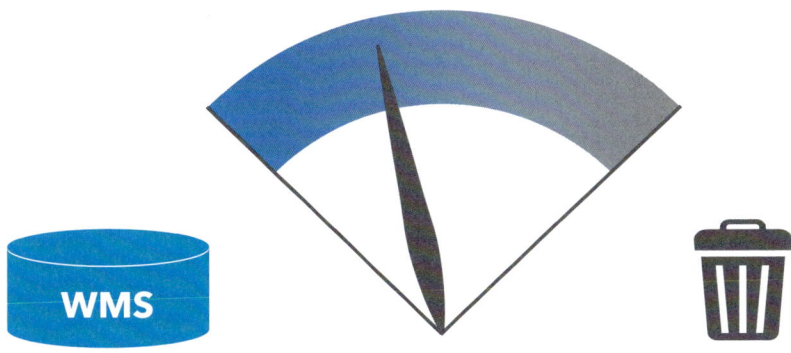

Abb. 45: Das Barometer für das Löschen von Wissensdokumenten

Wie **Abbildung 45** zeigt, muss beim endgültigen Löschen eines WiDoks sensibel abgewogen werden: Ein WiDok, dessen Inhalte veraltet sind, das aber seinen Zweck noch erfüllt, sollte nicht gelöscht werden. Ein WiDok, das veraltet ist und seinen Zweck nicht mehr erfüllt, sollte hingegen umgehend gelöscht werden.

Ich habe bisher die Erfahrung gemacht, dass 4/5 der Löschungen gerechtfertigt sind. **Die Entscheidung über die Löschung sollte daher dem Inhaltsverantwortlichen überlassen werden.** Es ist im Notfall immer besser, die Löschung wieder rückgängig zu machen, als die ganze Verantwortung von Beginn an auf den Vorgesetzten abzuwälzen.

Um eine Führungskraft aktiv dabei zu unterstützen, die Löschungen in ihrem Verantwortungsbereich zu überblicken, nutzt WBI die **»Löschfreigabe«**. Sie ist speziell in kleinen Unternehmen wichtig, damit der Vorgesetzte bzw. der Wissensmanager sofort aktiv werden kann, um einen fatalen Wissensverlust zu vermeiden. Siehe Kapitel 12.2.11.

Löschfreigabe
als Unterstützung

Die Löschfreigabe sieht folgende Schritte vor:

1. Zu Beginn muss der Initiator einen aussagekräftigen **»Löschgrund«** bzw. **»Löschkommentar«** angeben und die Löschung initialisieren.

2. Im zweiten Schritt muss die Löschung genehmigt werden:
   - » Handelt es sich beim Initiator um den Inhaltsverantwortlichen selbst, muss dieser die Löschung nochmals bestätigen.
   - » Handelt es sich dabei nicht um den Inhaltsverantwortlichen, bekommt dieser eine E-Mail-Benachrichtigung, mit der Bitte um Bestätigung. Eine wichtige Sicherheitsmaßnahme, um einen Wissensverlust zu vermeiden.

3. Wurde die Löschfreigabe durch den Inhaltsverantwortlichen bestätigt, wird das WiDok entweder in das Archiv verschoben oder gelöscht.

Wird ein Wissensdokument zunächst nur archiviert, fällt es dem Inhaltsverantwortlichen oft leichter, das WiDok zu einem späteren Zeitpunkt endgültig – und somit auch physisch – zu löschen. Wenn es beispielsweise ein Jahr nicht mehr aktiv gebraucht wurde, ist das oft ein Indiz dafür, dass es zukünftig auch nicht mehr gebraucht wird.

4. Ausgelöst durch die Löschung erhalten der direkte Vorgesetzte und der Wissensmanager eine Benachrichtigung, in welcher der Löschgrund angeführt sowie das WiDok als Anhang angefügt ist. Sie haben dadurch die Möglichkeit, das gelöschte WiDok nochmals zu prüfen und können notwendigenfalls eingreifen.

Ein klassischer Fehler beim Löschen von WiDoks tritt immer wieder auf: Bringt jemand eine Idee zur Verbesserung ein, die stark von den bestehenden Inhalten eines WiDoks abweicht, wird das alte WiDok oft frühzeitig gelöscht, bevor das neue WiDok vorhanden ist. Dadurch kann es vorkommen, dass das Wissen für die Übergangszeit – die manchmal länger ausfällt als vorgesehen – nicht mehr verfügbar ist.

KURZ & KNAPP

» Der WBI-Prozess besteht aus den Schritten Erfassen, Verteilen, Weiterentwickeln und Sichern.

» Durch das Erfassen von WiDoks können Wissensdefizite, Fehler und Probleme oftmals behoben bzw. vermieden werden.

» Manche WiDoks dienen der Absicherung eines Wissensstandes, der Entflechtung der Komplexität oder auch der Darstellung des Status quo.

» WBI setzt bei der Verteilung von Wissen auf eine Kombination aus Push-Prinzip (Versand einer Benachrichtigung), Pull-Prinzip (aktive Suche) sowie Follow-Prinzip (selbstbestimmte Favoriten).

» Die »Aufgabe Lesen« dient der Benachrichtigung von ausgewählten Empfängern und regt Feedback sowie Veränderungsprozesse an.

» Die »Info Lesen« gibt Führungskräften einen Überblick über alle aktuellen und relevanten Themen sowie deren Weiterentwicklung.

» Die Weiterentwicklung von WiDoks wird häufig durch die Nutzung angeregt.

» WBI nutzt die Schwarmintelligenz und hilft damit dem Unternehmen, sich tagtäglich weiterzuentwickeln und zu verbessern.

» Um Wissensmanagement lebendig zu halten, müssen Theorie und Praxis stets abgeglichen und zusammengeführt werden.

» Durch die Aktualitätsprüfung werden die Inhalte von WiDoks in regelmäßigen Abständen auf Aktualität, Richtigkeit und Relevanz überprüft.

» WBI sichert Ideen und Wissen langfristig und schützt vor personellem Wissensverlust wie dem Vergessen.

7 ROLLEN UND FUNKTIONEN

In diesem Kapitel werden alle Rollen und Funktionen, die im Zusammenhang mit WBI relevant sind, genauer erläutert.

7.1 Anwender bzw. Benutzer

Als »**Benutzer**« oder auch »**User**« wird jede Person bezeichnet, die über einen Zugang zur Wissensdatenbank verfügt. Dies geschieht unabhängig davon, welche Rolle oder Funktion diese Person im System oder im Unternehmen einnimmt. Als »**Anwender**« werden hingegen Personen bezeichnet, die das Wissen nutzen und im Unternehmensalltag einsetzen. Viele Anwender sind gleichzeitig auch Inhaltsverantwortliche – nur eben in unterschiedlichen Themengebieten. Manche Anwender sind hingegen reine »**Konsumenten**«.

Unterscheidung: Benutzer und Anwender

Während der Begriff »**Anwender**« bei WBI vorrangig im Zusammenhang mit dem Anwenden des Wissens und der WBI®Methode verwendet wird, zielt der Begriff »**Benutzer**« auf den technischen Aspekt ab.

Eine spezielle Form der Anwender sind externe Stakeholder. Je nach Wahl des WMS können auch diese aktiv in die Arbeit eingebunden werden. Die Zusammenarbeit mit wichtigen externen Partnern und anderen Personen wird dadurch auf ein neues Level gehoben und ermöglicht einen überbetrieblichen Austausch von Wissensträgern bei gleichzeitiger Wissenssicherung. Mehr zur Verwaltung von sogenannten »**externen Benutzern**« erfahren Sie im **vertiefenden WiDok 00513**.

Externe Stakeholder einbeziehen

7.2 Inhaltsverantwortliche

Inhaltsverantwortliche sind Wissensträger und verantworten den Inhalt ihrer WiDoks. Sie setzen sich intensiv mit bestimmten Themen-

Experten verfassen WiDoks

gebieten auseinander und verfassen WiDoks dazu. **Sie verfügen über relevantes, spezifisches Unternehmenswissen und stellen es anderen Mitarbeitern zur Verfügung.** Bei weiterführenden Fragen sind sie die ersten Ansprechpartner und können durch die Nennung im Dokumentenkopf einfach identifiziert und kontaktiert werden. Inhaltsverantwortliche müssen hinter ihren eigenen Inhalten stehen und ein Herz für Wissensmanagement haben.

Grundsätzlich kann ein Mitarbeiter selbstbestimmt oder fremdbestimmt zum Inhaltsverantwortlichen werden. Im ersten Fall wird er zu einem Inhaltsverantwortlichen, da er beispielsweise eine Wissenslücke entdeckt hat und in Eigeninitiative versucht, diese zu schließen. Der zweite Fall tritt ein, wenn ein Mitarbeiter durch eine Führungskraft mit der Erstellung eines WiDoks beauftragt wurde oder es im Laufe der Zeit einen Wechsel des Inhaltsverantwortlichen gab.

Die wertvollsten Inhaltsverantwortlichen sind meist Mitarbeiter, die langfristig im Unternehmen verbleiben wollen und sich durch eine hohe Loyalität gegenüber der Organisation auszeichnen. Es handelt sich um wertvolle Wissensträger, die sich als Referenten für die Firmen-Akademie eignen und ihren Expertenstatus weiter ausbauen können.

Abbildung 46 zeigt die prozentuelle Verteilung von Inhaltsverantwortlichen und Konsumenten bei Meusburger: 9 % der Belegschaft (ohne Produktion & Fertigung) verantworten rund 80 % der WiDoks.

Organisation mit über 1.500 Mitarbeitern

9 %
verwalten

80 %
der Wissensdokumente

Abb. 46: Die prozentuelle Verteilung bei über 1.500 Mitarbeitern

Die restlichen 91 % sind fast ausschließlich Konsumenten. Jeder Inhaltsverantwortliche verantwortet im Durchschnitt also rund 34 WiDoks.

In kleineren Unternehmen sieht das Verhältnis zwischen WiDoks,
Inhaltsverantwortlichen und Konsumenten wesentlich anders aus:
Bei Unternehmen mit mehr als 150 Mitarbeitern verantworten 33 % der
Belegschaft rund 80 % der WiDoks. Die restlichen 67 % verantworten
die übrigen 20 % der Wissensdokumente oder sind reine Konsu-
menten. Siehe **Abbildung 47**.

Verhältnis bei
mehr als 150
Mitarbeitern

Organisation mit mehr als 150 Mitarbeitern

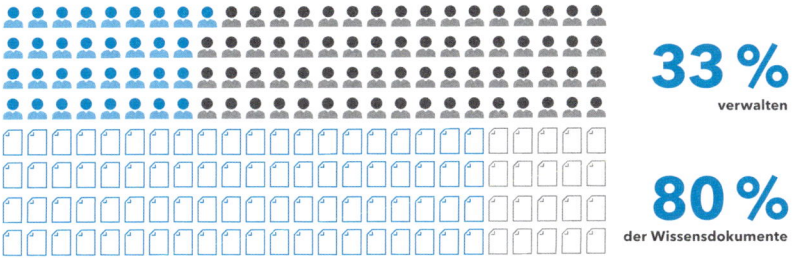

33 %
verwalten

80 %
der Wissensdokumente

Abb. 47: Die prozentuelle Verteilung bei mehr als 150 Mitarbeitern

Bei Unternehmen mit rund 50 Mitarbeitern verantworten 48 % der Belegschaft rund 80 % der WiDoks. Die restlichen 52 % verantworten die
übrigen 20 % der WiDoks oder sind nur Konsumenten. Siehe **Abbil-**
dung 48.

Verhältnis bei
weniger als 50
Mitarbeitern

Organisation mit weniger als 50 Mitarbeitern

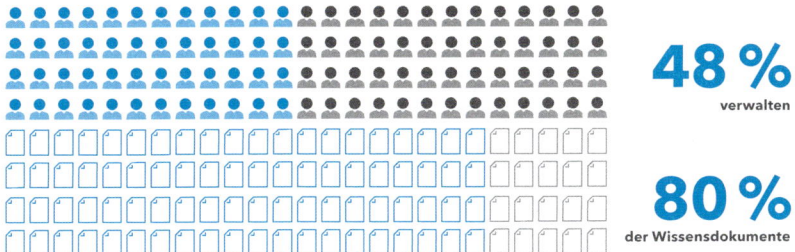

48 %
verwalten

80 %
der Wissensdokumente

Abb. 48: Die prozentuelle Verteilung bei weniger als 50 Mitarbeitern

7.2.1   Inhaltsverantwortliche mit einem WiDok

Ich habe die Erfahrung gemacht, dass sich nicht jeder Mitarbeiter für die Wissensarbeit eignet. Das liegt nicht immer daran, dass der Wissensträger sich sträubt oder nicht Inhaltsverantwortlicher sein will. Oft kann der Mitarbeiter sich nicht gut oder ausreichend verständlich ausdrücken. In manchen Fällen fehlen die notwendigen PC-Kenntnisse oder andere Fähigkeiten. Diese können jedoch durch einen geeigneten Autor ausgeglichen werden. Siehe **Kapitel 7.3**.

Es gibt mehrere Gründe, warum ein Inhaltsverantwortlicher lediglich ein einzelnes WiDok verantwortet. Die zwei häufigsten Ursachen dafür sind:

Impuls durch Führungskraft

1. Eine Führungskraft hat den Mitarbeiter mit der Erfassung des WiDoks beauftragt, aber der Mitarbeiter hat den tieferen Sinn der Sache nicht verstanden. Die ersten Dokumente bleiben dann oft auch die einzigen, da der Inhaltsverantwortliche keine Ambitionen zeigt, weitere WiDoks zu erstellen.

WiDok wurde übertragen

2. Ein Mitarbeiter hat das WiDok geerbt, sieht aber sonst keine Notwendigkeit darin, weitere WiDoks zu erfassen. Er kann oder will sein Wissen nicht teilen und hat kein Potenzial zum Inhaltsverantwortlichen.

Folgt in den ersten drei bis sechs Monaten nach der Übertragung oder der Erstellung des ersten Dokuments kein weiteres WiDok, ist es hilfreich, den Impuls für weitere WiDoks zu geben, bis sich der Mitarbeiter an die Arbeitsweise gewöhnt hat.

TIPP

Ein gemeinsames Arbeitsgespräch und eine Zielvereinbarung können dem Inhaltsverantwortlichen hier helfen. **In diesem Gespräch kann mit dem Mitarbeiter gemeinsam erarbeitet werden, ob die Aufgabenbereiche ausreichend dokumentiert sind oder ob hier Bedarf besteht.** Die Zielvereinbarung beinhaltet dann, welches Wissen bis wann erfasst werden soll und in welchem Umfang. Zudem können dem Mitarbeiter dabei die Vorteile von Wissensmanagement vermittelt werden.

Sieht der Mitarbeiter trotzdem keinen Sinn darin, sein Wissen zu erfassen und mit anderen zu teilen, sollte die Verantwortung für das WiDok an jemand Geeigneteren bzw. notfalls an den Vorgesetzten übertragen werden. Die Entscheidung, ob der Inhaltsverantwortliche die Rolle und das einzelne WiDok nicht besser abgeben sollte, liegt dabei im Ermessen des Wissensmanagers oder des direkten Vorgesetzten.

7.2.2 Inhaltsverantwortliche mit »Schreibwut«

In seltenen Fällen kann es dazu kommen, dass Inhaltsverantwortliche eine regelrechte »Schreibwut« entwickeln. Sie erstellen entweder eine enorme Anzahl an WiDoks oder tendieren dazu, viel zu lange und ausführliche WiDoks zu schreiben. Grundsätzlich ist es in beiden Situationen wichtig, wirtschaftlich abzuwägen, wie viel Aufwand für welchen Nutzen gerechtfertigt ist.

Lange, ausführliche WiDoks

Bei Inhaltsverantwortlichen mit enorm vielen Wissensdokumenten ist darauf zu achten, dass es in einem positiven Rahmen bleibt. Im ersten Schritt lässt man den Verantwortlichen viele WiDoks erstellen. Erst im zweiten Schritt müssen die vielen WiDoks verdichtet, fusioniert oder gelöscht werden.

Fusionieren oder löschen

Bei Inhaltsverantwortlichen mit sehr umfangreichen WiDoks sollte darauf hingewiesen werden, dass nicht alle Eventualitäten im WiDok erfasst werden müssen. In der Regel steht der Inhaltsverantwortliche ja für vertiefende Fragen zur Verfügung. **Der Mitarbeiter sollte den Fokus auf die wesentlichen Dinge legen und die Wissensdokumente kürzen.**

Inhalt auf das Wesentliche reduzieren

Wenn Sie merken, dass ein Inhaltsverantwortlicher in Richtung Schreibwut tendiert, sollten Sie darauf achten, dass er die entstehenden Ideen bzw. Themen in einem frühen Stadium in die Wissensdatenbank stellt. Dadurch können Sie frühzeitig eingreifen bzw. das Thema in die richtige Richtung lenken. Durch diese Vorgehensweise kann verhindert werden, dass ein Inhaltsverantwortlicher nach mehreren Wochen

Arbeitsaufwand ein mehrseitiges Wissensdokument präsentiert, welches nicht im Sinne der Organisation ist und somit eine Verschwendung von Ressourcen darstellt.

7.2.3 Wissensarbeiter

Eine spezielle Form der Inhaltsverantwortlichen sind die »Wissensarbeiter«. Sie zeichnen sich durch ein besonderes Engagement bei der Erfassung und Weiterentwicklung von erfolgskritischem Unternehmenswissen aus und tragen aktiv dazu bei, Wissensmanagement lebendig zu halten.

Wissensarbeiter leisten einen wesentlichen Beitrag:

» Sie sind optimalerweise in allen Hierarchieebenen einer Organisation angesiedelt.

» Sie sind wichtige Multiplikatoren, die das Thema Wissensmanagement positiv repräsentieren.

» Sie sind ein Motor für Innovation und Weiterentwicklung in der Organisation.

» Sie übernehmen inhaltlich sowie operativ die Verantwortung für erfolgskritische Themen.

» Sie verfügen über qualitativ hochwertige und somit wertvolle WiDoks.

» Sie sind durch ihr spezifisches Fachwissen enorm wertvoll und sollten unbedingt im Unternehmen gehalten werden.

» Es handelt sich um wissbegierige, konstruktive Menschen mit Weitblick und hohem Potenzial.

» Sie werden aktiv, wenn sie sehen, dass etwas falsch läuft, und erfassen ein WiDok dazu, in welchem sie den Sachverhalt möglichst neutral darstellen.

» Sie werden als die Fachkräfte der Zukunft gehandelt und sind daher unverzichtbar für Unternehmen.

7.3 Autoren

Autoren unterstützen Inhaltsverantwortliche maßgeblich bei der Wissensarbeit und entlasten diese: Während der Inhaltsverantwortliche das Thema weiter vorantreibt und weiterentwickelt, kümmert sich der Autor darum, den jeweils neuen Wissensstand laufend im WiDok festzuhalten. Er übernimmt die Bearbeitung des WiDoks und wählt die entsprechenden Metadaten, wie die Benachrichtigungsgruppe für die »Aufgabe Lesen«. **Der Inhaltsverantwortliche muss die überarbeiteten Inhalte und die Benachrichtigungsgruppe somit nur noch überprüfen, ggf. ergänzen und schließlich genehmigen.**

Autoren entlasten Inhaltsverantwortliche

Wenn ein Inhaltsverantwortlicher das Schreiben eines WiDoks beispielsweise aus Zeitgründen delegiert, ist er trotzdem für die Inhalte sowie die operative Umsetzung im Unternehmen verantwortlich. Er ist das Gesicht nach außen.

In 90 % der Fälle handelt es sich bei Autoren um dauerhafte Autoren. Diese bearbeiten immer wieder dieselben WiDoks für ihre Vorgesetzten oder Kollegen. Wenn in der Organisation jedoch eine offene Fehler- bzw. Unternehmenskultur gelebt wird, kann es vorkommen, dass ein anlassbezogener Autor ein WiDok außertourlich bearbeitet: Findet ein Mitarbeiter beim Lesen eines WiDoks beispielsweise einen Fehler, korrigiert er diesen sofort und schickt das WiDok in die Genehmigung. Die Person übernimmt also nur temporär die Rolle des Autors.

7.3.1 Schreiben an einen Autor delegieren

Es gibt verschiedene Gründe, weshalb ein Inhaltsverantwortlicher das Schreiben von WiDoks an einen Autor delegiert:

1. **Der Inhaltsverantwortliche hat keine Kapazitäten frei,** um den aktuellen Wissensstand selbst zu erfassen, und will zeitlich entlastet werden.

2. **Der Inhaltsverantwortliche kann sich nicht gut ausdrücken oder das Wissen nicht entsprechend aufbereiten.** Er will sich dennoch einbringen und einen wertvollen Beitrag leisten und nutzt den Autor dazu.

3. **Der Inhaltsverantwortliche verfügt nur über geringe Computer-Kenntnisse** und hat Probleme bei der Bedienung der Software.

Gerade junge Menschen sind oft sehr fit im Umgang mit Computern. Besonders bei umfangreichen Auswertungen in Excel® oder bei der Erstellung von Grafiken sind sie meist schneller und geübter, da sie den Umgang im Schulunterricht erlernt haben. **Nutzen Sie also diese Kompetenzen, denn hier kann einiges an Zeit eingespart werden.**

4. Der Inhaltsverantwortliche will operativ vorankommen und sich in seinem Gebiet weiterentwickeln. Er empfindet es als lästig, den aktuellen Wissensstand festzuhalten, und delegiert daher das Schreiben.

5. Der Inhaltsverantwortliche ist der Vorgesetzte des Autors und delegiert das WiDok an seinen Mitarbeiter, um das Thema inhaltlich und operativ langfristig an ihn abzugeben. Siehe Kapitel 12.1.2.

Will sich der Inhaltsverantwortliche langfristig zeitlich entlasten und einen Zuständigkeitsbereich abgeben, ist das Delegieren von WiDoks ein erster wichtiger Schritt: Durch die zahlreichen Überarbeitungen arbeitet der Autor sich immer tiefer in das Thema ein. **Der Vorgesetzte kann dadurch einen kompetenten Wissensträger aufbauen und das WiDok in weiterer Folge an ihn übertragen.**

7.3.2 WiDok übertragen

Wird ein WiDok vererbt bzw. übertragen, kann man in diesem Zusammenhang von einem »**Delegationsprozess**« sprechen. Der Inhaltsverantwortliche delegiert damit allerdings nicht nur das Schreiben an einen seiner Mitarbeiter, sondern überträgt das WiDok sowie die operativen Aufgaben und Verantwortungsbereiche an ihn. Der bisherige Autor wird zum neuen Inhaltsverantwortlichen.

Operative Aufgabe übertragen

Für das Vererben von WiDoks gibt es mehrere Ursachen:

» Austritt eines Mitarbeiters
» Versetzung eines Mitarbeiters durch Umstrukturierung
» Erweiterung der Aufgabengebiete eines Mitarbeiters
» Entlastung einer Führungskraft

Speziell Führungskräfte sollten immer wieder WiDoks und die damit verbundenen operativen Tätigkeiten an geeignete Mitarbeiter abgeben und die Verantwortung so auf mehrere Schultern verteilen. Die Führungskräfte werden dadurch entlastet und für die Mitarbeiter ist dies oft ein Zeichen von Wertschätzung, Vertrauen und Anerkennung.

Werden bestehende WiDoks an einen neuen Inhaltsverantwortlichen übertragen, ist es wichtig, einen Mitarbeiter mit den entsprechenden Kompetenzen zu wählen. **Er muss das WiDok inhaltlich verantworten können und auch wollen, denn der Wert eines WiDoks ist auf Dauer immer nur so hoch wie die Motivation des Inhaltsverantwortlichen, sich des Themas anzunehmen.** Der Delegierende sollte daher darauf achten, dass sich der neue Inhaltsverantwortliche eingehend mit dem Dokument beschäftigt und sämtliche Inhalte verinnerlicht. Es geht also keineswegs nur darum, dass ein anderer Name auf dem WiDok steht.

Person mit entsprechenden Kompetenzen

Wie die Übergabe genau erfolgen sollte und welche Schritte dabei notwendig sind, erfahren Sie im **vertiefenden WiDok 00458**.

Als Wissensmanager oder wissensorientierte Führungskraft erkennt man am Verlauf der Weiterentwicklung des WiDoks, ob das WiDok beim neuen Inhaltsverantwortlichen gut aufgehoben ist:

» **Beschäftigt sich der neue Inhaltsverantwortliche nicht im erforderlichen Maße mit dem WiDok**, besteht die Gefahr, dass Theorie und Praxis auseinanderlaufen und das WiDok veraltet.

Thema gut
aufgehoben?

» **Veröffentlicht der neue Inhaltsverantwortliche nach der Über-gabe zeitnah eine neue Version**, ist es ein gutes Zeichen. Er iden-tifiziert sich mit dem Thema und hält das WiDok am Leben.

Wenn rund ein Jahr nach der Einführung eines WMS die quantitative Phase endet und die qualitative Phase beginnt, steht die erste große Aktualitätsprüfung in einer Wissensdatenbank an. Gerade bei solch einer Bereinigungsaktion erkennt man, ob WiDoks falsch beauftragt oder delegiert wurden. Steht der Inhaltsverantwortliche nicht hinter dem Dokument bzw. dem Thema, wird das WiDok – trotz grundsätz-lich guter Inhalte – wertlos. Nur wenn sich der neue Inhaltsverantwort-liche mit den WiDoks identifiziert, ist sichergestellt, dass die Inhalte aktuell sind und weiterentwickelt werden.

In manchen Situationen ist es sogar sinnvoller, mit einem Wissens-dokument ganz von vorne zu beginnen und nur die wesentlichen Punkte aus dem alten WiDok zu übernehmen. Der neue Inhaltsverant-wortliche kann sich dadurch besser mit »seinem« Wissensdokument identifizieren, was sich positiv auf die Weiterentwicklung auswirkt.

Persönliche
Note einbringen

Je nach Inhaltsverantwortlichem variiert dabei nicht nur die Formu-lierung von Texten, sondern auch die Gestaltung von WiDoks. **Mitar-beiter bringen hier oft ihre persönliche Note bzw. ihre persönliche Handschrift ein.** Deshalb sollte ein neuer Inhaltsverantwortlicher das geerbte WiDok so umschreiben und umgestalten, dass er zukünftig gut und gerne damit arbeiten kann. Gerade bei WiDoks mit komplexen Inhalten oder komplizierten Formeln ist dieser Schritt sehr wichtig.

7.4   Wissensmanager

Ein Wissensmanager – oder auch Chief Knowledge Officer – ist für das Management des Wissens innerhalb einer Organisation verantwort-lich. **Wie eine Art »Wissensgärtner« kümmert er sich um alle WiDoks in einer Wissensdatenbank sowie um die administrativen, inhaltli-chen und konzeptionellen Aufgaben.**

In vielen kleinen Betrieben übernimmt der Geschäftsführer zwangs-läufig selbst die Rolle des Wissensmanagers und somit auch die wesentlichsten Aufgaben:

» Erster Ansprechpartner bei Fragen zum Thema Wissensmanage-ment oder zur Wissensdatenbank

» Wiederkehrende Bewusstseinsbildung und Schulung bestehender sowie neuer Mitarbeiter

» Wissensträger motivieren, WiDoks zu erfassen und bestehendes Wissen in das WMS zu übernehmen

» Austausch der Mitarbeiter fördern und Wissensträger mit ähn-lichen Themengebieten vernetzen

» Vorgabe der Gestaltungsrichtlinien von WiDoks

» Verwaltung der Benutzer im WMS

» Verwaltung der Sichtbarkeitsgruppen im WMS

» Verwaltung der Benachrichtigungsgruppen im WMS

» Kontrolle von Löschfreigaben und Löschgründen bei WiDoks

Grundlegende Aufgaben

In größeren Unternehmen fallen meist noch zusätzliche Aufgaben und Themen an, die es zu erledigen gilt. **Einige davon fallen nur an, wenn gewisse Rollen der WBI®Methode, beispielsweise die Rolle des CD-Verantwortlichen, nicht besetzt sind.**

Inhaltliche und konzeptionelle Aufgaben:

» Strategische Planung und konzeptionelle Entwicklung von organi-sationalem Wissensmanagement

» Umsetzung von Projekten zur Erweiterung der Wissensbasis

» Definition von Wissenszielen sowie Durchführung von Maßnah-men zu deren Erreichung

» Kontrolle der Gestaltungsrichtlinien von WiDoks (wenn kein sepa-rater CD-Verantwortlicher vorhanden ist)

» Kontrolle der Übergabe und Aufbewahrung von WiDoks bei Aus-tritt eines Inhaltsverantwortlichen

» Selektieren und Versenden von vorbildlichen WiDoks

» Weiterleiten von relevanten WiDoks an die Geschäftsführung

» Schnittstelle von Qualitätsmanagement, IT- und Personalabteilung

Zusätzliche administrative Aufgaben:

» Verwaltung der Funktionen und Erweiterungen

» Anonymisierte Auswertung des Benutzerverhaltens (Suchbegriffe, Archivzugriffe, Interaktionen usw.)

» Erstellung einer Wissensbilanz

» Inhaltliche Betreuung und regelmäßige Bereinigung des WMS

» Kontrolle der unveröffentlichten Entwürfe und der überfälligen Genehmigungen

Treibende Kraft des Wissensmanagements

Je nach zeitlicher Inanspruchnahme des Geschäftsführers sollte er daher einen geeigneten Repräsentanten als Wissensmanager im Unternehmen ernennen, der ihm diese Aufgaben abnimmt. **Dieser sollte gegenüber anderen Mitarbeitern und Führungskräften nicht weisungsgebunden sein und über disziplinarische Durchsetzungskraft verfügen.** Dadurch können Interessen- und Machtkonflikte vermieden werden.

Wissensmanager als Stabsstelle

So wie sich dank der ISO-Zertifizierungen in den letzten Jahrzehnten die Qualitätsmanager als Stabsstelle in Unternehmen etabliert haben, werden künftig die Wissensmanager eine ähnliche Position einnehmen. Dabei ist es sehr wichtig, dass der Wissensmanager, ähnlich dem Qualitätsmanager, direkt der Geschäftsführung unterstellt ist.

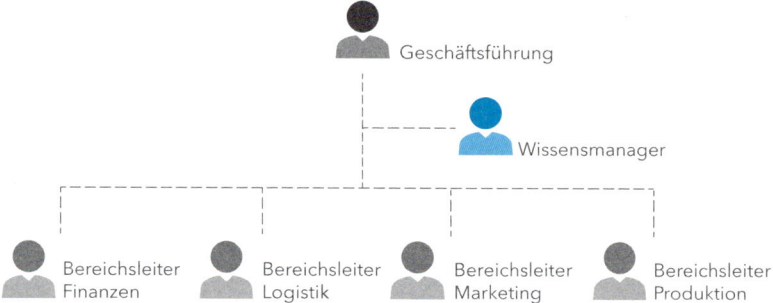

Abb. 49: Das Organigramm mit Wissensmanager

Gerade während der Einführung muss der Wissensmanager die volle Rückendeckung der Geschäftsführung bzw. des Eigentümers haben. Deshalb sollten Wissensmanager und Geschäftsführer einen engen, guten Kontakt pflegen.

Der Wissensmanager repräsentiert den Geschäftsführer im Bereich des Wissensmanagements und entlastet ihn zeitlich, indem er ihm die genannten Aufgaben abnimmt. Die zwei wichtigsten Aufgaben müssen immer auch vom Geschäftsführer oder Eigentümer mitgetragen werden, da sonst der Eindruck entstehen könnte, dass er nicht hinter dem Wissensmanagement steht:

» **Vorbild sein** im Sinne der wissensorientierten Arbeitsweise und Führung
» **Mitarbeiter und Führungskräfte motivieren,** WiDoks zu erfassen und bestehendes Wissen in das WMS hochzuladen

Anforderungen an den Wissensmanager

Ein Wissensmanager muss sich nicht nur für Wissensmanagement interessieren, sondern sich mit seiner Rolle identifizieren und diese ernst nehmen. Er muss die damit verbundenen Aufgaben und Herausforderungen übernehmen können und wollen. Er muss die Mitarbeiter und Führungskräfte für das Thema Wissensmanagement begeistern können. Dazu muss er sich in deren Lage versetzen können und mit Empathie versuchen, deren Probleme und Herausforderungen mit Wissensmanagement nachhaltig zu lösen.

Begeistern und sensibilisieren

Essenzielle Anforderungen:
» Interesse bzw. Grundverständnis im Bereich des Wissensmanagements
» Freundliche, offene und kommunikative Art
» Gute Sprach- und Rechtschreibkenntnisse
» Gute Microsoft Office®-Kenntnisse
» Grundkenntnisse in den Bereichen DMS, CMS, WMS und neue Technologien

Vorteilhafte Eigenschaften:
» Konfliktfähig und lösungsorientiert
» Teamgeist, Flexibilität, Genauigkeit, Belastbarkeit
» Einsatz- und Leistungsbereitschaft sowie selbstständiges Arbeiten
» Grundverständnis der Betriebswirtschaft und analytische Fähigkeiten

» Erfahrung im Prozess-, Projekt- und Change Management
» Bereichsübergreifendes Denken im Sinne der Organisations- und Personalentwicklung

Eine dokumentenbasierte Wissensdatenbank stellt einen abgegrenzten Bereich dar, in dem sich ausschließlich WiDoks befinden. Der Wissensmanager kann alle Dokumente innerhalb dieses definierten Bereichs einsehen. Das bedeutet jedoch nicht, dass er den Inhalt aller WiDoks im Detail kennen bzw. verstehen muss. Da der Wissensmanager hauptsächlich die Organisation und Bereitstellung der WiDoks und des WMS verantwortet, ist ein guter Überblick über die relevantesten WiDoks ausreichend.

Konzepte und Richtlinien erarbeiten

Es ist die Aufgabe des Wissensmanagers, die WiDoks in den WBI-Prozess einzubinden, sie zu verwalten und zu steuern. Er hat die Möglichkeit, Richtlinien zu definieren und Konzepte zu erarbeiten, denen die WiDoks folgen sollen. Dadurch kann die Qualität der WiDoks auf einem hohen Niveau gehalten werden. Ohne die Wissensdatenbank gäbe es keine Metaebene und somit keine Regeln oder Richtlinien, aufgrund derer der Wissensmanager arbeiten kann.

Auswertung der Nutzung durch Wissensmanager

Durch ein geeignetes Wissensmanagement-System ist es dem Wissensmanager möglich, die anonymisierten Zugriffe und Interaktionen der Benutzer auszuwerten. Er erkennt schnell allfällige Probleme und kann diese beseitigen. Auf Basis der Daten kann der Wissensmanager analysieren, ob und wie das System genutzt wird. Die Ergebnisse der Auswertung kann er wiederum nutzbringend in das Unternehmen einfließen lassen und darauf basierend Entscheidungen treffen. Über die Jahre entsteht aus den regelmäßigen Auswertungen eine sogenannte »**Wissensbilanz**«. Sie versorgt den Wissensmanager und die Geschäftsführung mit den wichtigsten Kennzahlen und Fakten. Mehr dazu erfahren Sie in Kapitel 10.2.

In manchen Fällen kann es Sinn machen, mehrere Wissensmanager im WMS zu ernennen. Die Aufgaben werden dadurch auf mehrere Schultern verteilt und deren Zuständigkeiten auf die zugeteilte Organisationseinheit eingeschränkt.

7.5   Führungskräfte

Ab einer gewissen Größe haben Unternehmen meist ein mittleres Management und somit mehrere Ebenen von Führungskräften: die Bereichs-, Abteilungs- oder Teamleiter. Sie verfügen je nach Hierarchieebene über direkte Personalverantwortung für zehn oder mehr Mitarbeiter. In Bezug auf wissensorientiertes Management haben sie eine wichtige Vorbildfunktion und beeinflussen die Unternehmenskultur maßgeblich.

Sämtliche Führungsebenen involvieren

Aufgaben von Führungskräften

Eine Führungskraft ist über den gesamten WBI-Prozess hinweg dazu aufgerufen, aktiv mitzuarbeiten. Regelmäßige Impulse zur Nutzung und ein beispielhaftes Vorangehen der Vorgesetzten entscheiden über den Erfolg oder Misserfolg: Soll in einer Organisation Wissensmanagement gelebt werden, muss es als klare Führungsverantwortung verstanden werden und darf nicht nur ein Lippenbekenntnis sein. Eine wissensorientierte Führungskraft sollte daher:

Wichtige Rolle der Führungskraft

» Optimale Rahmenbedingungen schaffen
» Sinn stiften und für Wissensmanagement sensibilisieren
» Vorbild für Mitarbeiter und Kollegen sein
» Austausch fördern und Wissensträger vernetzen
» Wissen weiterleiten
» Implizites Wissen identifizieren und Potenziale einschätzen
» Wissenslücken identifizieren und schließen
» WiDoks beauftragen und einfordern
» Überblick bewahren und relevante WiDoks beobachten
» WiDoks aktiv in den Arbeitsalltag einbeziehen
» Weiterentwicklung von WiDoks anregen
» Löschung von WiDoks beobachten und anregen

Was diese Aufgaben im Detail bedeuten und wie Führungskräfte von den daraus resultierenden Vorteilen profitieren, erfahren Sie in **Kapitel 12.2**.

Anforderungen an Führungskräfte

Nicht jede Führungskraft eignet sich für Wissensmanagement bzw. WBI. Folgende Interessen, Eigenschaften und Charakterzüge sollte eine Person besitzen, damit die WBI®Methode gelebt werden kann:

» Handelt im Sinne der Organisation
» Sieht sich langfristig mit der Organisation verbunden
» Denkt langfristig und nachhaltig
» Geht systematisch und strukturiert vor
» Mag Ordnung und Überblick
» Ist verantwortungsbewusst, ehrgeizig und konsequent
» Engagiert sich für Optimierung und Standardisierung
» Versucht Hintergründe zu verstehen
» Beachtet auch Kleinigkeiten und delegiert diese

7.6   Geschäftsführung

Wissen bestmöglich nutzen

Damit Wissensmanagement gelingt, ist eine wissensorientierte und wissensfördernde Geschäftsführung unentbehrlich. Diese sollte eine offene, vertrauensvolle Unternehmenskultur aufbauen sowie den Wissensaustausch fördern und fordern. Ziel ist es, das organisationale Wissen nutzbar zu machen und bestmöglich für den unternehmerischen Erfolg des Unternehmens einzusetzen.

Relevante Vorgänge und WiDoks kennen

Um den Überblick über alle Vorgänge in der Organisation zu bewahren, sollte ein Geschäftsführer wissen, welche für ihn relevanten WiDoks im Unternehmen existieren, und sich ein wissensorientiertes Führungsteam aufbauen. Er sollte dafür Sorge tragen, dass alle Führungskräfte den Sinn von Wissensmanagement sehen und die wissensorientierte Arbeitsweise an ihre Mitarbeiter weitergeben.

Nicht nur in Bezug auf Wissensmanagement muss ein Geschäftsführer ein gutes Vorbild sein. **Auch wenn es um kleine, oft unwichtig scheinende Dinge geht, ist die Vorbildwirkung nicht außer Acht zu lassen.**

Stellen Sie sich vor, im Flur Ihres Bürogebäudes liegt ein Stück Papier am Boden. Geht ein Vorgesetzter ignorant daran vorbei und wird dabei von einem Mitarbeiter beobachtet, so wird sich sicherlich auch dieser Mitarbeiter nicht bücken, um es aufzuheben. Seien Sie sich also nicht zu schade für derartige kleine Gesten, die sehr viel bewirken können.

In Bezug auf die Wissensarbeit bedeutet das, dass gelegentlich auch Führungskräfte auf oberster Ebene Feedback zu einem Fehler im Inhalt oder bei der Gestaltung geben sollten, um dem Thema so mehr Nachdruck zu verleihen.

Von vielen Lesern meines zweiten Buches »Unternehmensführung mit Wissensmanagement« wurde ich gefragt, welchen Beitrag ich als Geschäftsführer für ein erfolgreiches und vitales Wissensmanagement leiste. Wie Sie ja bereits im Vorwort erfahren haben, brenne ich seit Langem für das Thema und bin mir meiner Vorbildfunktion daher durchaus bewusst. **Das bedeutet jedoch nicht, dass ich selbst viele Wissensdokumente verantworte – ganz im Gegenteil: Ich nutze bewusst die Wissensdokumente meiner Mitarbeiter und ziehe diese, wenn möglich und passend, bei all meinen Arbeitsgesprächen hinzu.** Dazu öffne ich sie direkt aus unserem Wissensmanagement-System und zeige sie auf dem großen Monitor in meinem Büro. Und auch für die Weiterentwicklung von WiDoks bin ich mir keineswegs zu schade: Ich gebe meinen Mitarbeitern Feedback und äußere meine Ideen und Anregungen zu gewissen Themen. Auch Kleinigkeiten werden im Zuge dessen manchmal erwähnt – wenn beispielsweise die Gestaltungsrichtlinien nicht eingehalten wurden.

7.7 Eigentümer

Erfolgsrelevantes Wissen ist eine Art Vermögen bzw. intellektuelles Kapital des Unternehmens. Allerdings mit einem wesentlichen Unterschied: Wissen ist die einzige Ressource, mit der ein Unternehmen von Grund auf wieder aufgebaut werden könnte.

Wissen als intellektuelles Kapital

Gesicherte Wissensdokumente stellen also einen immensen finanziellen Wert für ein Unternehmen dar, den es für Eigentümer, Geschäftsführer und Führungskräfte zu erkennen gilt.

Ausgehend von Einschulungen in unternehmensspezifische Verfahren und Produkte, gelingt es vielen Mitarbeitern, über Jahre hinweg in einem Umfeld von zeitlichen und finanziellen Freiräumen essenzielles Erfahrungswissen zu sammeln und weiterzuentwickeln. **Der Eigentümer übernimmt dabei das finanzielle Risiko und vergütet die Leistung mit einem Gehalt. Folglich ist ihm auch das unternehmensspezifische Erfahrungswissen anzurechnen.**

7.8   CD-Verantwortliche

Kontrolle der Gestaltungs-richtlinien

Beim »**CD-Verantwortlichen**« handelt es sich um eine optionale Rolle, die je nach Qualitätsanspruch des Unternehmens vergeben werden kann. Er verantwortet die sogenannte »**CD-Kontrolle**« und kümmert sich um die Einhaltung der Gestaltungsrichtlinien. Siehe Kapitel 5.5. Inhaltlich dürfen vom CD-Verantwortlichen keine Änderungen vorgenommen werden.

Je nach Kapazität, Auslastung und Firmengröße können die damit verbundenen Aufgaben von einer Führungskraft, dem Wissensmanager oder einem geeigneten Mitarbeiter übernommen werden.

Der CD-Verantwortliche prüft bei der CD-Kontrolle regelmäßig die neuen und überarbeiteten WiDoks. Werden dabei Fehler beim Layout oder bei der Gestaltung gefunden, müssen diese umgehend korrigiert und das WiDok muss neu veröffentlicht werden. Nutzen Sie in diesem Zusammenhang gerne die Checkliste in **WiDok 00425**.

In manchen Fällen ist eine zentrale Anpassung durch den CD-Verantwortlichen sinnvoll – in anderen Situationen ist es jedoch besser und lehrreicher, wenn der Inhaltsverantwortliche bzw. der Autor die Änderungen selbst umsetzen muss – also dezentral. Mehr Informationen zur zentralen und dezentralen CD-Kontrolle erhalten Sie in **WiDok 00442**.

Gerade in der Einführungsphase handelt sich um eine akribische, manchmal auch mühsame Aufgabe. Später, wenn die meisten Wissensdokumente bereits den Gestaltungsrichtlinien entsprechen und die Inhaltsverantwortlichen diese kennen, nimmt der Aufwand merkbar ab. Ab diesem Zeitpunkt müssen nur noch einzelne neue WiDoks in vollem Umfang kontrolliert und gegebenenfalls bearbeitet werden.

Aufwand nimmt laufend ab

Eine Kontrolle der Gestaltungsrichtlinien vor der Veröffentlichung eines jeden WiDoks führt zu einer zeitlichen Verzögerung. Je nach Kapazität des CD-Verantwortlichen wäre eine zeitnahe CD-Kontrolle nur durch den Einsatz mehrerer Kontrolleure realisierbar. **WBI empfiehlt daher, die Kontrolle der Gestaltungsrichtlinien direkt nach der Veröffentlichung eines WiDoks durchzuführen.**

Eine Matrix der in diesem Kapitel genannten Rollen, Funktionen und Aufgaben finden Sie im **vertiefenden Wissensdokument 00439**.

KURZ & KNAPP

» Mitarbeiter wenden Wissen an und helfen bei der Weiterentwicklung von WiDoks.

» Inhaltsverantwortliche verfügen über spezifisches Unternehmenswissen und erfassen dieses in WiDoks.

» Der Inhaltsverantwortliche kann das Schreiben an einen Autor delegieren oder das WiDok übertragen.

» Ein Autor kann durch das Delegieren und Vererben von WiDoks bewusst zum Inhaltsverantwortlichen aufgebaut werden.

» Wissensmanager sind erste Ansprechpartner bei Fragen zum Wissensmanagement oder zum System, arbeiten an der Entwicklung der Wissensdatenbank und helfen Mitarbeitern bei Fragen zur Nutzung der Wissensdatenbank.

» Führungskräfte regen zur Erfassung von WiDoks an, müssen ein Vorbild sein und arbeiten aktiv bei der Verteilung, Nutzung und Weiterentwicklung mit.

» Die Geschäftsführung gibt die Richtung vor und etabliert Wissensmanagement als Teil der Unternehmenskultur.

» Wissen ist intellektuelles Kapital und somit ein großer Vermögenswert, der dem Eigentümer zuzuschreiben ist.

» Der CD-Verantwortliche wird oft nur bei größeren Unternehmen eingesetzt und überprüft die Einhaltung der Gestaltungsrichtlinien für WiDoks.

8 KOMMUNIKATIONSMITTEL, HARD- UND SOFTWARE

Mitarbeiter arbeiten täglich mit verschiedenen Kommunikationsmitteln: Sie besprechen Themen persönlich oder am Telefon und senden E-Mails. Sie speichern Daten auf Laufwerken, in Datenbanken, Programmen und anderen Plattformen. Die Nutzung der vielen Kommunikations- und Informationskanäle beeinflusst maßgeblich den Arbeitsalltag aller Beteiligten und schlägt sich in der Umsatzrendite eines Unternehmens nieder.

Verschiedene Informationskanäle

8.1 Persönliches Gespräch

Das persönliche Gespräch unter Einbeziehung eines oder mehrerer WiDoks ist die optimale Form der Wissensweitergabe. Die Gesprächspartner stehen sich direkt gegenüber und die komplette Bandbreite der Kommunikationsmittel kann durch die Kombination Mensch–Mensch–Wissensdokument ausgeschöpft werden.

Direkte Kommunikation optimal

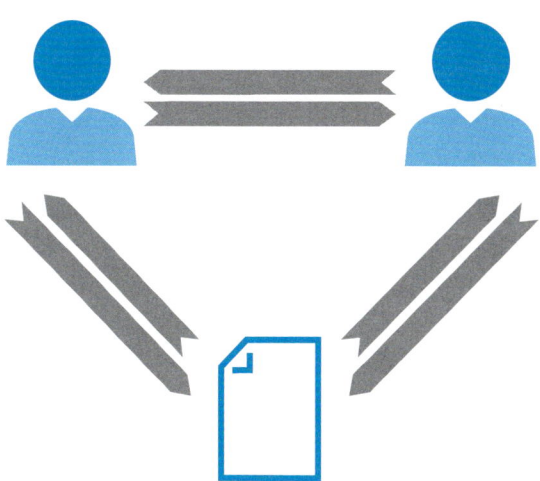

Abb. 50: Die Verbindung Mensch–Mensch–Wissensdokument

WBI legt großen Wert auf die direkte Interaktion – insbesondere, wenn es sich um ein Arbeitsgespräch handelt. Die Erfahrung hat gezeigt, dass sich das Wissen in persönlichen Gesprächen durch die Vielfalt und Kombination der beteiligten Personen ständig weiterentwickelt und dadurch vermehrt.

Inhaltliche Schulung der Anwesenden

Es gibt mehrere Gründe, weshalb WiDoks bei Arbeitsgesprächen und Meetings immer wieder aktiv einbezogen werden sollten:

- » Das WiDok kann schon vor dem Meeting gelesen werden und dient als gemeinsame Gesprächs- und Wissensbasis.
- » Die Begrifflichkeiten aus dem WiDok werden vermehrt in den Sprachgebrauch aufgenommen.
- » Der Informations- und Qualitätsgehalt des bereits erarbeiteten Wissens wird bewusst ins Gespräch übernommen.
- » Es wird ein gemeinsames Bild entwickelt und auf bestehendes Wissen sowie bestehende Entscheidungen gebaut.
- » Allen Teilnehmern wird der Wert des Wissensmanagements vor Augen geführt und sie gewöhnen sich an diese Arbeitsweise.
- » Der Inhaltsverantwortliche sieht, dass sein Wissen angewendet und kritisch hinterfragt wird.

Das Meeting wird durch alle diese Gründe auf ein höheres Niveau gehoben und die Teilnehmer erfahren eine Art inhaltliche Schulung. Wichtig ist, dass das ständige Heranziehen der eigenen Wissensdokumente nicht dem Selbstzweck dient, sondern einen echten Mehrwert schafft: Der Schulungsgedanke sowie die qualitative Verbesserung der Gespräche müssen im Vordergrund stehen.

8.2 Telefonat

Telefonat als Störfaktor

Mitarbeiter telefonieren fast täglich mit Kollegen, Kunden und Partnern. Dabei werden wichtige Inhalte besprochen, offene Fragen geklärt und Zusammenhänge erfasst. Persönliches Wissen wird geteilt und Themen werden gemeinsam erarbeitet. Telefonate können für die Person, die angerufen wurde, aber auch eine Störung darstellen, da sie bei der Ar-

beit unterbrochen wird. Deshalb sollte immer zuerst in der Wissens–
datenbank nach einer Antwort bzw. einer Lösung gesucht werden,
bevor der Zuständige persönlich oder telefonisch kontaktiert wird.

Immer vorab
recherchieren

Gerade bei einem Telefonat wird einer der vielen Vorteile der Vergabe
von eindeutigen Dokumentennummern offensichtlich: Sie müssen ih-
rem Gegenüber nicht lange erklären, welches Dokument sie meinen,
wie es genau heißt und wo es zu finden ist. **Durch das Nennen der
Dokumentennummer am Telefon ist sofort klar, dass es sich um ein
WiDok handelt und wo es zu finden ist.** Dadurch können Sie und Ihr
Gesprächspartner das WiDok anhand der Dokumentennummer im
WMS öffnen und darüber sprechen. Da Sie nun die verifizierten Inhal-
te im WiDok als Basis heranziehen können, gewinnt das Telefonat an
Qualität.

**Grundsätzlich ist das persönliche Gespräch dem Telefonat vorzuzie-
hen** – in manchen Fällen kann jedoch auch ein Anruf nützlich bzw. res-
sourcenschonender sein. Gerade beim Wissenserwerb mit externen
Wissensträgern und bei Gesprächen mit Kollegen in unterschiedlichen
Niederlassungen bietet das Telefon daher großes Potenzial.

Ressourcen-
schonende
Kommunikation

**In diesem Zusammenhang haben sich auch Telefon- oder Videokon-
ferenzen bewährt.** Der sicherlich größte Vorteil von Video-Meetings
gegenüber Besprechungen und Schulungen vor Ort, liegt im Einsparungspotenzial durch die Verringerung von Reisezeiten und -kosten.
Aber auch viele andere Vorteile kommen dadurch zum Tragen:

» Digitale Meetings, die weltweit bzw. standortübergreifend abge-
halten werden, sind wesentlich besser planbar und umsetzbar.
» Besprechungsräume haben eine begrenzte Kapazität an Plätzen.
An Online-Meetings können weitaus mehr Personen teilnehmen.
» Schneller Wechsel zwischen verschiedenen Terminen möglich.
» Die Teilnehmer werden nur kurz aus ihrer gewohnten Tätigkeit he-
rausgerissen und können sich schneller wieder der Arbeit widmen.
» Bei nahezu allen Anbietern ist das Teilen von Bildschirmen und
Inhalten problemlos möglich. WiDoks und Präsentationen können
dadurch gemeinsam betrachtet und diskutiert werden.

» Besprechungen können aufgezeichnet und später erneut zur Verfügung gestellt werden.

» Umfragen und virtuelle Hintergründe können eingerichtet und genutzt werden.

» Viele Tools bieten eine Chat-Funktion, die es möglich macht, parallel Textnachrichten, Grafiken, Verlinkungen und Kontaktdaten auszutauschen.

Telefon- oder Videokonferenzen schaffen ganz neue Möglichkeiten, die das weltweite Zusammenarbeiten und den digitalen Austausch revolutionieren. Geografische Grenzen werden aufgebrochen.

8.3 E-Mail

Im Vergleich zum Telefonat ist die E-Mail keine Arbeitsunterbrechung, da der Empfänger selbst bestimmen kann, wann er sie öffnen und lesen will. Zudem ist es möglich, sich auf eine E-Mail zu beziehen und auf gewisse Übereinkünfte und Vereinbarungen hinzuweisen. E-Mails können zudem helfen, Orts- und Zeitunterschiede zu überwinden, sowie einen breiteren Personenkreis zu erreichen.

Sachgemäße Verwendung

Dies sind einige Gründe, die bei einer sach- und bestimmungsgemäßen Verwendung für den Einsatz von E-Mails sprechen und zu einem Effizienzgewinn führen. Es gibt jedoch auch mehrere Gründe, warum Wissen nicht in Form von E-Mails oder als E-Mail-Anhang versendet werden sollte:

Nehmen wir an, ein Mitarbeiter erfasst wichtige Inhalte in einem Dokument und verteilt dieses als Anhang via E-Mail an einige Empfänger im Unternehmen. Was passiert?

» **Ein Mitarbeiter löscht die E-Mail, nachdem er sie erstmals gelesen hat.** Insofern er sich später noch daran erinnern kann, fragt er bei erneutem Bedarf den Absender, ob dieser ihm die E-Mail nochmals zusenden kann – ein zeitlicher Aufwand für beide.

» **Ein anderer Mitarbeiter speichert das Dokument lokal ab.** Unter Umständen entwickelt der Absender das Dokument inzwischen weiter. Die anderen Mitarbeiter wissen jedoch nichts davon und arbeiten immer noch mit der veralteten Version. Mehrere Versionen sind plötzlich im Umlauf und es kommt zu Missverständnissen.

Redundante Versionen problematisch

» **Tage, Wochen oder Monate, nachdem die E-Mail gesendet wurde, tritt ein neuer Mitarbeiter in das Unternehmen ein**. Er weiß nichts von der Existenz der E-Mail. Der Mitarbeiter hat keinen Zugriff auf das wichtige Wissen und kann es infolgedessen nicht nutzen.

» **Ein Mitarbeiter druckt sich das angehängte Dokument aus und hängt es an seinem Arbeitsplatz auf.** Hier besteht die Gefahr, dass das Dokument bei einer Aktualisierung nicht jedes Mal von Neuem ausgedruckt wird. Der Mitarbeiter arbeitet daher nach einiger Zeit mit veralteten Informationen.

Gerade beim letzten Szenario sollten Sie aktiv werden und eingreifen: Handelt es sich um ein Dokument mit wertvollem Inhalt, sollte der Kollege beauftragt werden, daraus ein WiDok zu machen. Handelt es sich jedoch bereits um ein Wissensdokument, sollten Sie den Kollegen darauf hinweisen, dass er den Ausdruck stets aktuell halten oder sonst entfernen muss.

Vermutlich hat der Sender es gut gemeint und daher alle schnell per E-Mail informiert. Gut gemeint ist nur nicht immer richtig! Der bessere Weg in diesem Beispiel ist die Erstellung eines WiDoks, bei dem die relevanten Empfänger per »Aufgabe Lesen« informiert werden.

Gut gemeint ≠ richtig

Die Gründe, warum es sinnvoller ist, ein WiDok und die »Aufgabe Lesen« zu nutzen, anstatt wertvolle Inhalte direkt in einer klassischen E-Mail zu schicken, sind zahlreich:

» Die Inhalte sind im WiDok nachhaltig gesichert und später über die Wissensdatenbank abrufbar. Eine E-Mail wird oftmals gelöscht.
» Ein bestehendes WiDok kann als Basis herangezogen und erweitert werden – bereits versendete E-Mails werden häufig gelöscht.

» Bestehende und neue Mitarbeiter können zeitlich und örtlich unbegrenzt im WMS nach dem WiDok suchen.

» Die Mitarbeiter greifen durch den Link in der »Aufgabe Lesen« immer auf die neuste Version zu – bei E-Mails kursieren oft veraltete Versionen.

» Für jedes WiDok kann eine passende Benachrichtigungsgruppe definiert und – wenn notwendig – angepasst werden.

» Mitarbeiter, die vergessen oder auf die bewusst verzichtet wurde, können den Inhaltsverantwortlichen bitten, sie bei der »Aufgabe Lesen« zu ergänzen. Bei einer E-Mail muss der Sender alle diese Sonderfälle im Hinterkopf haben.

» Falls Fehler festgestellt werden oder Änderungen notwendig sind, kann das WiDok im Hintergrund überarbeitet werden. Eine nachträgliche Änderung von E-Mails ist hingegen nicht möglich, weshalb eine weitere Mail zur Richtigstellung an alle gesendet werden müsste. Das erhöht maßgeblich das E-Mail-Aufkommen und führt zu unübersichtlichen Mail-Verläufen.

Gerade das innerbetriebliche E-Mail-Aufkommen ist ein wichtiger Faktor, der die tägliche Arbeit aller Beteiligten maßgeblich positiv oder negativ beeinflusst. **Speziell bei umfangreichen Projekten und komplexen Themen entstehen durch den unsachgemäßen Einsatz von E-Mails endlose E-Mail-Verläufe**, die aufgrund der zahlreichen Antworten im Laufe der Zeit immer unübersichtlicher werden.

Die erarbeiteten Inhalte und das Feedback der involvierten Personen sollten in diesem Fall unbedingt auf das Wesentliche verdichtet und in einem WiDok zusammengefasst werden. Dadurch sind die wichtigsten Inhalte gesichert, zentral zugänglich und für alle nutzbar.

Wenn Sie als Inhaltsverantwortlicher merken, dass keinerlei Feedback auf die neuste Version Ihres Wissensdokuments folgt, obwohl Sie mit einigen Anregungen gerechnet haben, können Sie der »Aufgabe Lesen« durch eine zusätzliche E-Mail Nachdruck verleihen. **Sprechen Sie die Empfänger der »Aufgabe Lesen« in einer E-Mail gezielt auf das WiDok an und bitten Sie in einem Appell um deren Feedback.**

Der Link zum entsprechenden WiDok kann ganz einfach in die E-Mail eingefügt werden. Der Vorteil dabei ist, dass die Empfänger immer auf die aktuellste Version des WiDoks zugreifen.

WiDok als Link in E-Mail nennen

8.4 Persönliches Laufwerk

Viele Dateien und Dokumente eines Mitarbeiters entstehen im persönlichen Arbeitsbereich. Dieser ist mit einer Schublade im eigenen Schreibtisch oder einem Ordner im Schrank vergleichbar. Nur der jeweilige Mitarbeiter hat Zugriff auf seine Dateien.

Die lokal gespeicherten Dokumente auf dem persönlichen Laufwerk sind oft digitalisierte Notizen oder Entwürfe, die in Arbeitsgesprächen entstanden sind, aber nicht den Kriterien für WiDoks entsprechen. Sie verfügen über einen Dokumentenkopf und eine Nuller-Nummer.

Digitalisierte Notizen oder Entwürfe

In einem funktionalen Wissensmanagement-System können digitale Notizen und Entwürfe für WiDoks in Form von Nuller-Dokumenten erfasst und verwaltet werden. Selbst wenn klar ist, dass aus einem Dokument nie ein WiDok werden soll, macht es Sinn, das Nuller-Dokument im WMS zu belassen, da so von den praktischen Mechanismen profitiert werden kann.

8.5 Gruppen- und Firmenlaufwerk

Gruppen- oder Firmenlaufwerke dienen der zentralen Datenspeicherung und -ablage. Sie liegen in einer Netzwerkumgebung und sind für definierte Personengruppen verfügbar. Es werden vorrangig operative und temporäre Dokumente sowie Grafiken, Logos, Filme und Animationen gespeichert. Gerade Letztere sollten, da nicht alle Mitarbeiter über die benötigte Software verfügen, nicht in die Wissensdatenbank aufgenommen werden.

Zugriff von mehreren Mitarbeitern

In gewissen Fällen kann es sinnvoll sein, dass ein Dokument mit Nuller-Nummer auf einem Gruppen- oder Firmenlaufwerk liegt. **Wenn es sich beispielsweise um Wissen handelt, das nicht den Kriterien eines WiDoks entspricht, aber trotzdem für mindestens eine weitere Person relevant ist,** können Dokumente auch darauf gespeichert werden.

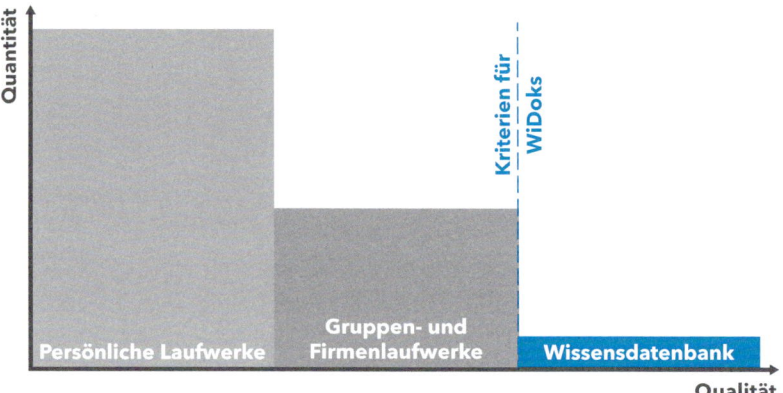

Abb. 51: Das Verhältnis der Laufwerke zur Wissensdatenbank

Betrachtet man in **Abbildung 51** das Verhältnis der Laufwerke von Meusburger in Relation zu den Wissensdokumenten in der Wissensdatenbank, ergibt sich in etwa ein Verhältnis von 1:10. Die 12.000 WiDoks bei Meusburger entsprechen also rund einem Zehntel der existierenden Dokumente auf den diversen Meusburger-Laufwerken. Wie es sich auf den Laufwerken mit der Statik von Wissen und der Qualität der Inhalte verhält, erfahren Sie im **vertiefenden WiDok 00414**.

8.6   Kollaborationssoftware

Software für betriebliche Zusammenarbeit

Die sogenannte »Kollaborationssoftware« oder auch »Collaboration Software« dient primär der unternehmensweiten Zusammenarbeit. Sie kann auch als »Groupware« oder »Gruppen-Software« bezeichnet werden. Bekannte Vertreter sind slack, Trello, Microsoft Teams®, Basecamp oder Notion.

Auch wenn der Funktionsumfang der verschiedenen Anbieter sehr stark variiert, steht die interne Kommunikation bei allen im Vordergrund.

Funktionsumfang variiert

 Ziel von Groupware ist stets das unterstützende Steuern (control) eines Gruppenprozesses, also das kooperative Führen des Teams beim Erarbeiten eines Resultats oder die Transformation von Informationen von einem Anfangs- in einen Endzustand.[32]

Immer häufiger wird Kollaborationssoftware für Wissensmanagement zweckentfremdet. Da das erfasste Wissen aber weder nachhaltig gesichert, noch weiterentwickelt wird, eignet sich die Software nur bedingt dafür. Informationen werden unstrukturiert abgelegt und sind in weiterer Folge dementsprechend schwer zu finden. Ein großer Teil der Inhalte wird in Chats, Blogs oder Kommentaren erfasst und ist daher vergänglich. Die Qualität der Inhalte wird meist nicht überprüft und variiert daher sehr stark.

8.7 Software für Wissensmanagement

Gerade in mittleren und großen Organisationen wird bereits vielfach eine Software für Wissensmanagement verwendet. Oft handelt es sich um mehrere kleine Insellösungen, die nicht miteinander verbunden sind und deren Anforderungen eng auf die jeweilige Benutzergruppe angepasst wurden. Es ist daher schwer, auf einem dieser bestehenden Systeme aufzubauen, da die Akzeptanz zwar großteils für das eigene System gegeben ist, aber nicht für die anderen Insellösungen.

Einheitliches System aufbauen

Vielfach versuchen Unternehmen, eine eierlegende Wollmilchsau zu schaffen: **Vorhandene Software-Lösungen, Collaboration Tools oder das Intranet werden unzweckmäßig eingesetzt, um Wissensmanagement damit abzubilden.** Da die Systeme jedoch nicht über die notwendigen Funktionen verfügen, eignen sie sich nur in geringem Maße dafür.

Vorsicht vor der eierlegenden Wollmilchsau

32 Wikimedia Foundation 2021b, online

Oberstes Ziel bei der Systemauswahl

Daher muss es das oberste Ziel sein, ein einheitliches, übergreifendes und intuitives System zu finden, das den zentralen Anforderungen aller Beteiligten gerecht wird und sich gut in die vorhandene Systemlandschaft integriert. Eine Kombination aus organisatorischer und technischer Lösung ist in diesem Zusammenhang empfehlenswert. Wissensmanagement ist zwar, wie es immer wieder heißt, mehr als reine Technik – nur leider kommt man schlecht ohne sie aus. Zum Arbeiten braucht man ein gutes Werkzeug!

8.7.1   Content-Management-Systeme

In einem webbasierten »Content-Management-System« – kurz »CMS« – können die Inhalte und deren Layout separat verwaltet werden. Somit kann das zu erfassende Wissen sehr schnell im gewünschten Design veröffentlicht werden. CMS basieren auf sogenanntem »**HTML Content**«, der in einer Datenbank gespeichert wird und durch den Einsatz eines HTML-Editors bearbeitet werden kann. HTML-Inhalte bilden die Grundlage des World Wide Web und können gut für interne und externe Suchen wie Google® indiziert werden.

Meist werden die Inhalte in einem CMS von kleinen Autorengruppen publiziert. Dabei fehlen jedoch die wissensmanagementspezifischen Vorgaben sowie der notwendige Prozess für die ständige Nutzung und Weiterentwicklung. Beispielsweise versendet ein CMS in der Regel keine aktiven Benachrichtigungen bei Änderungen am Inhalt und es gibt keinen Wiedervorlage-Mechanismus. Die Konsumenten lesen und nutzen die Inhalte zwar, publizieren jedoch keine eigenen Inhalte.

8.7.2   Wiki-Systeme

Wikis sind eine besondere Ausprägung eines kollaborativen CMS. Sie dienen oftmals als Lexikon bzw. internes Nachschlagewerk. Der Fokus liegt dabei auf webbasierten Informationen und deren Bearbeitung.

Ein Wiki (…) ist eine Website, deren Inhalte von den Besuchern nicht nur gelesen, sondern auch direkt im Webbrowser geändert werden können. (…) Ermöglicht wird dies durch ein vereinfachtes Content-Management-System, die sogenannte Wiki-Software oder Wiki-Engine.[33]

Durch einen Editor können sich verschiedene Personen direkt einbringen. Sie können aktiv Wissen bzw. Inhalte beisteuern sowie Themen kollaborativ erarbeiten. Fotos, Grafiken und Links können integriert und auf der entsprechenden Wiki-Seite veröffentlicht werden.

Bearbeiten via Editor

Das erste Wiki mit dem Namen »**WikiWikiWeb**« wurde vom US-Amerikaner Ward Cunningham als Wissensverwaltungswerkzeug konzipiert und basiert auf einer objektorientierten Programmierung. Es wurde der Öffentlichkeit am 25. März 1995 erstmals zugänglich gemacht. Das sicherlich bekannteste Wiki ist die Online-Enzyklopädie »**Wikipedia**«. Nach ihrem Vorbild versuchen zahlreiche Unternehmen, ein funktionierendes, lebendiges Wiki zu betreiben. Doch hier liegt oft das Problem: **Ein Wiki eignet sich nur bedingt für Unternehmen – vor allem, wenn es um das Weiterentwickeln von Wissen geht.**[34]

Wikis nur bedingt für Unternehmen geeignet

Einer der wesentlichen Gründe, warum die Wikipedia Foundation im Gegensatz zu vielen anderen Wiki-Systemen derart erfolgreich ist, sind die vielen engagierten, ehrenamtlichen Autoren. Sie verfassen Texte, revidieren aktiv die Inhalte anderer Autoren und halten sich dabei an die entsprechenden Reglements im Hintergrund. Die Plattform sowie die darin enthaltenen Seiten und »**Themenportale**« werden von den sogenannten »**Wikipedianern**« gepflegt und am Leben gehalten.

Erfolgsrezept der Wikipedia Foundation

In Unternehmen zeigt sich jedoch oft ein anderes Bild: Zwar werden Wikis anfangs meist mit viel Enthusiasmus und Ehrgeiz befüllt, doch mit der Zeit wird das Wiki komplexer und unübersichtlicher. **Durch tiefe Verschachtelungen geraten Seiten in Vergessenheit und werden nicht mehr aktualisiert.** Der Aufwand für die Aktualisierung und Pflege des komplexen Gebildes wird immer höher. Die Inhalte des Wikis veralten zusehends und das Vertrauen der Anwender sinkt. Mit dem Vertrauen in die Inhalte schwindet auch die Motivation der Autoren.

Enthusiasmus vergeht

33 Wikimedia Foundation 2021c, online
34 Vgl. Wikimedia Foundation 2021d, online

Freiwilligkeit als Problem **Durch die Freiwilligkeit bei der Autorenschaft gibt es meist keine fixen Zuständigkeiten und keinen Anspruch auf Vollständigkeit.** Manche Themengebiete befinden sich im Wiki, andere hingegen nicht. Parallele Systeme werden aufgebaut und stehen in Konkurrenz. Da die Übersicht fehlt, können Wissenslücken nicht identifiziert oder geschlossen werden. Das notwendige Wissen muss somit aufwendig zusammengesucht werden, da es keinen »Single Point of Truth« gibt.

Wieder-belebung zwecklos Natürlich könnten einige motivierte Autoren das Ruder noch herumreißen. Da es aufgrund der Freiwilligkeit jedoch keine dauerhafte Verbindung zwischen den Inhalten einer Wiki-Seite und der operativen Verantwortung eines Mitarbeiters gibt, wird wohl keiner dieses heiße Eisen angreifen wollen. **Niemand fühlt sich zuständig oder ist bereit, das veraltete Wissen, Wiki-Seite für Wiki-Seite, mühselig durchzuackern.** Das Wiki verkümmert und ein Großteil des Aufwands war umsonst.

Weitere Gründe, warum ich von der Nutzung eines Wikis abrate, und welche Erfahrungen andere Unternehmen damit gemacht haben, erfahren Sie im **vertiefenden WiDok 00476**.

8.7.3   Dokumentenmanagement-Systeme

In einem »Dokumentenmanagement-System« – kurz »DMS« – können Dokumente organisiert und verwaltet werden. Jedes Dokument stellt dabei eine abgrenzbare und druckbare Einheit dar. Eines der wesentlichen Ziele ist die revisionssichere Verwaltung von Geschäftsbelegen, die zu Dokumentations- und Archivzwecken aufbewahrt werden:

» Eingangsrechnungen	» Materialentnahmebelege
» Ausgangsrechnungen	» Gehaltslisten
» Quittungen/Kassenbons	» Stundenlisten
» Gutschriften	» Kontoauszüge
» Lieferscheine	» Kassenbuch
» Auftragsbestätigungen	» Nullbelege

DMS leisten in ihrem Anwendungsfokus einen wesentlichen Beitrag, sind aber für Wissensmanagement ungeeignet. Vielfach wird trotzdem versucht, das relevante Unternehmenswissen ebenfalls in Form von Dokumenten in einem DMS abzubilden. Allerdings sind die meisten DMS nicht darauf ausgelegt, da die Dokumente in einem DMS in der Regel kein »Wissen« im klassischen Sinne beinhalten.

DMS nicht dafür ausgelegt

Um das zu kompensieren, liegt der Fokus in einem DMS oft auf der Suche und den Suchergebnissen. Viele Suchtreffer bedeuten jedoch nicht zwangsläufig, dass die Suche auch erfolgreich war. Speziell wenn die Suchergebnisse kein relevantes Wissen beinhalten oder über eine geringe Qualität verfügen, sind die Suchtreffer oft nur wenig zufriedenstellend. Den Anbietern für Dokumentenmanagement-Systeme ist dieses Problem bewusst. **Sie bekämpfen das Symptom, indem sie versuchen, die Suche technologisch ständig zu verbessern.**

Fokus liegt auf der Suche

WBI schlägt hier bewusst einen anderen Weg ein: **WBI legt den Fokus auf das frühzeitige Erfassen und Sichern von qualitativ hochwertigem Wissen und auf die benutzerfreundliche, zielgruppengerechte Aufbereitung der Inhalte.** Das führt zu einer zufriedenstellenden Suche mit passenden Suchergebnissen und somit zu zufriedenen Anwendern. Denn die beste Suche nützt nichts, wenn es keine Inhalte gibt, die es wert sind, gefunden zu werden. Siehe **Kapitel 6.1.5**.

8.7.4 Wissensmanagement-Systeme

Basierend auf einem klassischen DMS, ist ein »**Wissensmanagement-System**« – kurz »**WMS**« – ein leistungsfähiges Tool, um Wissen zu verwalten und zu pflegen. Es dient der Speicherung, Strukturierung und Organisation des expliziten Wissens einer Organisation und bedient sich dabei einiger praktischer Elemente und Prinzipien eines Wikis. Jene Funktionen eines DMS, die für das Wissensmanagement unwesentlich sind, werden in einem WMS bewusst vernachlässigt. Dadurch wird das System übersichtlicher und benutzerfreundlicher.

WMS auf Basis eines DMS und mit Vorteilen eines Wikis

Ein vollfunktionales WMS verfügt über die essenziellen Aspekte und Funktionen, die für die erfolgreiche Integration und Nutzung der WBI®Methode notwendig sind. Der Fokus liegt hier immer auf dem wertvollen Wissen, das als Erfolgsfaktor im Unternehmen gilt und in Form von Wissensdokumenten nutzbringend in den Unternehmensalltag integriert werden sollte. **Die Vorteile durch dokumentenbasierte Wissenseinheiten liegen auf der Hand:**

» Je ein Thema als abgeschlossene, verwertbare Wissenseinheit
» Druckbar
» Leicht zu editieren und zu gestalten
» Hyperlinks möglich
» Textbausteine möglich
» Formatvorlagen möglich
» Firmenweite Standardeinstellungen anhand der Gestaltungsrichtlinien und Vorlagen (Schriftart, Schriftfarben, Seitenränder usw.)
» WiDoks können bei Bedarf als E-Mail-Anhang versendet werden.
» WiDoks können bei einem Systemwechsel leicht exportiert und lokal gespeichert werden. Eine Abhängigkeit von einem bestimmten Anbieter – das sogenannte »**Vendor Lock-in**« – wird dadurch vermieden.

Besondere Vorteile, die nur Microsoft Office® bietet:
» Programme sind bereits in fast allen Organisationen etabliert.
» Kaum Schulungsaufwand
» Versionsvergleich bei Microsoft Word®

Besondere Vorteile, die ein dokumentenbasiertes WMS bietet:
» Bestehende Dokumente können einfach hochgeladen werden.
» Bestehendes Wissen aus anderen Systemen kann leicht in neue WiDoks im WMS kopiert werden.
» Die Sichtbarkeit kann im WMS pro Dokument hinterlegt werden.
» Wissen in Form von WiDoks kann auch Personen außerhalb des zeitlichen und örtlichen Umfeldes des Unternehmens zur Verfügung gestellt werden.
» Klar geregelte Mechanismen
» Automatische Benachrichtigungen

Zusammenfassend kann man sagen, dass Wissensmanagement mit WBI sowohl auf Basis eines WMS, DMS als auch CMS funktionieren kann. Ich möchte mich an dieser Stelle jedoch klar für die Nutzung eines WMS aussprechen. Meine Erfahrung und die Zusammenarbeit mit vielen anderen Unternehmen haben gezeigt, dass dezidierte Wissensmanagement-Systeme die deutlich bessere Grundlage für eine erfolgreiche Einführung und Nutzung des Systems darstellen.

Meusburger ermöglicht durch den Einsatz eines WMS ein systematisches und unkompliziertes Wissensmanagement im eigenen Unternehmen. **Das Wissensmanagement-System ist mit dem Meusburger-Intranet verlinkt und agiert als Wissensdatenbank für über 12.000 Wissensdokumente.**

8.8 Die Wahl der richtigen Software

Natürlich bleibt es Ihnen überlassen, für welche informationstechnische Lösung Sie sich bei der Umsetzung Ihrer Wissensdatenbank entscheiden. Bedenken Sie jedoch bitte, dass bereits geringe Hürden zu Problemen und somit zum Verkümmern des Systems bzw. zum Scheitern des Wissensmanagements führen können. **Folgende Ziele und Grundsätze sollten Sie daher maßgeblich leiten:**

» Einfaches und unbürokratisches Erfassen, Verteilen, Weiterentwickeln und Sichern von essenziellem Unternehmenswissen steht immer im Vordergrund.

» Das System muss es ermöglichen, dass jeder Mitarbeiter Wissen zu seiner täglichen Arbeit festhalten und publizieren kann.

» Die Bedienung muss unkompliziert und intuitiv sein – die Komplexität möglichst gering.

» Das System muss Sie durch entsprechende Funktionen und Mechanismen dabei unterstützen, das Wissensmanagement und alle Inhalte lebendig zu halten.

» Bestehende Dokumente mit relevantem Wissen müssen zeitlich und örtlich unbegrenzt verfügbar sein. Das ermöglicht eine

Weiterverwendbarkeit des Wissens sowie einen Austausch mit Personen inner- und außerhalb des Standorts bzw. Unternehmens.

» Es muss Spaß machen, mit dem System zu arbeiten, denn die Motivation und das Engagement der Mitarbeiter und Führungskräfte sind erfolgsentscheidend.

» Das System muss die innerbetriebliche Kommunikation und Zusammenarbeit fördern – dadurch bleibt Wissen lebendig. Wird Wissen nur dokumentiert, aber nicht verteilt und genutzt, verkümmert es.

» Der Stand und die Entwicklung des Wissens sollten auswertbar sein.

Sie wollen Wissensmanagement mit der WBI®Methode nicht nur einführen, sondern sie auch leben und davon langfristig profitieren? Dann lege ich Ihnen nahe, die Systemauswahl von den WBI-Mechanismen abhängig zu machen. Ohne sie kann WBI nicht reibungslos funktionieren bzw. wirksam werden. **Folgende Punkte sind daher erfolgsentscheidend:**

WBI-Mechanismen ausschlaggebend

» Zentrales, webbasiertes System

» Wissensdokumente mit standardisierten Layouts

» Verarbeitung von gängigen Dateiformaten (Word®, Excel®, PowerPoint® und PDF)

» Umsetzung des WBI-Prozesses

» Möglichkeit, die WBI-Rollen abzubilden

» Verbindung von Inhaltsverantwortlichen und WiDoks

» Management der Metadaten:
  - Vergabe von eindeutigen, fortlaufenden Dokumentennummern
  - Management der Benachrichtigungen und -gruppen
  - Management der Sichtbarkeitsgruppen
  - Möglichkeit der Versionsverwaltung
  - Möglichkeit der Wiedervorlage zur Aktualitätsprüfung
  - Möglichkeit der Kategorisierung (z. B. in Wissensgebiete)

» Optimale Suchfunktion mit Volltextsuche und Filter-Möglichkeiten

» Auswertung der anonymisierten Nutzung und Erstellung einer Wissensbilanz

» Integrationsfähigkeit (z. B. AD-Anbindung, APi, Office Integration)

» Nutzerfreundlichkeit (Single Sign-on usw.)

Viele Anbieter für Wissensmanagement-Systeme bieten die Möglichkeit, sich in ein kostenloses Demo-System einzuloggen. Dadurch können Interessenten das jeweilige System vorab erkunden und erhalten einen Überblick über die angebotenen Funktionen. In diesen Demo-Systemen können gewisse Abläufe und Mechanismen getestet und mit Fokus auf die Benutzerfreundlichkeit und eine logische Informationsarchitektur bewertet werden. **Legen Sie dabei bitte nicht zu viel Augenmerk auf unnötige Funktionen und Spielereien, diese lenken oft nur vom Wesentlichen ab.** Eine Übersicht der Wissensmanagement-Lösungen finden Sie im **vertiefenden WiDok 00529**.

8.9 Eingliederung in die Systemlandschaft

Ein optimales WMS sollte nicht nur die WBI-Mechanismen unterstützen, sondern sich auch bestmöglich in die vorhandene Systemlandschaft einbinden lassen.

Da es den Rahmen dieses Buches sprengen würde, kann ich an dieser Stelle nicht auf die vielen Vorteile und Synergieeffekte von WBI in Bezug auf verschiedene andere Systeme eingehen. **Exemplarisch möchte ich daher das Zusammenspiel von WBI und CRM sowie von WBI und BI mit Ihnen genauer betrachten:**

WBI und CRM

»**Customer Relationship Management**« – kurz »**CRM**« – steht für Kundenbindungsmanagement. **Es handelt sich dabei um ein strategisches Steuerungsinstrument, das den Kundenlebenszyklus betrachtet und innerbetriebliche Prozesse und Bestrebungen optimiert.** Unterstützt wird dieses Vorhaben durch ein entsprechendes CRM-System. Darin befinden sich alle Arten von kundenbezogenen Daten – also Firmendaten, Merkmale, Klassifizierungen, Auftragsdaten und die Einschätzung des Potenzials. Selbst die Ergebnisse von Kundenbefragungen sowie Erwartungen und Wünsche von Kunden werden darin gespeichert.

Werden die Daten zwar eingetragen, aber in weiterer Folge nicht genutzt oder auch fehlerhaft bzw. unvollständig erfasst, ist die Leistungsfähigkeit des CRM eingeschränkt. Nur wenn die Datenqualität stimmt, die Mitarbeiter das CRM richtig einsetzen und auf Basis der Daten im CRM konkrete Entscheidungen, Maßnahmen und Handlungen folgen können, entfaltet das System seine optimale Wirkung. Daher setzt die WBI®Methode hier bewusst an:

WiDoks als Hilfestellung

Einerseits bietet WBI eine solide Basis und grundlegende Hilfestellung für die operative Arbeit mit einem System. Spezielle WiDoks zu Schulungszwecken ermöglichen eine optimale und stressfreie Nutzung: Anleitungen, Schulungsdokumente und systembezogene FAQs werden in Form von WiDoks erfasst und im WMS gesichert. Mögliche Beispiele für solche systembezogene WiDoks sind »CRM Firma anlegen« oder »CRM Preisliste erstellen«. Ich werde Ihnen die beiden Anleitungen jedoch ausnahmsweise nicht zur Verfügung stellen, da eine derartige Anleitung sehr stark vom gewählten Anbieter abhängig ist und sich daher nicht als Musterdokument eignet.

Wesentliche Essenz nutzbar machen

Andererseits kann durch WBI die sogenannte »**wesentliche Essenz**« aus den bestehenden Systemen erfasst, gesichert und nachhaltig nutzbar gemacht werden. Dabei handelt es sich um wertvolle Erkenntnisse, Maßnahmen und Entscheidungen, die aufgrund der Daten und Inhalte dieser Systeme gewonnen bzw. getroffen werden können. Die Daten verbleiben – um beim vorherigen Beispiel zu bleiben – im CRM. Schlüsse, die sich jedoch aus der Auswertung der Daten ziehen lassen, werden in Form von WiDoks erfasst. Dadurch können weiterführende WiDoks wie »Definition Wahrscheinlichkeit Verkaufschance« – siehe **Musterdokument 00530** – oder auch »Richtlinie CRM Datenqualität« – siehe **Musterdokument 00531** – entstehen und an alle Beteiligten verteilt werden.

Durch die eindeutige Definition von relevanten Begriffen und das Festhalten in einem Glossar als WiDok wird ein CRM zu einem mächtigen Werkzeug. Das mag im ersten Moment trivial klingen – z. B. die Frage: »*Was ist ein Kunde*?« Wenn es darum geht, die Kundendaten aus einem CRM auszuwerten, um beispielsweise das Verkaufspotenzial einzuschätzen, macht es einen wesentlichen Unterschied, ob es sich um einen »potenziellen Kunden«, einen »Neukunden«, einen »ruhenden Kunden« oder einen »Fokuskunden« handelt. In vielen Unternehmen fehlt jedoch diese klare Abgrenzung von Begriffen, wodurch die Auswertungen nur bedingt aussagekräftig sind. Die genaue Abgrenzung der Begriffe im Glossar macht also durchaus Sinn und ermöglicht es allen, die Begriffsdefinitionen im Zweifelsfall nochmals nachzulesen.

Definition oft erfolgsentscheidend

Durch WBI kann ein CRM also zu einem noch mächtigeren Werkzeug für Unternehmen ausgebaut werden. Kunden können gezielter betreut werden, was sich langfristig positiv auf die Kundenbeziehung und Kundenbindung auswirken kann.

Unabhängig von der Art und vom Inhalt der WiDoks, die in Bezug auf ein gewisses System erstellt werden, hat diese Vorgehensweise wesentliche Vorteile:

Vorteile durch WiDoks

» **Mechanismen greifen:** Nach dem erstmaligen Erfassen der Inhalte im WMS greifen die Mechanismen des WBI-Prozesses und fördern somit die ständige Verteilung, Nutzung und Weiterentwicklung von WiDoks. Das WiDok bleibt lebendig und veraltet nicht.

» **Verlinkung im System:** Durch die Dokumentennummer wird für jedes WiDok im WMS ein eindeutiger Link generiert. Dieser kann in weiterer Folge zielgruppenorientiert eingebunden werden – also exakt an der Stelle im System, an der das Wissen für die operative Durchführung gewisser Tätigkeiten benötigt wird. Das Arbeiten im System wird damit wesentlich erleichtert.

» **Änderungen am System:** Ideen, Entscheidungen oder Maßnahmen, welche in Form von WiDoks ausgearbeitet wurden, können wieder ins System einfließen und zu Änderungen führen. Wurde z. B. festgestellt, dass in einem Ablauf wichtige Daten fehlen, wird der Ist-Stand in einem WiDok dokumentiert. Darauf basierend kann der Soll-Zustand definiert und ein Konzept zur Umsetzung erarbeitet werden. Das Feld für die Eingabe der fehlenden Daten kann schließlich auf Grundlage des WiDoks im System angelegt werden.

WBI und BI

Wird in einem größeren Unternehmen beispielsweise ein »BI-System« eingesetzt, verfügen meist nur wenige Mitarbeiter über eine Lizenz dafür. **»BI« steht für »Business Intelligence« und bedeutet übersetzt so viel wie »Geschäftsanalytik«.** BI-Systeme sind eine eigene Software-Gattung und dienen der systematischen Analyse des eigenen Unternehmens. Sie greifen auf Daten aus verschiedenen Datenbanken wie Umsatzzahlen, Lagerbestände sowie anonymisierte Mitarbeiterdaten zu und bereiten diese entsprechend auf.

Aus den aufbereiteten Daten können die Verantwortlichen unterschiedliche Auswertungen zu relevanten Themen erstellen. **Damit diese Auswertungen auch für Mitarbeiter ohne BI-Lizenz zugänglich sind, sollten sie in Form von WiDoks im WMS gesichert werden.** Dadurch ist gewährleistet, dass das erarbeitete Wissen wieder nutzbringend in das Unternehmen einfließen kann. Weitere Informationen zum Zusammenspiel von BI und WBI erhalten Sie in **WiDok 00477**.

KURZ & KNAPP

» Das persönliche Arbeitsgespräch — unterstützt durch WiDoks — ist ein wichtiger Bestandteil von WBI.

» Telefonate sind in manchen Fällen zwar ressourcenschonend, unterbrechen jedoch andere bei der Arbeit und verursachen dadurch Unruhe im Unternehmen.

» E-Mails sind oft nur temporär und damit beschränkt zugänglich, daher sollte in ihnen kein wertvolles Unternehmenswissen kommuniziert oder angehängt werden. Senden Sie stattdessen einen Link zum WiDok.

» Persönliche Laufwerke eignen sich für digitalisierte Notizen und Entwürfe von Dokumenten mit Nuller-Nummern.

» Gruppen- und Firmenlaufwerke bieten Platz für operative und temporäre Dokumente sowie für Dateiformate, die nicht in die Wissensdatenbank aufgenommen werden können.

» In einem webbasierten Content-Management-System — kurz CMS — können die Inhalte und deren Layout komplett voneinander getrennt werden. Das bekannteste CMS im Zusammenhang mit Wissensmanagement ist das Wiki.

» Ein Wissensmanagement-System — kurz WMS — ist ein lebendiges, dynamisches System, in dem Unternehmenswissen nachhaltig gespeichert und den Anwendern zur Verfügung gestellt werden kann.

» Ein funktionales WMS ist zeitlich und örtlich unbegrenzt verfügbar und bietet die wesentlichen Mechanismen, die WBI voraussetzt.

» Die nutzerfreundliche Handhabung sowie die unkomplizierte Suche sind zwei ausschlaggebende Faktoren für erfolgreiches Wissensmanagement mit einem WMS.

9 WBI ERFOLGREICH EINFÜHREN

Für die Einführung von WBI gibt es einen empfohlenen Ablauf, der sich in Zusammenarbeit mit den WBI-Kunden bewährt hat. Dieser wird an die Bedürfnisse der jeweiligen Branche angepasst und kann für kleinere und größere Unternehmen beliebig skaliert werden.

Erprobter WBI-Standard

9.1 Bevor ein Einführungsprojekt beginnen kann

Das Projekt für die Einführung von Wissensmanagement muss die Akzeptanz einer breiten Masse der Belegschaft finden. Es geht um Unternehmenskultur, Prozesse und den Einsatz der optimalen Technologie. Eine positive Grundhaltung dem Thema und dem Projekt gegenüber ist wichtig. Eine gute und durchdachte Vorgehensweise bei der Einführung sowie eine offene Kommunikation der Ziele und Vorgänge sind daher unumgänglich.

Akzeptanz der breiten Masse erforderlich

Selbst wenn die breite Masse hinter Wissensmanagement steht, offenbart sich mir immer wieder ein wesentlicher Knackpunkt, den ich Ihnen nicht vorenthalten möchte: **Ohne die Zustimmung, den Rückhalt und die Unterstützung des Eigentümers bzw. Geschäftsführers kann Wissensmanagement nicht erfolgreich eingeführt und gelebt werden!** Denn auch wenn ein Unternehmen in vielerlei Hinsicht jahrelang von den Vorteilen des Wissensmanagements profitieren wird, entstehen bei der Einführung Aufwände, die finanziert werden müssen.

Geschäftsführer und Eigentümer mit Weitblick erkennen natürlich, dass der Nutzen gegenüber den Aufwänden mittelfristig gesehen überwiegt. Sie sehen, dass Wissensmanagement es wert ist, in eine gewisse Vorleistung zu gehen, um später die Früchte ernten zu können.

Weitblick notwendig

Gehör
verschaffen Das bedeutet natürlich nicht, dass Sie nun aufhören müssen zu lesen, falls Sie selbst nicht der Eigentümer oder Geschäftsführer sind. Sie sollten sich aber mit Ihrem wissensorientierten Anliegen dringend Gehör bei einer dieser Personen verschaffen: **Gehen Sie auf den Eigentümer oder Geschäftsführer zu und überzeugen Sie ihn von den vielen Synergien und Vorteilen von Wissensmanagement.** Zeigen Sie die Bereitschaft, als Projektleiter und Wissensmanager zu agieren. Sagen Sie klar und deutlich, dass Sie das Thema gerne ausarbeiten und der Geschäftsführung präsentieren möchten. **Nutzen Sie diese wichtige Chance!**

9.1.1 Voraussetzungen für Wissensmanagement

Vier Voraussetzungen für Erfolg mit WBI Viele Unternehmen haben bereits vergeblich versucht, Wissensmanagement einzuführen, oder sich erst gar nicht an das Thema herangewagt. **Die jahrelange Erfahrung bei Meusburger und anderen Organisationen hat mir gezeigt, dass im Wesentlichen vier Voraussetzungen erfüllt sein müssen, damit Wissensmanagement dauerhaft erfolgreich bleibt** und von allen Mitarbeitern und Führungskräften gelebt und mitgetragen wird:

» **Wissen muss standardisiert erfasst werden:** Die Erfassung von Wissen muss einem einheitlichen Standard entsprechen. Jeder muss wissen, wie und wo er seine Erfahrungen festhalten soll. Gerade bei der Einführung von Wissensmanagement sollte sich der Standard auf das Wesentliche konzentrieren.

» **Wissen muss mit dem Menschen verbunden sein:** WBI sieht vor, dass es für jedes WiDok einen Inhaltsverantwortlichen gibt. Es handelt sich immer um jene Person, die inhaltlich und operativ für das Thema verantwortlich ist. Jedes WiDok ist dadurch eindeutig mit dem zugehörigen Wissensträger verbunden. Das sichert nicht nur die Aktualität und Richtigkeit der Inhalte, sondern sorgt auch dafür, dass das Wissen dezentral erfasst und inkrementell weiterentwickelt wird.

» **Wissensmanagement muss einem klar definierten Prozess folgen:** Der Umgang mit Wissen muss im gesamten Unternehmen einheitlich und klar geregelt sein. WBI nutzt dazu einen praxiserprobten Prozess, der dafür sorgt, dass Wissen erfasst, verteilt, genutzt, weiterentwickelt und gesichert wird. Darüber hinaus stößt er mehrere relevante Workflows und Mechanismen an, die für lebendiges, professionelles Wissensmanagement essenziell sind.

» **Wissensmanagement muss als klare Führungsaufgabe verstanden werden:** Führungskräfte und Geschäftsführer tragen die größte Verantwortung dafür, dass Wissensmanagement funktioniert und durch die Mitarbeiter gelebt wird. Es muss über Führungskräfte sichergestellt sein, dass das Wissen aller Mitarbeiter in Form von WiDoks erfasst wird und dass allen ein Zugang zum WMS zur Verfügung steht. Führungskräfte müssen zu 100 % dahinterstehen.

Ist eine dieser vier Voraussetzungen nicht erfüllt, ist das Wissensmanagement akut gefährdet. Siehe dazu auch **Kapitel 9.5**.

9.1.2 Initiatoren für Einführungsprojekte

Oft wird Wissensmanagement bereits in irgendeiner Form im Unternehmen eingesetzt. **Viele Firmen verfügen über Firmenlaufwerke, ein Wiki, eine Projektdatenbank oder eigene Firmenhandbücher mit wichtigen Informationen.** Speziell wenn es einen Unternehmensbereich gibt, in dem bereits eine Art Wissensdatenbank aufgebaut wurde, kann dieser als »**Best Practice**« für andere Bereiche dienen.

Bestehendes als Best Practice

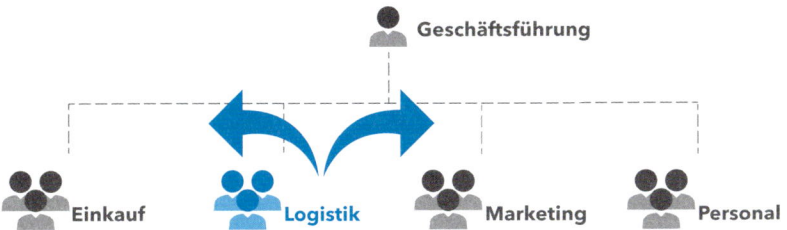

Abb. 52: Unternehmensbereich als Best Practice nutzen

Impuls durch
Führungskraft

Meist liegt es im Interesse des Eigentümers oder Geschäftsführers, Wissensmanagement einzuführen. Daher geben diese häufig selbst den Impuls für ein entsprechendes Einführungsprojekt.

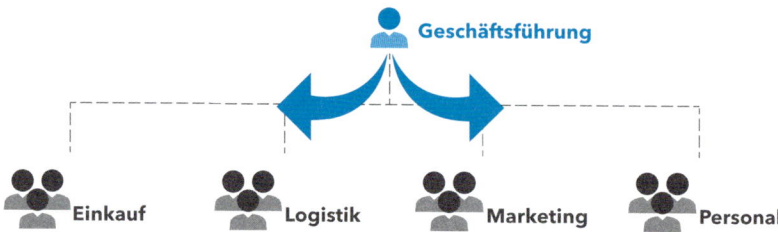

Abb. 53: Geschäftsführung oder Eigentümer geben den notwendigen Impuls

9.2 Projektstart

Strukturierte
Herangehens-
weise nötig

Sind alle Voraussetzungen gegeben, kann ein Projekt zur Einführung von Wissensmanagement gestartet werden. Der Projektstart ist von wesentlicher Bedeutung für den gesamten restlichen Projektverlauf. Wer von Beginn an strukturiert an das Thema herangeht, gute Arbeit leistet und einen Konsens schafft, dem gelingen später viele Dinge leichter und besser.

Abb. 54: Projektstart des Einführungsprojekts

9.2.1 Kernteam definieren

Zu Beginn der Einführung von WBI muss ein kompetentes Kernteam gebildet werden. Dieses sollte zumindest aus den folgenden Personen bestehen:

» Projektleiter bzw. Initiator
» Leiter oder Mitarbeiter der IT
» Geschäftsführer oder Wissensmanager als sein Repräsentant

Als Führungskraft hat man oft bereits in diesem frühen Stadium einen potenziellen Wissensmanager im Kopf, der sich durch seine Art, seine Arbeitsweise sowie durch sein Engagement für diese Rolle bestens eignet. Versuchen Sie, diesen frühzeitig mit an Bord zu holen und ihm das Thema Wissensmanagement nahezubringen.

9.2.2 Analysephase

Die Analysephase besteht aus der Ist-Analyse und der Zielformulierung.

Ist-Analyse

Um festzustellen, wie der bisherige Umgang mit Wissen in einem Unternehmen erfolgt, wird eine Ist-Analyse durchgeführt. Dabei betrachtet das Kernteam nicht nur die methodische und kulturelle Ausgangslage sowie den Umgang mit dem Thema Wissen, sondern analysiert auch aktuelle Wissensdefizite und die bestehende Systemlandschaft.

Bisheriger Umgang mit Wissen analysieren

Folgende Fragen können Ihnen dabei helfen:
» Kennen bzw. nutzen wir bereits Wissensmanagement?
» Gibt es eine wissensfördernde Unternehmenskultur?
» Welcher Wissensträger verfügt über welches Wissen?
» Wie wird Wissen derzeit ausgetauscht?
» Wie gelangen unsere Mitarbeiter derzeit an wichtige Informationen?
» Wo wird das Wissen derzeit gespeichert? Gibt es ein System?
» Wird das aktuelle System von den Mitarbeitern aktiv genutzt?
» Entspricht das aktuelle System den notwendigen Anforderungen und WBI-Mechanismen?
» In welchen Bereichen sollte zukünftig Wissen aufgebaut bzw. erworben werden?
» Gibt es einen potenziellen Wissensmanager?

Gerade bei der Ist-Analyse macht es oft Sinn, eine neutrale Person von außen einzubeziehen. Sie kann eine andere Perspektive zu Prozessen, Abläufen und Systemen einbringen und ist weit weniger »**betriebs-blind**« als beteiligte Personen, die sich tagtäglich mit diesen Themen beschäftigen. **Die Ist-Analyse geschieht häufig in Form von:**

» Gesprächen mit Führungskräften und Mitarbeitern
» Beobachtung und Begleitung im Tagesgeschäft
» Beantwortung von standardisierten Fragen. Siehe **WiDok 00499**

Aufwand und Umfang der Ist-Analyse sollten immer in einem ange-messenen Verhältnis zum Einführungsprojekt stehen. Der lösungsori-entierte Blick ist dabei entscheidend für den Projekterfolg.

Zielformulierung

Abstimmung und Formulierung der Projektziele

Die Abstimmung und Formulierung der Projektziele gehört zu den wesentlichen operativen Aufgaben des Kernteams. **Die Projektziele müssen immer auf die Strategie bzw. Ziele des Unternehmens abge-stimmt sein und damit konform gehen.**

Mögliche inhaltliche Ziele:
» Bestehende Dokumente mit relevantem Unternehmenswissen sammeln
» Möglichst viel Wissen explizit machen und sichern
» Prozesse durch Wissensmanagement abbilden und optimieren

Mögliche strategische Ziele:
» Wissensmanagement in der Unternehmenskultur verankern
» Prozesse durch Wissensmanagement abbilden und optimieren
» Bestehende Probleme und Fehler im Wissensfluss erkennen und beheben
» Zukünftig benötigtes Wissen identifizieren und gegebenenfalls aufbauen
» Wissenslücken erkennen und schließen
» Aufbau oder Zukauf von Kompetenzen

Wenn ein Unternehmen ein neues Geschäftsfeld oder Thema erarbeiten will, z. B. einen »Webshop«, so ist dies Teil der Unternehmensstrategie. Das daraus abgeleitete strategische Wissensziel sieht vor, dass das Unternehmen ermittelt, ob das erfolgskritische Wissen bereits im Unternehmen vorhanden ist oder ob dafür neue Wissensträger ausgebildet, eingestellt oder engagiert werden müssen.

Mögliche technische Ziele:
» Bestehendes System für Wissensmanagement optimieren
» Bestehendes System durch ein WMS ablösen
» Wissensmanagement mit einer neuen Software-Lösung einführen

Sobald diese grundlegenden Fragen geklärt sind und die Projektziele formuliert wurden, sollten die Erkenntnisse in einer kurzen Projektbeschreibung festgehalten werden. Um alle notwendigen Punkte zu beachten, ist ein Projektantrag nützlich. Eine Vorlage hierfür finden Sie in **Musterdokument 00111**.

9.2.3   Problemlösungsphase

Auf Basis der Erkenntnisse der Ist-Analyse, der Zielformulierung sowie der Projektbeschreibung müssen das Kernteam und die Geschäftsführung eine Entscheidung für oder gegen die Einführung von Wissensmanagement treffen.

Entscheidung für Wissensmanagement

Damit diese Entscheidung getroffen werden kann, wird ein sogenanntes »**Soll-Konzept**« erarbeitet. Durch dieses soll dem Unternehmen von einem unzureichenden Ist-Zustand im Bereich des Wissensmanagements zu einem gewünschten Soll-Zustand verholfen werden. Die dazu notwendigen Maßnahmen, Termine und Verantwortlichkeiten sind Teil der »**Realisierungsplanung**«, welche als nächster Schritt folgt.

Bereits in der Problemlösungsphase sollten auch die Risiken, die sich negativ auf den Projekterfolg auswirken können, bedacht werden. Siehe Kapitel 9.5.

Risiken früh bedenken

Software-Evaluierung und Systemauswahl

Ein wesentlicher Bestandteil der Problemlösungsphase ist die Software-Evaluierung. **Dabei sollte das Kernteam festlegen, welche Funktionen und Mechanismen von WBI für das Unternehmen wichtig sind**. Nutzen Sie dazu das **vertiefende Wissensdokument 00446** mit der entsprechenden Checkliste für die einfache Wahl der optimalen Mechanismen. Im Anschluss werden die Lösungen unterschiedlicher Anbieter dahingehend genauer betrachtet. Nutzen Sie in diesem Zusammenhang auch die **Vorlage 00299**.

Analysieren Sie begleitend immer auch alle bestehenden Systeme und Programme, die derzeit als Wissensmanagement-Tools im Unternehmen eingesetzt werden. Oft handelt es sich dabei zwar nur um kleine Insellösungen der einzelnen Organisationseinheiten, dennoch können daraus wertvolle Erkenntnisse gewonnen werden:

Bestehende Systeme analysieren

- » Welche Mechanismen werden von den Mitarbeitern gerne genutzt und besonders geschätzt?
- » Welche Anforderungen gibt es, die durch die bestehenden Insellösungen nicht erfüllt werden, aber vom neuen System abgedeckt werden sollten?
- » Welche Mechanismen oder Vorgaben führten bisher nur zu Problemen?
- » Was förderte bisher die Akzeptanz bei beliebten Systemen?

Im Anschluss an die Software-Evaluierung muss die Entscheidung für ein passendes Wissensmanagement-System getroffen werden. Bereits in diesem frühen Stadium sollte eine erste kurze Vorankündigung an alle Mitarbeiter erfolgen. Je eher Sie die anderen Mitarbeiter mit ins Boot holen, desto höher ist die Akzeptanz und somit die Chance auf eine erfolgreiche Einführung. Achten Sie darauf, dass die kritische Masse an Führungskräften im Unternehmen, die für eine erfolgreiche Einführung notwendig ist, dem Thema gegenüber positiv gestimmt ist. Stellen Sie die Vorteile für das Unternehmen, aber auch für jeden einzelnen Mitarbeiter vor. Wenn man weiß, warum man etwas macht, steigt die Akzeptanz maßgeblich. Siehe Kapitel 12.2.2.

Testphase

Die Zustimmung der Mitarbeiter und das Vermeiden von unnötigen technischen oder persönlichen Hürden sind bei der Einführung von Wissensmanagement sehr wichtig. **Daher sollte das gewählte Wissensmanagement-System in einer Testphase auf seine Funktionalität und Benutzerfreundlichkeit geprüft werden.**

Das Hochladen bzw. die Übernahme von relevanten Dokumenten in das neue System ist ein wichtiger Punkt, der sich positiv oder negativ auf die Zufriedenheit der Anwender auswirken kann. Damit der Aufwand dabei so gering wie möglich bleibt, muss gerade dieser Ablauf möglichst einfach und niederschwellig gestaltet werden. Dadurch wird verhindert, dass die Benutzer dem System bereits zu Beginn eher negativ gegenüberstehen.

In erster Instanz bietet sich natürlich das Kernteam für die Durchführung der notwendigen Tests an. Zusätzlich sollte jedoch der Personenkreis vergrößert werden, um auch Vertreter der unterschiedlichen Organisationseinheiten mit an Bord zu holen.

Aufwände und Kosten

Viele Leser der zweiten Auflage meines Buches haben mich gefragt, wie es bei der Einführung von Wissensmanagement um die finanziellen und personellen Ressourcen steht. Fast alle dieser Leser haben in den letzten Jahren oder Jahrzehnten ein neues ERP-System eingeführt und ihr Unternehmen damit für die Zukunft gerüstet. Obwohl dieser große Schritt in fast allen Fällen notwendig und zukunftsweisend war, haben viele Geschäftsführer und Eigentümer noch den enormen Personalaufwand und die damit verbundenen hohen Kosten im Hinterkopf.

Ich kann Sie an dieser Stelle jedoch beruhigen: Bei der Einführung von Wissensmanagement verhält es sich mit den Aufwänden und Kosten anders als beim Einführungsprojekt eines ERP-Systems. Falls Sie unsicher sind, lesen Sie bitte das **vertiefende WiDok 00445**.

9.3 Umsetzungs- bzw. Implementierungsphase

In der Umsetzungs- bzw. Implementierungsphase wird der gewünschte Soll-Zustand unter Berücksichtigung des Konzepts sowie aller Punkte aus dem Projektantrag umgesetzt. Optimalerweise werden Unternehmen dabei von erfahrenen Wissensmanagement-Beratern begleitet.

Abb. 55: Umsetzungsphase des Einführungsprojekts

9.3.1 Projektteam definieren

Kompetente Teammitglieder auswählen

Zu Beginn der Umsetzung wird das Kernteam mit Mitarbeitern und Führungskräften aus den unterschiedlichen Organisationseinheiten ergänzt. Ab diesem Zeitpunkt wird das erweiterte Kernteam als »**Projektteam**« bezeichnet. **Die neuen Teammitglieder verfügen meist über bestimmte Kompetenzen, die in weiterer Folge wichtig für die Einführung sind.** Sie agieren später als Ansprechpartner für die Mitarbeiter aus den jeweiligen Bereichen bzw. Abteilungen.

TIPP

Sollten sich aufgrund der Ankündigung zum Projektstart einige interessierte und motivierte Mitarbeiter und Führungskräfte melden, können Sie diese ebenfalls in das Projektteam aufnehmen. **Es ist immer gut, schon in einer frühen Phase zahlreiche begeisterte »Key User« an der Seite zu haben.** Es handelt sich dabei meist um motivierte Mitarbeiter, die dem Thema wohlgesonnen sind und als wertvolle Multiplikatoren eine positive Stimmung ins Unternehmen tragen.

Das Projektteam sollte sich über den gesamten Verlauf des Einführungsprojekts in regelmäßigen Abständen treffen. Dafür müssen die Geschäftsführung bzw. die Eigentümer den Mitarbeitern die entsprechenden Ressourcen genehmigen und zur Verfügung stellen. **Das betrifft einerseits die Zeit für die Besprechungen, andererseits die Zeit für die Einarbeitung in das System sowie für die Erfassung der ersten WiDoks im Zuge der Einführung.** Auch die Zeit für persönlichen Austausch darf hier nicht zu kurz kommen – dieser ist wichtig für den »**Team Spirit**«.

Regelmäßige Treffen des Projektteams

Für die regelmäßige Dokumentation der Arbeit des Projektteams bietet sich ein Projektstatusbericht an. Die passende Vorlage finden Sie in **Musterdokument 00114**.

9.3.2 Kick-off-Meeting

Damit Ihr Projekt erfolgreich wird, braucht es ein gemeinsames Projektverständnis. Hierzu gilt es, die Zeitplanung, die Inhalte und die Reichweite des Projekts abzustimmen. In der Regel erfolgt diese Abstimmung im Rahmen eines »**Kick-off-Meetings**« mit dem Projektteam. **Die Aufgaben des Kick-off-Meetings sind insbesondere die Erarbeitung wichtiger Grundlagen für die spätere Projektarbeit sowie die Information der Stakeholder.** Zudem dient ein Kick-off-Meeting der Grobplanung, der Teamfindung und der Klärung von gegenseitigen Erwartungen. Es ist wichtig, einen Konsens zu schaffen – nur so erreichen Sie die notwendige breite Akzeptanz im Team.

Gemeinsames Projektverständnis

Im Kick-off-Meeting werden folgende Themen vorgestellt bzw. besprochen:
» Wer im Projektteam hat welche Kompetenzen?
» Was sind die Regeln der Zusammenarbeit?
» Was sind die Anforderungen, Rahmenbedingungen und Ziele?
» Wann soll die Wissensdatenbank verfügbar sein? (Go-live)
» Welche Meilensteine gibt es bis dahin?
» Wie sieht der grobe Projektplan aus? Siehe **WiDok 00209**.

» Gibt es weitere Aktivitäten für ein begleitendes internes Projekt-marketing?

» Wie viel Zeit muss investiert werden?

» Welche Hürden und Probleme müssen früh in Angriff genommen werden?

» Welche Risiken könnten bestehen und wie sind diese zu bewerten?

» Wer fehlt im Projektteam bzw. wäre ein guter Multiplikator?

» Wer sind die wichtigsten Stakeholder?

Projekthand-buch erstellen

Die Ergebnisse sowie die besprochenen Inhalte des Kick-off-Meetings sollten in Form eines »Projekthandbuchs« festgehalten werden. Dieses kann zu einem späteren Zeitpunkt als WiDok in das WMS übernommen werden, denn sogar die Abwicklung des Einführungsprojekts selbst lässt sich gut mithilfe eines Wissensmanagement-Systems realisieren: Die Projektunterlagen können im System erfasst und weiterentwickelt werden. So gewöhnt sich das Projektteam gleich an die neue Arbeitsweise, kann das System ausgiebig testen und von den positiven Effekten profitieren.

Der Projektstart und das Kick-off-Meeting haben eine große Auswirkung auf den restlichen Projektverlauf. Um gröbere Widerstände und Probleme von Beginn an zu verhindern, ist es enorm wichtig, die Stakeholder in der Organisation genauer zu betrachten – also jene Personen, die am meisten von der Einführung von Wissensmanagement betroffen sind:

» Wo gibt es Berührungspunkte oder Schnittstellen bei der Einführung und wie stark sind sie?

» Gibt es skeptische Mitarbeiter in wichtigen Schlüsselpositionen?

» Wer sind die Förderer, wer die Kritiker oder Verhinderer?

Gerade Skeptiker stellen eine Gefahr für die reibungslose Einführung von Wissensmanagement dar. Daher sollten Sie versuchen, Sinn zu stiften und den Beteiligten klarzumachen, WARUM Wissensmanagement essenziell ist. Das WIE ergibt sich dann später. Siehe Kapitel 12.2.2.

9.3.3   Wissensmanager bestellen

Der Wissensmanager übernimmt eine der wichtigsten Rollen bei WBI. Er verantwortet das Wissensmanagement in der Organisation und ist bevollmächtigt, im Sinne der Geschäftsführung notwendige Maßnahmen zu planen und umzusetzen.

Da sich die Leserschaft der ersten und zweiten Auflage meines Buches auf die unterschiedlichsten Bereiche und Hierarchieebenen verteilt hat, fällt es mir an dieser Stelle schwer, Sie passend anzusprechen:

» **Sollten Sie der Initiator des Wissensmanagements in Ihrem Unternehmen sein,** der über die entsprechenden Kompetenzen und das notwendige Insiderwissen verfügt, ist es nun an der Zeit, Ihre Chance zu nützen und Wissensmanager zu werden.
» **Sollten Sie bereits zum Wissensmanager bestellt worden sein,** ist dieser Punkt im Einführungsprojekt mehr oder weniger hinfällig.
» **Sollten Sie jedoch ein Geschäftsführer sein,** wäre es spätestens jetzt an der Zeit, einen geeigneten Kandidaten zum Wissensmanager zu bestellen.

Geschäftsführung und Wissensmanager sollten die gegenseitigen Erwartungen an diese Rolle klären und sich ihre Ansichten näherbringen. Die Geschäftsführung sollte dem Wissensmanager die volle Unterstützung zusichern und die entsprechenden Kapazitäten einräumen. Er sollte genügend Zeit haben, um sich gründlich in das Thema Wissensmanagement einzuarbeiten, und sich schon früh mit dem ausgewählten WMS auseinandersetzen. **Der Wissensmanager ist einer der wichtigsten Key User, verantwortet künftig die Schulung aller Benutzer und sollte daher über das dafür notwendige Wissen verfügen.**

Die Entscheidung sollte schließlich von der Geschäftsführung an das Projektteam sowie an die gesamte Belegschaft kommuniziert werden. Dadurch wird die Position des neuen Wissensmanagers von Beginn an gestärkt und signalisiert, dass die Geschäftsführung hinter ihm und hinter dem Einführungsprojekt steht.

Entscheidung kommunizieren

9.3.4 Unternehmenskultur und internes Projektmarketing

Für die erfolgreiche Einführung von Wissensmanagement muss das Thema als fester Bestandteil in die Unternehmenskultur aufgenommen und intern kommuniziert werden. Zu Beginn sind die Mitarbeiteraktivierung und der Aufbau einer wissensorientierten Unternehmenskultur mit Aufwand verbunden und erfordern Veränderungsbereitschaft. Über die Zeit entwickelt sich jedoch eine Eigendynamik und somit eine Kultur, die auf Vertrauen, Transparenz und Offenheit basiert. **Wissensarbeit und der aktive Wissensaustausch werden gefördert und gefordert.** Dank des Vorlebens und Einforderns durch die Führungskräfte sowie durch die Veränderungs- bzw. Anpassungsbereitschaft der Mitarbeiter wächst und bestätigt sich die Unternehmenskultur immer wieder selbst. Wird Wissensmanagement in weiterer Folge durch die Mitarbeiter im Arbeitsalltag erfolgreich angewendet und gelebt, etabliert es sich und bleibt lebendig.

Junge Unternehmen agiler

Neue bzw. junge Unternehmen wie Start-ups sind hier flexibler und reagieren meist besser auf Veränderungen der Unternehmenskultur sowie der Arbeitsweise. Gerade die Belegschaften solcher Unternehmen zeichnen sich durch hohes Engagement, Euphorie und Arbeitswillen aus.

Unternehmensleitbild ergänzen

Im Unternehmensleitbild sollte ein Hinweis auf das gelebte Wissensmanagement ergänzt und auf der Website veröffentlicht werden. Dadurch wird klar kommuniziert, dass die Geschäftsführung hinter dem Thema steht und Wissensmanagement langfristig ein wesentlicher Bestandteil des Arbeitsalltags und der Unternehmenskultur sein wird.

Lassen Sie dazu das Projektteam eine Formulierung für die Erweiterung des Unternehmensleitbildes ausarbeiten:
» Welche Aspekte bzw. Werte sind uns – abgesehen von Offenheit und Transparenz – in diesem Zusammenhang wichtig?
» Wie lautet die Formulierung für die Erweiterung des Unternehmensleitbildes?

Wurde das Unternehmensleitbild adaptiert, sollte das Projektteam diesen Anlass nutzen und eine überzeugende interne Marketingkampagne für Wissensmanagement starten. Um die Mitarbeiter von Anfang an positiv auf das Thema einzustimmen, ist es hilfreich, einige der vielen Vorteile für die tägliche Arbeit der Mitarbeiter und Führungskräfte zu nennen.

Vorteile klar kommunizieren

Neben diesen Vorteilen sollten auch folgende Punkte klar kommuniziert werden:

» Einführung von Wissensmanagement im Unternehmen ist geplant.
» Vorstellung des erweiterten Unternehmensleitbildes auf der Website
» Nennung der Ziele und Vorteile
» Vorstellung des Zeitplans inkl. der wesentlichen Meilensteine
» Vorstellung des Projektteams
» Vorstellung des Wissensmanagers als Ansprechperson bei Fragen
» Ankündigung der geplanten Schulungen zum Thema Wissensmanagement und zum technischen System

Nutzen Sie für die interne Bewerbung das **Musterdokument 00180**.

9.3.5 Bewusstsein schaffen

Nachdem das Einführungsprojekt intern kommuniziert wurde, muss allen Beteiligten im Rahmen einer Wissensmanagement-Schulung bewusst gemacht werden, wie wertvoll Unternehmenswissen für die Erleichterung der täglichen Arbeit ist. **Die Philosophie von WBI bzw. Wissensmanagement sollte daher aktiv geschult und von allen Beteiligten verinnerlicht werden.** Die Einführung eines funktionierenden Wissensmanagements ist nämlich nicht nur eine Frage der Technik, sondern vielmehr ein Thema der richtigen Unternehmenskultur, Arbeitsmethodik und Führung.

Schulung zum Thema Wissensmanagement

Mit einer kurzen, guten Schulungspräsentation können die vielen Vorteile sowie das überarbeitete Unternehmensleitbild optimal vermittelt werden. Nutzen Sie dazu gerne unsere Vorlage in **WiDok 00507**.

Es reicht nicht aus, den Mitarbeitern die Vorteile einmalig aufzuzeigen. **Das Thema Wissensmanagement muss auch nach der Einführung täglich im Unternehmen präsent sein und gelebt werden.** Wissensmanagement-Schulungen sollten daher nicht nur in den Einschulungsplan der Firmen-Akademie aufgenommen, sondern auch jährlich aufgefrischt werden.

Kostenlose Online-Inhalte:
00185 WBI Handout Schulung neue Mitarbeiter Methode
00412 Motivation und Vorteile für Mitarbeiter
00468 WBI Methode – Übersicht Vorteile

9.3.6 Aktives Change Management

Mitarbeiter oft erfolgsentscheidend

Die Einführung von Wissensmanagement bedeutet auch eine Veränderung der Arbeitsweise und beeinflusst damit direkt den Arbeitsalltag aller beteiligten Personen. Veränderungen in Unternehmen führen jedoch häufig zu Widerständen – vor allem, wenn sie neue Prozesse und eine höhere Transparenz mit sich bringen. Mitarbeiter befürchten eine Verschlechterung ihrer Position oder eine Erhöhung des Arbeitspensums. Gerade die Angst vor Kompetenz- oder Arbeitsplatzverlust, bedingt durch die Preisgabe des Wissens, kann ein Wissensmanagement-Projekt zum Scheitern bringen.

Routine als Feind des Wissensmanagements

Oft haben jene Mitarbeiter, die bereits seit vielen Jahren dieselben Funktionen verantworten, ihre Aufgaben, Abläufe und ihr erlangtes Wissen verinnerlicht. Aufgrund der eingekehrten Routine setzen sie auf altbewährte Methoden und sehen keinen Sinn darin, ihr Wissen in Form von WiDoks zu erfassen oder Wissen aus WiDoks zu nutzen.

Speziell Aussagen wie *»Das haben wir immer schon so gemacht«* oder *»Warum soll ich das aufschreiben, das habe ich seit Jahren im Kopf«* sollten Sie hellhörig machen. Personen mit dieser Einstellung verhindern immer wieder, dass sich ein Unternehmen weiterentwickeln kann.

Es werden oft parallele Welten aufgebaut, in denen die überarbeiteten Anleitungen nicht genutzt und neue Richtlinien ignoriert werden.

Parallelwelten problematisch

Es gilt daher, gegen die verbesserungswürdige Routine der Menschen anzukämpfen, damit sich das Wissensmanagement im Unternehmen etablieren kann. **Deshalb ist es wichtig, den Einsatz der Wissensdatenbank zu fördern und den Mitarbeitern die korrekte Anwendung zu zeigen.** Wie Henry Ford bereits sagte:

 Wer immer nur macht, was er schon kann,
wird immer bleiben, was er schon ist.[35]

Gerade in etablierten Organisationen mit einer langen Firmengeschichte muss bei der Einführung von Wissensmanagement überzeugend und aktiv Change Management betrieben werden, denn die Routine und das Altbekannte sind oft die größten Feinde von Innovation und inkrementeller Weiterentwicklung.

Aktives Change Management

**Routine &
Überzeugung**

**Vision &
Neuerung**

Abb. 56: Spannungsfeld zwischen Routine und Neuerung

Wie **Abbildung 56** zeigt, befinden sich die Menschen in einem regelrechten Spannungsfeld: Auf der einen Seite stehen ihre bisherigen Überzeugungen, Altbewährtes und die Routine. Auf der anderen Seite warten Neuerungen, Innovation und eine Vision der Zukunft.[36] Und genau hier liegt das Problem: Auch wenn eine Vision eigentlich das Bild eines erstrebenswerten Zustands in der Zukunft zeigt, muss der Mensch bereit sein, seine Komfortzone zu verlassen und die Routine zu durchbrechen. Doch der Mensch ist oft ein »**Gewohnheitstier**« und kommt nur langsam von gewohnten Mustern ab.

Routine und Gewohnheiten siegen oft

35 Henry Ford (1863–1947), US-amerikanischer Automobilhersteller
36 Vgl. Senge 2006, S. 173

20 % First Mover
20 % Verhinderer

Lediglich 20 % der Belegschaft werden sich als sogenannte »First Mover« abzeichnen. Sie können den Sinn von Wissensmanagement rasch erkennen und sich daher schnell dafür begeistern. **Im Gegensatz dazu stehen meist 20 % »Verhinderer«, die nur sehr schwer von ihrer aktuellen Position abzubringen sind.** Bequemlichkeit, Trägheit und Angst nehmen hier überhand und drängen diese Personen in eine Abwehrstellung.

Breites Mittelfeld mit 60 %

Das breite Mittelfeld bilden rund 60 % der Anwender bzw. Konsumenten. Vor allem diese Mehrheit sollte durch aktives Change Management positiv gestimmt werden. Dazu muss die Belegschaft immer wieder von den Vorteilen des Wissensmanagements überzeugt und motiviert werden. Seien Sie daher stets ein Vorbild, arbeiten Sie wissensorientiert und integrieren Sie Wissensdokumente, wo sinnvoll und möglich, aktiv in den Arbeitsalltag.

Gibt es einen oder mehrere alteingesessene Mitarbeiter im Betrieb, die nicht offen sind für Veränderungen, kann das Mentoren-Prinzip hilfreich sein: Durch das Bilden eines altersgemischten Teams kann dem erfahrenen Wissensträger ein junger bzw. neuer Mitarbeiter zur Seite gestellt werden, der eingeschult werden soll. Wichtig ist hierbei, dass das vermittelte Wissen bzw. die vermittelten Erfahrungen durch den neuen Mitarbeiter konsequent in WiDoks erfasst werden. Solange der Wissensträger im Unternehmen tätig ist, kann er seinen jungen Kollegen bei Problemen oder kniffligen Projekten immer wieder mit seiner Expertise zur Seite stehen. Das Erlernte wird dann wieder kompakt, gezielt und lösungsorientiert in einem Wi-Dok erfasst.

9.3.7 System aufsetzen und implementieren

Abhängig vom Anbieter

Welche Schritte beim Aufsetzen und bei der Implementierung notwendig sind, ist stark vom gewählten System abhängig. Optimalerweise werden Sie hierbei von einem erfahrenen Berater oder Projektleiter Ihres Anbieters wesentlich unterstützt.

Die technische Installation im Hintergrund erfolgt meist in Zusammenarbeit mit dem Support Ihres Anbieters und der internen IT-Abteilung. Bei den meisten Systemen müssen Server aufgesetzt, gewisse Basiseinstellungen durchgeführt und diverse Konfigurationen vorgenommen werden. Vielfach ist eine Anbindung an das Active Directory möglich, was die Verwaltung der Benutzer später wesentlich erleichtert.

9.3.8 Schulung des Wissensmanagers bzw. Administrators

Das Verwalten von Benutzern, das Konfigurieren von Sichtbarkeits- und Benachrichtigungsgruppen sowie alle weiterführenden Einstellungen gehören zu den Aufgaben des Wissensmanagers bzw. des Administrators eines WMS. Damit sie diese Aufgaben wahrnehmen können, benötigen sie eine spezielle Einschulung.

In kleinen und mittleren Unternehmen übernimmt der Wissensmanager oft die Rolle des Administrators, weshalb die Schulungsinhalte meist zusammenfallen:

» Sensibilisierung für Wissensmanagement
» Verständnis der WBI®Methode
» Erklärung des Aufbaus und der Struktur des WMS
» Erklärung der Funktionen und Mechanismen des WMS
» Erstellen und Verwalten von Benutzerprofilen
» Verwalten von Sichtbarkeits- und Benachrichtigungsgruppen
» Erstellen und Verwalten von Wissensgebieten
» Erstellen und Verwalten von individuellen Vorlagen
» Generieren von Auswertungen (Interaktionen, Suchanfragen usw.)

Neben den genannten Punkten sollten im Zuge dieser Schulung auch alle wesentlichen Aspekte aus der Schulung für Mitarbeiter und Führungskräfte – siehe Kapitel 9.3.10 – vermittelt werden.

9.3.9   Optionale zweite Testphase

Wenn seitens der Administratoren alle Einstellungen erfolgt sind und das System entsprechend den Anforderungen aufgesetzt ist, empfiehlt es sich in größeren Unternehmen, eine weitere Testphase zu starten. So kann verhindert werden, dass kurz nach dem »**Go-live**« – also dem Zeitpunkt, ab dem die Software verfügbar und obligatorisch wird – noch lästige Fehler auftreten.

Mögliche
Szenarien
durchspielen

In der optionalen zweiten Testphase spielen die Mitglieder des Projektteams sowie Vertreter der verschiedenen Organisationseinheiten verschiedene Szenarien im neuen System durch. Hierzu kann beispielsweise explizites Wissen aus bestehenden Systemen kopiert und in das WMS übernommen werden. Ziel ist es, jeden Ablauf oder Mechanismus in den unterschiedlichen Organisationseinheiten zumindest einmal zu testen.

Durch das aktive und konsequente Testen und die intensive Auseinandersetzung mit dem System werden die Mitarbeiter aus den Organisationseinheiten zu wichtigen »Key Usern«. Sie können das Projektteam aktiv unterstützen und entlasten, indem sie zu den ersten Ansprechpartnern für die Mitarbeiter und Führungskräfte aus ihren Organisationseinheiten werden.

9.3.10   Schulung der Mitarbeiter
und Führungskräfte

Unterschiedliche
Schulungen je
nach Funktion

Mitarbeiter und Führungskräfte sind zwar allesamt Benutzer, haben im Unternehmen jedoch unterschiedliche Aufgaben bzw. Rollen und müssen daher unterschiedlich geschult werden. Es bietet sich an, die Schulungen je nach Bedarf und Funktion aus verschiedenen Schulungsmodulen zusammenzusetzen. Durch modulare Schulungen mit hohem Praxisbezug können alle beteiligten Personen optimal vorbereitet werden.

Inhalte für die Schulung der Inhaltsverantwortlichen und Anwender

» Sensibilisierung für Wissensmanagement

» Vorteile für Inhaltsverantwortliche und Anwender – siehe **Kapitel 4.3**

» Richtiger Umgang mit Wissen (WBI-Prozess) – siehe **Kapitel 6**

» Kriterien für WiDoks – siehe **Kapitel 5.6**

» Richtiger Umgang mit dem WMS (Suchen, Filtern, WiDok erstellen)

» Gestaltungsrichtlinien für WiDoks – siehe **Kapitel 5.5**

» Inhaltsverantwortung und operative Verantwortung

Grundlagen werden vermittelt

Inhalte für die Schulung der Führungskräfte

Die Schulung für die Führungskräfte einer Organisation beinhaltet alle Inhalte der Schulung für Inhaltsverantwortliche und Anwender. Zudem erhalten sie weitere Schulungsmodule, in denen es um erfolgskritische Themen im Bereich des wissensorientierten Managements geht:

Schulung von Grundlagen und Führungsthemen

» Ziele einer Führungskraft – siehe **Kapitel 12.1**

» Vorteile für Führungskräfte – siehe **Kapitel 12.2**

» Aufgaben von Führungskräften – siehe **Kapitel 7.5** bzw. **12.2**

» Maßnahmen und Werkzeuge der Führungskraft – siehe **Kapitel 12.3**

9.3.11   Go-live

Wenn alle Beteiligten geschult sind und das WMS justiert wurde, folgt der Go-live. Das neue System geht in den Regel- bzw. Produktivbetrieb über und steht fortan allen Personen mit Zugriff zur Verfügung. **Die Wissensdatenbank wird aktiv mit Inhalten befüllt und genutzt.**

Produktivbetrieb beginnt

Das Projektteam sollte den Go-live unbedingt nutzen und die Belegschaft über die erfolgreiche Implementierung und den Start des Betriebs des neuen Systems informieren. Kommende Schulungen können im Zuge dessen ebenfalls angekündigt und Projekterfolge kommuniziert werden.

9.3.12   Wissen identifizieren

Damit bereits kurz nach dem Go-live essenzielle Inhalte für alle Mitarbeiter und Führungskräfte zur Verfügung stehen, konzentriert sich WBI auf das Identifizieren und Bereitstellen von bereits erfasstem Wissen und potenziellen WiDoks.

Begeben Sie sich auf die Suche nach potenziellen WiDoks. Beachten Sie, dass diese auch auf dem Desktop, in E-Mail-Ordnern, in Projektdatenbanken oder ähnlichen Systemen schlummern. Nutzen Sie gerne das **Handout 00179**, um potenzielle WiDoks zu identifizieren.

Potenzielle WiDoks auf Laufwerken

Essenzielles Wissen auf Laufwerken

Oft schlummern auf den persönlichen sowie auf den Gruppen- und Firmenlaufwerken unentdeckte WiDoks mit essenziellem Wissen. Damit dieses allen zugänglich gemacht werden kann, müssen die WiDoks gefunden und in die Wissensdatenbank aufgenommen werden.

Hilfreiche Indizien für die Suche nach relevanten Dokumenten sind:
» Dateiname (Checkliste, Vorlage usw. – siehe Liste in **Kapitel 5.3**)
» Dateiformat (Word®, Excel®, PowerPoint®)
» Letztes Änderungsdatum
» Name des Verfassers bzw. Wissensträgers
» Nutzung (zuletzt verwendete Dateien)
» Anzahl an Duplikaten eines WiDoks am Laufwerk

Gehen Sie bei der Analyse Ihres Laufwerkes wie folgt vor:
1. Überprüfen Sie Ihren Desktop auf Dokumente und Dateien, die Sie immer wieder benötigen, und verschieben Sie diese in das WMS.
2. Durchsuchen Sie Ihr persönliches Laufwerk nach potenziellen WiDoks und laden Sie diese in das WMS.
3. Versehen Sie nun jedes dieser neuen Dokumente im WMS mit einem aussagekräftigen Titel und den notwendigen Metadaten.
4. Wählen Sie eine angemessene Sichtbarkeitsgruppe sowie den Empfängerkreis und veröffentlichen Sie die WiDoks.

Sollten Sie im Zuge der Suche nach WiDoks auf Dateien mit unnützem oder redundantem Wissen stoßen, können Sie diese Chance nutzen und eine Fusionierung bzw. Löschung veranlassen.

Wenn Sie Ihr eigenes Laufwerk analysiert haben, können Sie mit anderen Laufwerken im Unternehmen fortfahren. Sie werden erstaunt sein, wie viele Inhalte mit Potenzial auf den unterschiedlichen Gruppen- und Firmenlaufwerken schlummern.

Unternehmensweite Analyse der Laufwerke

Ziel ist es, die wichtigen und relevanten Dokumente und Informationen in der Wissensdatenbank zu sammeln und verfügbar zu machen. **Dadurch wird das WMS zur zentralen Quelle für das gesamte erfolgskritische Wissen und somit zum »Single Point of Truth«.**

Potenzielle WiDoks in anderen Systemen

Die meisten Unternehmen haben zwar noch kein zentrales WMS, aber andere Programme, in denen sich wertvolles Wissen versteckt. Daher sollten Sie, wenn Sie die Suche auf den Laufwerken abgeschlossen haben, damit beginnen, die anderen Systeme im Unternehmen auf potenzielle WiDoks zu prüfen.

Suche in anderen Systemen

Holen Sie sich pro Bereich bzw. System einen kompetenten Ansprechpartner bzw. Stakeholder mit ins Boot. Er kennt sicherlich die relevanten Dokumente aus seinem Verantwortungsbereich und kann Sie bei Ihrem Vorhaben unterstützen. Meine Erfahrung hat gezeigt, dass speziell Eigentümer, Geschäftsführer und Pioniere in Branchennischen über einen großen Wissensschatz verfügen, den es zu heben gilt. Sie wissen zudem sehr gut, welches Wissen im Unternehmen erhaltenswert ist und daher unbedingt gesichert werden muss.

Wissen aus E-Mail-Postfächern erfassen

In E-Mail-Postfächern befinden sich meist E-Mails mit wertvollen Inhalten, Abläufen und Regeln, die nur darauf warten, in Form von WiDoks gespeichert zu werden. Denn wie bereits in **Kapitel 8.3** beschrieben, sind E-Mails für den Wissenstransfer nicht geeignet.

E-Mails für Wissenstransfer ungeeignet

 **Im Zuge des Einführungsprojekts sollten die Wissensträger im Unternehmen ihre E-Mail-Postfächer analysieren und potenzielle WiDoks identifizieren.** Folgende Anhaltspunkte sind dabei hilfreich:

» Oft liegen wichtige E-Mails versteckt in Ordnern mit auffälligen Bezeichnungen wie »**Wichtig**« oder »**Wissenswertes**«.

» Manche Mitarbeiter bevorzugen den Einsatz von Markierungen und kennzeichnen so die wichtigsten E-Mails.

» Bei den gesendeten E-Mails sind vor allem interne E-Mails mit Anhängen und großen Empfängerkreisen interessant.

» E-Mails an die Geschäftsleitung enthalten oft relevante Inhalte: Wenn ein Thema so wichtig ist, dass es der Geschäftsführung gesendet wird, kann man grundsätzlich davon ausgehen, dass es auch in die Wissensdatenbank aufgenommen werden sollte.

Wissen aus Projektdatenbanken erfassen

Projekterfahrungen laufend sichern

Bei innerbetrieblichen Projekten ist es wichtig, dass das Projektteam das wertvolle Wissen, das während des gesamten Projekts und durch die Vernetzung der einzelnen Wissensträger entstanden ist, in einem oder mehreren WiDoks erfasst wird. Als Quelle bieten sich vor allem explizite Inhalte an, die im Rahmen des Projekts entstanden sind. **Ziel ist das gezielte Erfassen, Sichern und Rückführen von bereits explizit gemachtem Mitarbeiterwissen in WiDoks und somit in die Geschäftsprozesse eines Unternehmens.**

Debriefing von implizitem Wissen

Schwieriger wird es bei den impliziten Erkenntnissen, Erfahrungen und Meinungen zum Projekt: Hier bietet sich eine Reflexionsrunde oder auch ein »**Debriefing**« an, bei dem die einzelnen Projektmitglieder befragt werden oder sich über ihre Erfahrungen austauschen können.

 Unter Debriefing ist die gezielte Kodifizierung (d. h. explizit machen) und Ablage (...) von Mitarbeiterwissen mit dem Ziel der Wiederverwendung und Bewahrung von wertvollem Wissen und Kompetenz zu verstehen. Der Prozess eines Debriefing schließt dabei explizit Maßnahmen zur Rückführung von Wissen in die Wertschöpfungskette ein.[37]

37   Trojan 2006, S. 202

Bereits gemachte Projekterfahrungen und erarbeitete Problemlösungen, die bisher nur implizit vorhanden waren, werden bewusst in einem WiDok dokumentiert. Einerseits können sie dadurch später im Rahmen desselben Projekts wieder genutzt und die Inhalte des WiDoks überarbeitet werden. Andererseits können sie als Grundlage für ähnliche Projekte und zukünftige Vorhaben herangezogen werden.

Erfahrungen und Lösungsansätze nachhaltig nutzen

Speziell bei wiederkehrenden Projekten ist es bedeutsam, dass auch das implizite Wissen der Projektmitglieder in einem Wissensdokument erfasst wird, um aus Erfahrungen, Fehlern und Problemen zu lernen. Hierbei spricht man oft auch von »**Lessons Learned**« – also vom »**Lernen aus Projekterfahrungen**« oder vom »**Lernen aus Fehlern**«.

Musterdokumente übernehmen

Wie Sie sicherlich gemerkt haben, verweise ich in diesem Buch immer wieder auf verschiedene Musterdokumente, Vorlagen und vertiefende WiDoks. Diese wurden über Monate, teils über Jahre erarbeitet und ständig weiterentwickelt. Da ich Ihnen – entsprechend der WBI®Methode – rate, stets auf Bestehendem aufzubauen, um Zeit und Kosten zu sparen, möchte ich diese Musterdokumente mit Ihnen teilen. Zu diesem Zweck wurde eine Vielzahl an WiDoks aus unterschiedlichen Abteilungen und Branchen gesammelt und neutralisiert. Diese stehen Ihnen exklusiv und kostenlos zur Verfügung.

Musterdokumente, Vorlagen und vertiefende WiDoks

Lassen Sie sich von den Musterdokumenten inspirieren und starten Sie damit einfach und unkompliziert durch. Sollten Sie davon Gebrauch machen wollen, können Sie unter **www.wbi-buch.at** interessante Dokumente herunterladen.

Die Online-Inhalte sollen als Starthilfe dienen und es Ihnen erleichtern, anderen die Relevanz des Wissensmanagements anhand von realen WiDoks zu vermitteln. Hierbei unterscheide ich zwischen verschiedenen Arten von Dokumenten:

Online-Inhalte als Starthilfe

» **Musterdokumente vermitteln eine gewisse Idee.** Sie dienen der Ansicht und Inspiration. Ziel ist es, dass der Betrachter den Sinn davon erkennt und selbst ein äquivalentes WiDok erstellt. Die Inspirationsvorlage kann danach gelöscht werden.

> » **WiDoks, die als leere Vorlagen oder Formulare dienen und vom Anwender direkt abgeändert sowie überarbeitet werden können**

Nutzen Sie Musterdokumente, um neue Themen schnell und unkompliziert im Gespräch zu delegieren. Öffnen Sie dazu einfach das entsprechende Musterdokument auf Ihrem Bildschirm oder drucken Sie es aus. Ihr Gegenüber wird sofort verstehen, worauf Sie hinauswollen. Oft kommen in diesen Gesprächen bei der Suche oder durch die Nutzung von WiDoks Nachbarthemen auf, die anschließend in einem neuen WiDok erfasst oder in einem bestehenden WiDok ergänzt werden. Es kann sich um verwandte Themen handeln, die für gewisse Szenarien adaptiert werden, aber auch um WiDoks mit konträren Inhalten.

Auch bei Meusburger dienen Wissensdokumente als Inspirationsquelle: Im Verkaufsinnendienst gibt es beispielsweise klare Regeln, welche Abwesenheitsnotizen im Falle einer Abwesenheit zu versenden sind. Die Anleitung für den Abwesenheitsassistenten sowie die vorgegebenen Texte für die Abwesenheitsnotiz wurden in einem WiDok mit dem Titel »Anleitung Outlook Abwesenheitsassistent« erfasst. Durch das ständige Wachstum des Unternehmens kam in anderen Bereichen ebenfalls dieses Thema auf. Schnell war das bestehende WiDok im WMS gefunden. Der Personalbereich arbeitete daraufhin ein entsprechendes WiDok für das gesamte Unternehmen aus. Siehe **Musterdokument 00033**.

Stellen Sie sich bitte kurz vor, wie viel Arbeitszeit sich alle Beteiligten seither nur durch die vorgegebenen Texte und Sprachversionen für Abwesenheitsnotizen einsparen konnten. Keiner der über 1.500 Mitarbeiter muss mehr einen kompletten Text schreiben. Er muss lediglich die Textvorlage kopieren und das Datum sowie den Namen adaptieren. Bei Änderungen an der Vorlage werden alle Betroffenen automatisch per »Aufgabe Lesen« benachrichtigt.

9.3.13 Wissensdatenbank befüllen

Beim Befüllen der Wissensdatenbank wird zwischen der »quantitativen« und der »qualitativen Phase« unterschieden.

Quantitative Phase

In der »**quantitativen Phase**« steigt die Anzahl an WiDoks rasant an. Die Anwender können künftig schnell und einfach auf die notwendigen Informationen zugreifen und nutzen die Wissensdatenbank vermehrt.

Anzahl der WiDoks steigt rasant

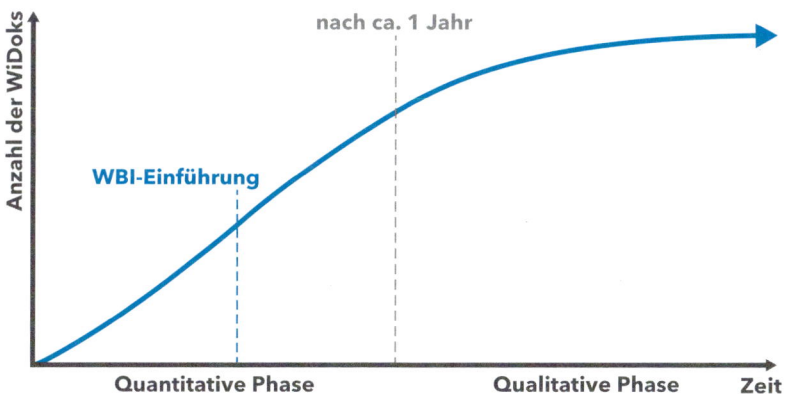

Abb. 57: Die quantitative und qualitative Phase

Halten Sie sich in der Einführungsphase mit kritischem Feedback eher zurück. Ermutigen Sie Ihre Mitarbeiter stattdessen durch Anregungen und geeignete Verbesserungsvorschläge. Verzichten Sie in dieser Phase auf zu strenge Gestaltungsrichtlinien. Es geht vorrangig darum, Wissen festzuhalten, und noch nicht um eine einheitliche Darstellung.

Qualitative Phase

Spätestens ein Jahr, nachdem die ersten WiDoks entstanden sind, werden die Inhaltsverantwortlichen von der Wiedervorlage erstmals zur Aktualitätsprüfung aufgefordert. **Dieser Zeitpunkt eignet sich gut, um von der quantitativen in die qualitative Phase überzugehen.**

Erste Wiedervorlage zum Anlass nehmen

Qualität vor
Quantität

Ab Beginn der qualitativen Phase wird die Qualität der Inhalte von neuen WiDoks strenger geprüft als zuvor. Bestehende WiDoks werden kontrolliert, weiterentwickelt, wenn nötig fusioniert und teilweise wieder gelöscht. Spätestens jetzt sollten die Gestaltungsrichtlinien geprüft und die WiDoks gegebenenfalls angepasst werden. Es wird vorrangig mit bestehenden WiDoks gearbeitet und es kommen weniger neue WiDoks hinzu als zuvor.

In dieser Phase gilt: Qualität vor Quantität! Es ist also besser, weniger Wissensdokumente zu verantworten, die über eine hohe Qualität verfügen, als sehr viele WiDoks mit schlechten Inhalten, die kaum jemand nutzt.

In sehr kleinen Unternehmen bietet sich für die Einführung von WBI eine ähnliche Vorgehensweise wie die meines Vaters Georg Meusburger an: Ein Kernteam – bestehend aus Führungskraft und Assistenz – nimmt das Projekt in die Hand. Die Führungskraft ist dabei die treibende Kraft, die das Wissensmanagement voranbringt, das Digitalisieren und Strukturieren von Wissensdokumenten beauftragt und den Mitarbeitern als Vorbild dient. **Die Assistenz übernimmt die Rolle des Wissensmanagers und agiert als Stabsstelle.** Sie erfasst in der quantitativen Phase zentral die WiDoks und sorgt für einen einheitlichen Sprachgebrauch sowie ein einheitliches Erscheinungsbild.

Später, wenn sich das Wissensmanagement im Unternehmen etabliert und die qualitative Phase begonnen hat, sollte die Verantwortung für das explizite Wissen auf mehrere Schultern verteilt werden. Denn Wissensmanagement sollte stets professionell, systematisch und dynamisch sein.

Dezentral erfassen – zentral zur Verfügung stellen

Wissensmanagement lebt davon, dass alle Inhaltsverantwortlichen ihr Wissen dezentral erfassen und weiterentwickeln können, die Inhalte dann allerdings zentral zur Verfügung gestellt werden. Die Inhaltsverantwortung sollte daher unbedingt an jene Wissensträger übertragen werden, die das Thema operativ verantworten.

9.4   Projektabschluss

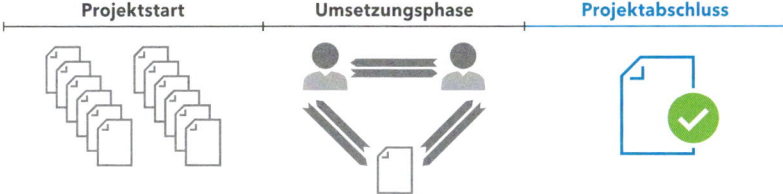

Abb. 58: Projektabschluss des Einführungsprojekts

Zum Abschluss eines Einführungsprojekts sollte sich das Projektteam nochmals treffen und eine Evaluierung bzw. ein Debriefing zum Projektverlauf durchführen.

Evaluierung zum Abschluss des Projekts

9.4.1   Reflexion und Debriefing

Mögliche Fragen für das Debriefing bzw. die Reflexion sind:
- » Was war die Zielsetzung? Hat sie sich verändert?
- » Wurden die Ziele erreicht?
- » Waren die Schulungen erfolgreich oder muss das Schulungskonzept überarbeitet werden?
- » Hat sich die Vorgehensweise als richtig bzw. geeignet erwiesen?
- » Welche Alternativen gab/gibt es?
- » Welcher Aufwand war geplant und wie viel wurde real aufgewendet?
- » Hat sich das Projektteam geändert? Warum?
- » Wie klappte es mit den Schnittstellen (Kunden, Projektteam, Mitarbeiter, Führungskräfte und Stakeholder)?
- » Welche Probleme waren absehbar/nicht absehbar?
- » Wie ist der Gesamteindruck bzw. die allgemeine Zufriedenheit?

Haben Sie auch nach dem Debriefing bzw. dem Projektabschluss weiterhin ein offenes Ohr für die Anliegen aller Beteiligten. Bieten Sie eine niederschwellige Möglichkeit, Feedback und Anregungen zu geben, indem Sie z. B. eine neutrale Mail-Adresse für Feedback einrichten lassen.

9.4.2 Erste Auswertung der Nutzung – Projektcontrolling

Nutzung regelmäßig auswerten

Nach der Umsetzungsphase sollte regelmäßig überprüft werden, ob die Wissensdatenbank angenommen und rege verwendet wird oder ob es hier Verbesserungspotenzial gibt. **Dazu werden vom Wissensmanager verschiedene relevante Kennzahlen in Form einer Wissensbilanz ausgewertet.** Diese kann in weiterer Folge regelmäßig aktualisiert werden. Mehr dazu erfahren Sie in Kapitel 10.2.

Auswertung als Basis für Maßnahmen

Auswertungen sind das wichtigste Werkzeug des Wissensmanagers und helfen ihm, den Wissensbestand im WMS kontinuierlich zu analysieren und weiter zu optimieren. Wichtig ist, dass die Auswertungen nicht nur für rein statistische Zwecke erstellt werden, sondern daraus Schlüsse abgeleitet werden und gegebenenfalls Handlungen folgen.

Nutzen Sie gerne die kostenlose **Vorlage 00475** und setzen Sie den Grundstein für eine Wissensbilanz. Diese ermöglicht Ihnen eine genaue Auswertung zu einem bestimmten Stichtag, in einem gewissen Zeitraum sowie eine Auswertung der absoluten Werte.

9.4.3 Interne Kommunikation

Weitere Strategie kommunizieren

Nach erfolgreichem Abschluss des Einführungsprojekts, dem Debriefing und der Auswertung der Nutzung sollte eine weitere Information an alle Beteiligten erfolgen. Folgende Punkte sollten dabei berücksichtigt werden:

» Loben Sie das Projektteam sowie alle beteiligten Mitarbeiter.
» Nennen Sie erste beeindruckende Zahlen und Ergebnisse aus der Auswertung, z. B. die Anzahl der neuen WiDoks seit der Einführung und die Anzahl der Inhaltsverantwortlichen.
» Erwähnen Sie, an wen sich die Mitarbeiter bei Fragen und Problemen wenden können.

» Beschreiben Sie die Strategie für die Weiterführung und Weiterentwicklung von Wissensmanagement.

» Nennen Sie weitere geplante Schritte und Ziele.

9.5 Risiken für den Projekterfolg

Alle Phasen des Einführungsprojekts bringen gewisse menschliche und technische Risiken mit sich, die zu einem Scheitern des betrieblichen Wissensmanagements führen können. Diese sollten Sie fortlaufend im Blick haben.

Einführungsprojekte scheitern häufig

Menschliche Risiken:

» Die Geschäftsführung, der Eigentümer oder die Führungskräfte stehen nicht dahinter oder kommen ihrer Vorbildwirkung unzureichend nach.

» Die notwendigen Ressourcen oder Kompetenzen fehlen.

» Die Prioritäten werden falsch gesetzt.

» Die einzelnen Personen des Projektteams sind nicht teamfähig.

» Die Akzeptanz und die Veränderungsbereitschaft der Mitarbeiter fehlen, sodass traditionelle Denk- und Arbeitsstrukturen, die Routine bzw. das Alteingesessene siegen.

» Die Widerstände im mittleren Management sind zu hoch.

» Die Unternehmens-, Fehler- bzw. Vertrauenskultur ist unpassend.

» Es herrscht ein beschränktes Verständnis für Prozessdenken, Kundennähe oder ein falsches Qualitätsverständnis vor.

» Die Wissensziele sind unklar oder intransparent.

» Die Schulungen in Bezug auf Wissensmanagement und die Software sind unzureichend.

» Qualität und Aktualität der Inhalte sind mangelhaft.

» Die Definition von Wissen bzw. der Kriterien für WiDoks ist zu ungenau.

» Die Einführung ist übereilt oder schlecht geplant.

» Die Einführung wird zu wenig oder zu spät kommuniziert.

» Die Zuständigkeiten sind nicht klar geregelt.

Systembedingte Risiken:

» Das System ist nicht einfach und intuitiv zu bedienen.

» Die Suche ist zu kompliziert oder nicht wirkungsvoll.

» Die Verteilung des Wissens ist zu umständlich.

» Der administrative Aufwand ist zu hoch.

» Es gibt keine klaren Richtlinien und Regeln für die Nutzung des WMS.

» Es gibt zu viele andere Quellen für Wissen: Einige Mitarbeiter arbeiten an der Wissensdatenbank vorbei und bauen dadurch bewusst oder unbewusst eine Parallelwelt auf.

KURZ & KNAPP

» Zu Beginn eines Einführungsprojekts erfolgt eine Ist-Analyse zum Status von Wissensmanagement und die Abstimmung der Projektziele.

» In der Umsetzungsphase wird das Kernteam erweitert und somit zum Projektteam.

» Das Projektteam klärt bei einem Kick-off-Meeting die wesentlichen Fragen, Anforderungen und Rahmenbedingungen und definiert die Projektziele.

» Zum Aufbau und als Zeichen einer wissensorientierten Kultur wird Wissensmanagement im Unternehmensleitbild verankert und ein Wissensmanager bestellt.

» Für eine erfolgreiche Einführung muss allen Beteiligten die Relevanz von Wissensmanagement bewusst gemacht werden.

» Durch internes Projektmarketing und aktives Change Management werden alle Beteiligten positiv auf das Thema eingestimmt.

» Ist die Entscheidung für Wissensmanagement gefallen, muss eine softwaretechnische Lösung gewählt werden.

» Vor der Einführung eines neuen Systems muss dieses intensiv getestet und im Hinblick auf Funktionalität und Benutzerfreundlichkeit geprüft werden.

» Nach der Testphase müssen Mitarbeiter und Führungskräfte in Bezug auf die Sinnhaftigkeit von Wissensmanagement und die neue Software geschult werden.

» Bestehende Wissensdokumente müssen identifiziert, gesammelt und in die Wissensdatenbank hochgeladen werden.

» Die erste Auswertung der Nutzung des WMS gibt Aufschluss darüber, ob die Wissensdatenbank von den Anwendern angenommen wird, und dient dem Wissensmanager als Basis für Entscheidungen und weiterführende Maßnahmen.

Wir geben bereits heute viel Geld für die
Generierung, den Erhalt und die Verteilung
von Wissen und Informationen aus. Wissen nicht
zu managen, bedeutet Geldverschwendung.

Bernd Fiedler
Deutscher Trainer für Wissensmanagement und
Lehrbeauftragter an der Hochschule Augsburg

WBI PRO

Anleitung für eine lebendige Wissensdatenbank &
Erweiterungen für Fortgeschrittene

10 WBI ERFOLGREICH LEBEN

In der schnelllebigen Zeit sind Agilität, Dynamik und Anpassungsfähigkeit wichtiger als je zuvor. Unternehmen müssen also ständig in Bewegung sein und sich ständig weiterentwickeln. Mitarbeiter sehnen sich jedoch nach Beständigkeit und Sicherheit. Ein Spagat, den es für viele Unternehmen zu bewältigen gilt und bei dem WBI Sie aktiv unterstützen kann. WBI ist mehr als eine reine Wissenssicherung durch ein WMS. **WBI ist eine praxiserprobte, wissensorientierte Zusammenarbeits- und Managementmethode, die Mitarbeiter und Führungskräfte durch die aktive Nutzung von Wissen gleichermaßen in ihrer täglichen Arbeit voranbringt und unterstützt.**

Sollten Ihnen einige Themen in WBI PRO bereits von WBI BASIC bekannt vorkommen, seien Sie bitte nicht irritiert: WBI PRO ist so ausgelegt, dass es eigenständig gelesen werden kann, wenn man die WBI®Methode bereits kennt bzw. bereits WBI im Unternehmen einsetzt. Es kann also zu Wiederholungen von einzelnen Themen kommen – gerade im Hinblick auf das Kapitel 12 – da das Führungsthema sehr stark in der WBI®Methode verankert ist und sowohl für WBI BASIC als auch für WBI PRO relevant ist.

Wissensorientierte Arbeitsmethodik

10.1 Darstellung von Wissen

Bei der Darstellung bzw. Visualisierung von Wissen geht es darum, Texte, Daten und Sachverhalte mithilfe von Sprache und grafischen Elementen, Bildern und Metaphern zu vermitteln, zu vereinfachen oder zu vertiefen.

Laut einer deutschen Studie[38] findet man in vielen Wissensmanagement-Systemen eine 80/20-Verteilung. Das bedeutet, dass 80 % der Zugriffe immer auf dieselben 20 % der Dokumente erfolgen. Es ist daher notwendig, den Fokus auf diese bedeutsamen 20 % zu legen und diese möglichst ansprechend und leicht verständlich zu gestalten.

WiDoks ansprechend gestalten

38   Vgl. Huber; Kolb 2017, S. 148

Es gehört zu den Aufgaben des jeweiligen Inhaltsverantwortlichen, seine **Inhalte so aufzubereiten, dass das Wissen richtig, vollumfänglich und verständlich beim Empfänger ankommt.** Dabei sollten unbedingt einige Grundregeln beachtet werden:

1. **Ziele vorab definieren:** Wofür mache ich dieses WiDok? Für wen mache ich dieses WiDok?
2. **Auf das Wesentliche reduzieren:** Was ist notwendig – was nicht?
3. **Wahrnehmungsgesetze beachten:** Welche Farbe bewirkt was? Wie beeinflusst die Platzierung von einzelnen Elementen die Aussage einer Darstellung?
4. **Reflexion und Feedback einholen bzw. einarbeiten:** Wie kommt die Darstellung bei den Empfängern an? Wo gibt es Missverständnisse oder Probleme?

Bereits mein Vater, Georg Meusburger, war immer der Überzeugung: Erst wenn ein WiDok derart selbstredend und logisch ist, dass zu seinen Inhalten nichts mehr erklärt oder gesagt werden muss, hat es sein Ziel erreicht. Dem kann ich an dieser Stelle nur beipflichten. **Dabei liegt der Fokus nicht auf der Vollständigkeit, sondern auf der Verständlichkeit von Text und Bild.**

10.1.1 Textgestaltung

Die Formulierung und Gestaltung von Texten sollte immer darauf abzielen, das Wissen möglichst niederschwellig und schnell zu vermitteln, sodass die Leser nicht überfordert werden. Inhalte können dadurch geistig schneller erfasst und besser angewendet werden. Ein großer Vorteil – speziell bei umfangreichen Auswertungen. Hier ein kleiner Auszug von einigen wichtigen Regeln zur Textgestaltung. Die vollständige Liste finden Sie im **vertiefenden WiDok 00470**.

Verständlichkeit
» Fokus auf das Wesentliche legen – überschaubare Einheiten
» WiDoks immer mit Blick auf die Zielgruppe erfassen

» Kurze Sätze verwenden – lange und verschachtelte Sätze vermeiden

» Fremdwörter und komplizierte Formulierungen vermeiden

» Fachbegriffe und Abkürzungen gegebenenfalls in Klammern erläutern

Lange Sätze vermeiden

Überschriften

» So kurz und einfach wie möglich halten

» Keine komplizierten Begriffe oder Fremdworte verwenden

» Einheitlich formatieren

Vermeiden Sie lange Fließtexte und arbeiten Sie stattdessen mit Aufzählungspunkten. Der Vorteil dabei: Einzelne Aufzählungspunkte lassen sich leichter ändern bzw. umschreiben. Lange Fließtexte hingegen werden nur selten überarbeitet bzw. weiterentwickelt.

10.1.2   Grafische Elemente

Eine weitere Möglichkeit, den Text so kurz wie möglich zu halten, ist der Einsatz von Fotos, Zeichnungen und Grafiken. Ganz nach dem Motto »*Ein Bild sagt mehr als tausend Worte*« können komplexe Inhalte oder Situationen ohne viel Text dargestellt werden. Mitarbeiter können die Inhalte dadurch schnell erfassen und mögliche Unterschiede bei einem Vergleich besser erkennen.

Ein Bild sagt mehr als 1.000 Worte

Vorteile von Fotos und Grafiken:

» Weniger Erklärungsbedarf, da Darstellungen oft selbstredend sind.

» Gegenmaßnahme zur Informationsüberflutung: Empfänger erhält schnell einen Überblick

» Visuelle Eindrücke bleiben durch die Verknüpfung mit Grafiken oder Fotos besser in Erinnerung

» Darstellung kann beim Leser ein höheres Bewusstsein schaffen und sensibilisieren

» Leser werden aktiviert und daher vermehrt Entscheidungen herbeigeführt

» Diagramme lassen sich besser analysieren

10.1.3   Metaphern

Metapher
als Symbol
nutzen

Auch Metaphern können in WiDoks verwendet werden, um komplexe Inhalte zu vermitteln. Bezieht man sich im Gespräch immer wieder auf dieselbe Metapher zu einem gewissen Thema, etabliert sie sich. Auch die damit einhergehenden Gedanken verankern sich in den Köpfen der Mitarbeiter und somit im Unternehmen. Der Vorteil dabei: **Alle Mitarbeiter haben das gleiche Verständnis und somit eine gemeinsame Basis.**

Geht es beispielsweise um die Fusion von zwei Unternehmen, bietet sich die Symbolik einer Brücke an, die von beiden Seiten aus gebaut wird. Die Metapher wird zum Sinnbild der Fusion und die positive Symbolik des Brückenschlagens festigt sich in den Köpfen aller Beteiligten.

10.1.4   Farbwirkung

Farben
vermitteln
Gefühle

Die »**Farbwirkung**« ist ein wesentlicher Punkt bei der Darstellung von Wissen. **Jede Farbe hat eine unterschiedliche Wirkung und vermittelt gewisse Gefühle.** Rot warnt uns beispielsweise, während Blau uns beruhigt und Grün das Auge entspannt. Farben haben zudem einen hohen Wiedererkennungswert. Siehe **vertiefendes WiDok 00459**.

Wählen Sie eine passende Farbe für das CD der Wissensdokumente. In einem WMS können hierzu bei den gängigen Dateiformaten entsprechende Vorlagen hinterlegt werden. Auch für Auswertungen sollte ein gewisses Farbspektrum fixiert und angewendet werden.

10.2   Bewertung von Wissen – die Wissensbilanz

Die »**Wissensbilanz**« dient der Bewertung von betriebseigenem Wissen und somit von immateriellen Vermögenswerten. Sie ist jedoch kein reines Zahlenwerk und kann daher auch nicht als »**Bilanz**« im klassischen Sinn bezeichnet werden. Es handelt sich vielmehr um einen Fragenkatalog, auf dessen Basis der Wert von Wissen eingeschätzt und später mit den Daten der Folgejahre verglichen werden kann. Die erste Bewertung von Wissen und dessen Nutzung erfolgen meist im Rahmen der Einführung von Wissensmanagement. Siehe Kapitel 9.4.2.

Bewertung der immateriellen Vermögenswerte

Die Wissensbilanz stellt dabei das aktuelle »**Wissenskonto**« eines Unternehmens dar. Sie basiert auf verschiedenen Wissenskennzahlen und kann grob in vier Kategorien unterteilt werden:

» **Personenbezogene Kennzahlen** (Anzahl der Benutzer, IV usw.)
» **Dokumentenbezogene Kennzahlen** (Anzahl WiDoks, Entwürfe usw.)
» **Kennzahlen zu Wissensgebieten** (Anzahl Wissensgebiete usw.)
» **Aktionsbezogene Kennzahlen** (Anzahl Klicks, Interaktionen usw.)

Wird eine Wissensbilanz über einen längeren Zeitraum erstellt, lässt sich die Entwicklung zwischen zwei definierten Zeitpunkten, z. B. jeweils zum Jahresende oder am Ende eines Quartals, analysieren. Im Laufe der Zeit kann so der Fortschritt der Wissensbasis im Unternehmen beobachtet und im zeitlichen Verlauf dargestellt werden.

Wissensbilanz stellt Entwicklung dar

Welche Parameter genau Bestandteil der Wissensbilanz sind, sehen Sie in **Musterdokument 00475**. Weitere Informationen zur Wissensbilanz erhalten Sie im **vertiefenden WiDok 00413**.

Bei der Wissensbilanz sollten immer jene Werte mit der größten Abweichung vom Durchschnitt genauer betrachtet werden. Geht es beispielsweise um die Anzahl der WiDoks pro Inhaltsverantwortlichem, muss der Wissensmanager vor allem jene mit den meisten WiDoks bzw. mit nur einem einzelnen WiDok beobachten. Siehe Kapitel 7.2.1 und 7.2.2.

Doch auch bei den anonymisierten Nutzungszahlen, also den Klickraten und Ansichten von WiDoks, lohnt sich ein genauer Blick: Wenn ein WiDok selten oder gar nicht genutzt wird, ist das oft ein Indikator dafür, dass das WiDok archiviert oder gelöscht werden kann. Allerdings

Anonymisiertes Nutzerverhalten auswerten

gibt es auch WiDoks, die nicht regelmäßig genutzt werden, aber deren Inhalte in der bestehenden Form dennoch wichtig sind, da sie nur in Notfällen benötigt werden. Siehe Kapitel 10.5.13.

Prüfen Sie bei WiDoks mit niedrigen Nutzungszahlen daher zuerst, ob die Sichtbarkeitsrechte oder die »Aufgabe Lesen« zu spärlich vergeben wurden und erweitern Sie diese, wenn nötig. Falls sich die Zahlen nicht verbessern, sollten Sie im nächsten Schritt den Aufwand für die regelmäßige Aktualisierung und Pflege des WiDoks reduzieren.

10.3 Lebenszyklus eines WMS

Wie ein WiDok hat auch ein Wissensmanagement-System einen Lebenszyklus.[39] Wird in einer Organisation ein WMS eingeführt, entstehen in der »**Einführungsphase**« viele WiDoks . Siehe **Abbildung 59**.

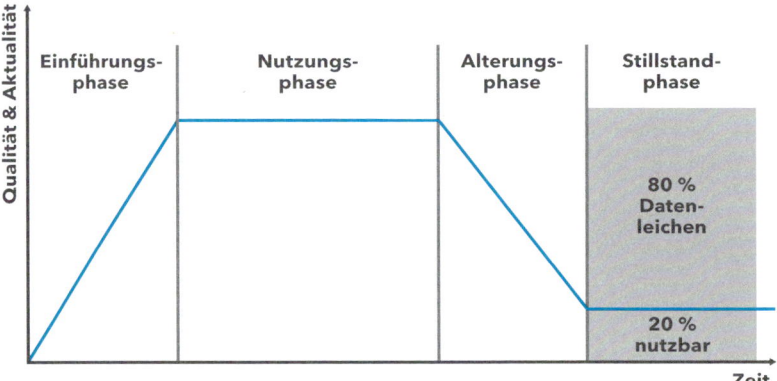

Abb. 59: Nutzungsphasen eines Wikis ohne WBI-Mechanismen

Nutzungsphase entscheidet über Akzeptanz

Im Anschluss an die Einführungsphase beginnt die Nutzungsphase. **Nur wenn die Inhalte einer Wissensdatenbank ständig verwendet und weiterentwickelt werden, bleibt das System dynamisch und lebendig.** Und nur ein lebendiges System mit hochwertigen Inhalten wird von den Mitarbeitern freiwillig und gerne verwendet. Daher ist es wichtig, das WMS vital zu halten und Missständen beim System sowie bei einzelnen WiDoks schnellstmöglich nachzugehen.

39   Vgl. Höfer 2014, online

Wissen hat eine Art »**Halbwertszeit**« – sowohl im Gehirn als auch in einer Wissensdatenbank. Je nachdem, wie schnell sich die Organisation weiterentwickelt, sollten sich auch die Wissensdokumente sowie die ganze Wissensdatenbank weiterentwickeln, da die Inhalte des Systems sonst veralten.

Wissen hat eine Halbwertszeit

In einer Wissensdatenbank muss daher Sorge getragen werden, dass das Wissen ständig aktuell, richtig und relevant gehalten wird, da es sonst zwangsläufig in die »**Alterungsphase**« eintritt. Ist diese Grenze überschritten, geht es mit der Qualität und Aktualität steil bergab.

Qualität und Aktualität sinken rapide

In der letzten Phase, der »**Stillstandphase**«, besteht das System zu ca. 80 % aus Datenleichen. Die Inhalte sind hier bereits so stark veraltet, dass nur mehr ein geringer Teil von rund 20 % verwendbar ist. Dabei handelt es sich meist um unumstößliches Kern- und Faktenwissen, also um Zahlen, Daten und Fakten, die sich nur sehr selten ändern und mit geringem Aufwand aktualisiert werden können. Dennoch verendet das Wissensmanagement-System langsam, bis es schließlich niemand mehr nutzen will.

Stillstand und Datenleichen

Ein typisches Anzeichen für die Stillstandphase ist, dass die suchende Person auf eine Frage mehrere, konkurrierende Antworten findet. Sie kann nicht mehr eigenständig erkennen, welche Antwort aktuell gültig ist, und ist daher auf die Hilfe des Zuständigen angewiesen.

Konkurrierende Antworten

Ist ein WMS in der Stillstandphase angekommen, so ist es oft einfacher, mit einem neuen System von vorne zu beginnen, anstatt vergeblich zu versuchen, das alte System aufzuräumen oder gar zu revitalisieren.

Die große Schlüsselfrage in diesem Kapitel lautet daher: **Wie kann Wissensmanagement dauerhaft lebendig und dynamisch bleiben?** Das übergeordnete Ziel ist, das WMS stets in der Nutzungsphase zu halten, um den Eintritt in die Alterungsphase dauerhaft zu vermeiden. Durch den WBI-Prozess werden die Inhalte der einzelnen WiDoks und somit auch die Inhalte der gesamten Wissensdatenbank ständig gepflegt, aktualisiert, weiterentwickelt und verbessert. **WBI wirkt der Alterungsphase dadurch aktiv entgegen.** Siehe **Abbildung 60**.

Ende der Nutzungsphase hinauszögern

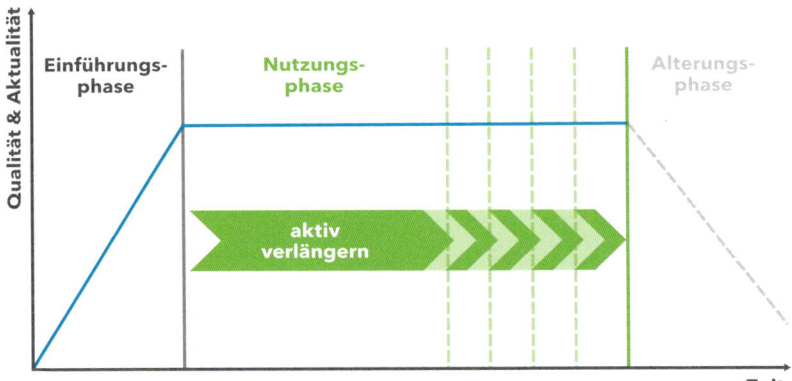

Abb. 60: WMS wird aktiv in der Nutzungsphase gehalten

Damit das Wissensmanagement in einer Organisation dynamisch und lebendig bleibt, müssen WiDoks in allen Organisationseinheiten und von allen Personen aktiv angewendet und in den Arbeitsalltag integriert werden. Durch wertvolle und gut aufbereitete Inhalte wird gefördert, dass alle Beteiligten die WiDoks und somit auch die Wissensdatenbank gerne nutzen und, wenn nötig, Feedback dazu geben.

10.4 Erweiterte Mechanismen eines WMS

Je nachdem, für welches WMS Sie sich entscheiden, gibt es verschiedene optionale Funktionen und Mechanismen. **Folgende zusätzlichen Mechanismen eignen sich besonders für Unternehmen, die WBI bereits eingeführt haben und über einen soliden Dokumentenbestand verfügen.**

10.4.1 Wissensgebiete

Menschen aller Art werden im privaten oder beruflichen Umfeld ständig mit neuen Themen, Herausforderungen und Aufgaben konfrontiert. Gerade in Zeiten wie im Frühjahr 2020, in denen eine globale

Pandemie große Teile der Weltwirtschaft einbremste, drängte sich allen das Thema »**Corona**« auf. Anerkannte Virologen schalteten sich ein und gaben ihr Wissen dazu preis. Politiker, Unternehmen und auch Privatpersonen mussten sich zwangsläufig mit diesem neuen »**Wissensgebiet**« beschäftigen, Handlungsanweisungen erarbeiten bzw. Konsequenzen daraus ziehen.

Ständig neue Wissensgebiete

Auch im Arbeitsalltag beschäftigen wir uns ständig mit bestehenden und neuen Wissensgebieten: Unser berufliches Wissen wird sukzessive erweitert und im erstrebenswerten Optimalfall laufend in Wissensdokumenten erfasst. Mit der Zeit können mehrere WiDoks zum selben Thema entstehen, die sich jedoch unterschiedlichen Fragestellungen widmen, verschiedene Perspektiven aufzeigen oder verschiedene Zielgruppen ansprechen.

Unterschiedliche Fragestellungen

Wissensgebiete dienen der Gliederung und Darstellung von WiDoks und bilden die Wissensbasis einer Organisation in Form eines Wissensbaumes ab. Sie sind ein optionales, aber effektives Werkzeug der WBI®Methode.

Durch die Zuordnung der WiDoks zu Wissensgebieten kann eine brauchbare Übersicht geschaffen werden. Mehrfachzuweisungen sind möglich, was einen großen Vorteil gegenüber einem Laufwerk darstellt. Etwaige Überschneidungen sowie Redundanzen werden aufgedeckt.

Brauchbare Übersicht

Beispiele für Wissensgebiete bei Meusburger sind:

» Ausbildung	» Preise und Rabatte
» Auswertungen	» Projektmanagement
» Datenschutz	» Reklamationen
» Einschulungen	» Strategien
» ERP	» Veranstaltungen
» Kunden	» Vertriebsplanung
» Lieferanten	» Werbemittel
» Mitbewerber	» usw.
» Newsletter	

Es geht nicht darum, die Wissensdokumente der gleichen Art in diesem Wissensgebiet zu sammeln, sondern vielmehr darum, die Inhalte der WiDoks damit zu kategorisieren. So sind im Wissensgebiet »**Auswertungen**« keine Auswertungen hinterlegt, sondern lediglich Wissensdokumente, in welchen das Thema Auswertungen behandelt wird. Beispiele hierfür wären »Anleitung Arbeiten mit Auswertungen« – siehe **Musterdokument 00398** – oder auch »Vorlage Gestaltungsrichtlinien für Auswertungen« – siehe **Musterdokument 00395**.

Welche anderen Wissensgebiete für eine Organisation relevant sind und wie die Verbindung in Bezug auf die Organisationseinheiten ist, sehen Sie anhand der Online-Inhalte auf **www.wbi-buch.at**.

10.4.1.1 Wissensgebiet-Verantwortliche

Verantwortung
klar geregelt

Jedem Wissensgebiet sollte ein sogenannter »**Wissensgebiet-Verantwortlicher**« – kurz »**WGV**« – zugeteilt werden. Es handelt sich dabei um eine optionale Rolle, die nur zum Einsatz kommt, wenn eine Organisation über einen soliden Dokumentenbestand sowie ein WMS mit Wissensgebieten verfügt. **Durch die Ernennung von Wissensgebiet-Verantwortlichen werden die Zuständigkeiten für die Wissensgebiete klar geregelt.**

Der Wissensgebiet-Verantwortliche übernimmt folgende Aufgaben:
» Erster Ansprechpartner bei Fragen zum Wissensgebiet
» Überblick über alle zugeordneten WiDoks und untergeordneten Wissensgebiete bewahren und ggf. ändern
» Teilung von überdurchschnittlich großen WiDoks veranlassen
» Fusionierungen anregen, um doppelte WiDoks zu vermeiden
» Sicherstellen, dass alle relevanten WiDoks zu einem Thema das Wissensgebiet hinterlegt haben
» Prüfen, ob zugeordnete WiDoks gelöscht oder archiviert werden sollten

Betrachtet man die Aufgaben eines WGV fällt auf, dass er den Wissensmanager durch viele seiner Aufgaben entlastet. Was der Wissensmanager im Großen ist, übernimmt der Wissensgebiet-

Verantwortliche also in Bezug auf sein Wissensgebiet bzw. seinen Verantwortungsbereich. Durch die Ernennung der unterschiedlichen Wissensgebiet-Verantwortlichen kann eine Art »**Expertendatenbank**« aufgebaut werden. **Eine Möglichkeit, die Lücken im impliziten und expliziten Wissen sichtbar werden lässt**. Mehr dazu in Kapitel 12.2.7.

Damit ein Wissensgebiet-Verantwortlicher diese Aufgaben auch übernehmen kann, sollte er bei Veränderungen der Inhalte seines Wissensgebiets eine Benachrichtigung vom System erhalten. Verfügt das WMS über keine automatische Benachrichtigung für den WGV, muss dieser bei allen WiDoks bei der »Aufgabe Lesen« eingetragen werden.

10.4.1.2 Wissensgebiete definieren und verwalten

Die verschiedenen Ebenen der Wissensgebiete bilden eine Art »**Wissensbaum**«. Der Wissensbaum ist die hierarchische Darstellung der Wissensgebiete in Form einer Baumstruktur und stellt alle WiDoks, Wissensgebiete und deren Verbindungen dar.

Hierarchische Darstellung als Baum

Der Baum und die Äste verkörpern dabei verschiedene Ebenen der Wissensgebiete. Daran können später die Blätter – also die Wissensdokumente – »befestigt« werden. Eine Mehrfachzuordnung ist, abhängig von der Wahl des WMS, oft möglich.

Wenn der Wissensbaum einem einfachen und verständlichen Grundkonzept folgt, ist es für die Anwender leichter, dessen Struktur zu verstehen. Sie finden sich dadurch besser zurecht und die Wissensgebiete stoßen auf mehr Verständnis und Akzeptanz.

Zu Beginn sollten Sie, je nach Komplexität und Anzahl der bestehenden WiDoks, mit einstufigen oder auch mehrstufigen Wissensgebieten mit maximal drei Ebenen beginnen. Ein Beispiel für mehrstufige Wissensgebiete finden Sie im vertiefenden **WiDok 00410**.

Selbst der Milliardär Elon Musk erwähnt bereits im Jahr 2018 in einem Interview mit »Reddit« die Relevanz eines Wissensbaumes:

Es ist wichtig, Wissen als eine Art semantischen Baum zu betrachten – stellen Sie sicher, dass Sie die Grundprinzipien, das heißt den Stamm und die großen Äste, verstehen, bevor Sie sich den Details beziehungsweise den Blättern widmen. Andernfalls gibt es nichts, woran Sie sich festhalten können.[40]

Wildwuchs vermeiden

Daher sollten von Beginn an eine falsche Verwendung der Wissensgebiete und ein Wildwuchs vermieden werden. Grundsätzlich gilt: Je weniger Wissensgebiete, desto besser. Dadurch bleibt der Wissensbaum übersichtlich und die Zuordnung von WiDoks wird maßgeblich erleichtert. Es gibt verschiedene Vorgehensweisen für dessen Erstellung:

Wissensbaum als Grundstruktur erstellen

Wissensgebiete können zu Beginn gut mittels einer Liste gesammelt und gegliedert werden. Es handelt sich dabei um ein einfaches Wissensdokument mit einem tabellarischen Aufbau. Anhand dieses WiDoks werden später die Wissensgebiete im WMS digital angelegt.

Abb. 61: Der Wissensbaum als Struktur, aber ohne Blätter

40   Musk 2018, online

Wissensdokumente sichten und clustern

TIPP

» Betrachten Sie die, wie in **Kapitel 9.3.12** beschrieben, gesammelten relevanten Dokumente und versuchen Sie, diese aufgrund inhaltlicher Merkmale und thematischer Ähnlichkeiten in Gruppen zu unterteilen.
» Vergleichen Sie die Gruppen untereinander und legen Sie den Fokus auf jene Gruppen mit enorm vielen Dokumenten.
» Versuchen Sie, diese innerhalb der Gruppe weiter zu gliedern, bis alle Gruppen in etwa gleich groß sind.
» Überlegen Sie sich nun Themen bzw. Überbegriffe für diese Gruppen – das werden Ihre ersten Wissensgebiete.
» Erstellen Sie nun ein WiDok mit einer Liste aller Wissensgebiete. Nutzen Sie dazu das **Musterdokument 00493**.
» Ergänzen Sie in der Liste die Beschreibung, die Synonyme und den Wissensgebiet-Verantwortlichen der einzelnen Wissensgebiete.

Um Redundanzen zu vermeiden, sollten Sie mögliche Synonyme in diesem WiDok erfassen. Sucht ein Mitarbeiter später nach einem der Synonyme, so ist im WiDok ersichtlich, welcher Begriff im WMS dafür hinterlegt ist.

Redundanzen vermeiden

Wissensgebiete in einem WMS anlegen

In einem funktionalen Wissensmanagement-System können Wissensgebiete erstellt und verwaltet werden. **Wird dieses Feature aktiviert, können Wissensgebiete bei den Metadaten hinterlegt und WiDoks damit kontextabhängig klassifiziert werden.** Die Wissensdokumente können nach der Einrichtung der Wissensgebiete einfach zugeteilt werden.

Wissensgebiete erstellen und hinterlegen

» Erstellen Sie anhand Ihrer Liste von Wissensgebieten die einzelnen Wissensgebiete im WMS.
» Fügen Sie die jeweilige Beschreibung hinzu.
» Weisen Sie jedem Wissensgebiet einen WGV zu.
» Teilen Sie die WiDoks den einzelnen Wissensgebieten zu.

Abb. 62: Der Wissensbaum mit Blättern

 Um Sie in der Anfangsphase und somit beim Aufbau des Wissensbaumes zu unterstützen, biete ich Ihnen auch hier eine Starthilfe an. Nutzen Sie in diesem Zusammenhang gerne das **Musterdokument 00410**.

10.4.1.3   Einfacheres Suchen und Filtern

Viele Mitarbeiter verwenden die klassische Suchfunktion, um das benötigte Wissen zu finden. Einigen Mitarbeitern fällt es aber leichter, auf die klassische Suche zu verzichten – sie nähern sich den gewünschten Inhalten stattdessen bevorzugt über einen Filterungsprozess oder durch Durchklicken wie zu Zeiten von Yahoo, Lycos und AOL.

Filtern nach Wissensgebiet

Liste aller WiDoks eines Wissensgebiets
Wenn bei den WiDoks die entsprechenden Wissensgebiete hinterlegt sind, kann durch eine Filterfunktion eine übersichtliche Liste aller WiDoks zu einem spezifischen Wissensgebiet dargestellt werden. Das erleichtert nicht nur das Finden von WiDoks, es gibt zudem Auskunft darüber, ob zu einem bestimmten Thema bereits Wissen vorhanden ist oder nicht.

Gibt es kein passendes WiDok, ist der Suchende dazu angehalten, entweder selbst eines zu erstellen oder einen geeigneten Inhaltsverantwortlichen darum zu bitten.

Sucht ein Mitarbeiter nach allen Wissensdokumenten zum Thema »Events« oder »Messen«, kann er das entsprechende Wissensgebiet »Messen« filtern und erhält sofort alle zugehörigen WiDoks.

Einfache Navigation zu einem Thema

Die Darstellung aller Wissensgebiete in einem Wissensbaum ermöglicht eine manuelle Navigation durch das gesamte Unternehmenswissen. **Die Anwender klicken sich dazu einfach durch den Wissensbaum, grenzen das Thema dadurch immer weiter ein und gelangen schließlich zum gewünschten Wissensgebiet bzw. WiDok.** Das benötigte Wissen wird gefunden und kann genutzt werden.

Manuelle Navigation möglich

Wenn ein neuer Mitarbeiter eintritt, liegt es in der Verantwortung des direkten Vorgesetzten, dem Mitarbeiter das relevante Wissen zur Verfügung zu stellen. Allerdings werden beim sogenannten »**Onboarding**« oft wichtige Themen und Aufgaben vergessen. Hat der neue Kollege jedoch Zugriff auf ein WMS, kann er alle Wissensgebiete und die zugehörigen WiDoks in seinem Bereich selbstständig erkunden und mit einem Klick öffnen. Er erhält einen Überblick über alles, was seinen Bereich betrifft, und kann in weiterer Folge gezielt Fragen stellen.

10.4.1.4 Erweiterung von Wissensgebieten

Wird Wissensmanagement gelebt, entstehen immer mehr WiDoks und damit einhergehend weitere Wissensgebiete. Die Wissensbasis der Organisation wird dadurch ständig erweitert.

Erstellt ein Mitarbeiter ein neues WiDok zu einem Thema, das noch nicht als Wissensgebiet erfasst ist, kann er sich damit an den Wissensmanager wenden. **Dieser muss abwägen, ob das Wissensgebiet wirklich benötigt wird, wo im Wissensbaum es eingegliedert werden soll und kann es schließlich neu anlegen.**

Wissensmanager verwaltet den Wissensbaum

Initiale Liste als
Grundlage für
Änderungen

Der Wissensmanager sollte den Überblick über alle bestehenden und hinzukommenden Wissensgebiete bewahren. Dazu überarbeitet er im Falle einer Änderung die initiale Liste aller Wissensgebiete und setzt diese schließlich im System um.

10.4.1.5 Übertragen von Wissensgebieten

Vererben bei
personellen Ver-
änderungen

Im Laufe der Zeit kann es vorkommen, dass ein Wissensgebiet-Verant-wortlicher seinen Zuständigkeitsbereich ändert, die Organisations-einheit wechselt oder das Unternehmen verlässt. In all diesen Fällen ist es wichtig, frühzeitig einen angemessenen Nachfolger zu finden, der das Wissensgebiet künftig übernehmen kann und will. **Er braucht dazu die notwendige Kompetenz und Durchsetzungskraft, um das Wissensgebiet inhaltlich und operativ verantworten zu können.**

Bei einer Neueinstellung können alle WiDoks, die einem bestimmten Wissensgebiet zugeordnet sind, gebündelt an den neuen Mitarbei-ter übertragen werden. Erstellen Sie dazu ein WiDok, in dem Sie alle vakanten Wissensgebiete anführen. Mit entsprechenden technischen Hilfsmitteln können Sie dem neuen Mitarbeiter die relevanten WiDoks frühzeitig zur Verfügung stellen. So hat er bereits zu Beginn alles We-sentliche auf einen Blick.

10.4.2 Reifegrade

Von vielen Lesern der zweiten Auflage meines Buches kam das Feed-back, dass deren Mitarbeiter oft nicht den Mut haben, ihr Wissen be-reits in einem frühen Stadium als WiDok im WMS zu veröffentlichen. Die Thematik des »allerersten WiDoks« aus Kapitel 6.1.6 spielt hierbei eine wesentliche Rolle.

Bei Meusburger gab es immer wieder unterschiedliche Auffassungen, wann ein WiDok in einem WMS erstellt bzw. erstmals veröffentlicht werden soll. Bis vor Kurzem war die klare Vorgabe: Ein WiDok darf erst eine Nummer bekommen, wenn es über eine gewisse Qualität verfügt.

Es darf nur relevantes, richtiges und aktuelles Wissen enthalten. **Manche Themen kamen dadurch erst recht spät an die Oberfläche, was die kollaborative Ausarbeitung in einem frühen Stadium behinderte.** In solchen Fällen kann die Einführung der Funktionalität des »**Reifegrades**« in einem WMS vieles erleichtern.

Durch die Definition von Reifegraden kann zwischen einem sehr frühen, sich schnell ändernden und noch ungültigen Inhalt in der »**Ausarbeitungsphase**« sowie einem stabilen und qualitativ hochwertigen Inhalt in der »**Qualitätsphase**« differenziert werden.

Viele Wissensmanagement-Systeme sind sowohl bei der Benennung als auch bei der Anzahl der Reifegrade variabel. Sie können individuell auf die Bedürfnisse und Wünsche der Organisation konfiguriert werden. Um die Logik der Reifegrade in diesem Buch möglichst einfach zu vermitteln, spreche ich im Folgenden schlicht und einfach von einem »Reifegrad 1« und einem »Reifegrad 2«.

10.4.2.1   Ausarbeitungsphase – »Reifegrad 1«

Der »Reifegrad 1« repräsentiert die »Ausarbeitungsphase« eines Wissensdokuments. Solange sich ein WiDok in dieser Phase befindet, ist es noch in Arbeit und gilt nicht als verifiziertes Wissen. **WiDoks in dieser Phase stehen meist für Innovation bzw. Veränderung.** Es handelt sich vorwiegend um neue Ideen und Projekte mit hohem Potenzial und langfristigem Nutzen für die Organisation.

WiDok noch
in Arbeit

Die kollektive Zusammenarbeit in einem frühen Stadium ist in vielen Belangen typisch für die Ausarbeitungsphase und durchaus erwünscht: Wissensträger tauschen sich zu einem Thema aus und geben ihren Input bzw. ihre Bedenken preis. Fragen werden geklärt und offene Punkte bearbeitet.

Das WiDok wird schließlich vom Inhaltsverantwortlichen überarbeitet und im WMS veröffentlicht. Da das Wissen jedoch noch nicht verifiziert ist, dürfen die Inhalte nicht unreflektiert verwendet oder gar an Dritte nach außen weitergegeben werden.

TIPP

In der Ausarbeitungsphase sollte sich die Sichtbarkeit auf das erforderliche Maß beschränken. Bei der »**Aufgabe Lesen**« ist zu diesem Zeitpunkt oft nur ein kleiner Empfängerkreis eingetragen. Siehe **Abbildung 63**. Der Großteil der Mitarbeiter wird dadurch nicht mit einem Thema belastet, das noch nicht ausgereift ist.

Abb. 63: Kleiner Empfängerkreis bei der »Aufgabe Lesen«

WiDok nur temporär verfügbar

Wie **Abbildung 64** zeigt, schaffen es manche WiDoks nicht über den »Reifegrad 1« hinaus. Es handelt sich meist um WiDoks, die ein Unternehmen nur für kurze Zeit begleiten und danach fusioniert oder gelöscht werden.

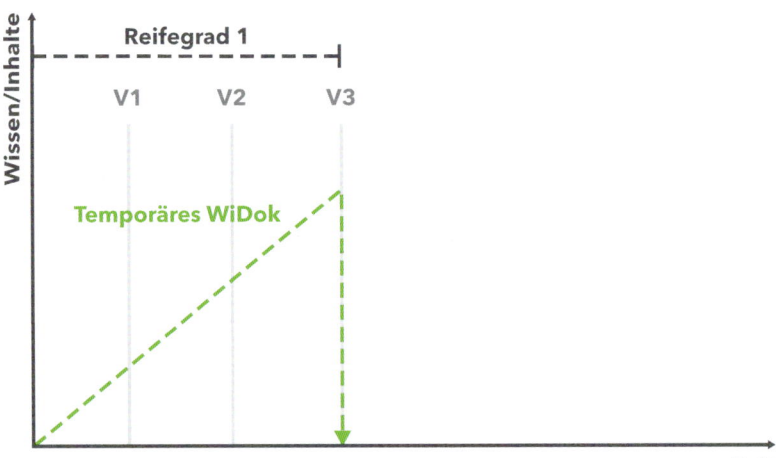

Abb. 64: Lebenszyklus eines temporären WiDoks

BSP

Handelt es sich beispielsweise um die Ist-Analyse zur Vermarktung eines Produkts über Social Media, so sind in diesem WiDok einige wichtige Punkte aufgelistet. Nach der dritten Veröffentlichung des

Dokuments steht das Konzept und die Ist-Analyse wird in dieser Form nicht mehr benötigt. Wesentliche Teile davon werden in das Konzept, das ebenfalls als WiDok erfasst wurde, übernommen. Das ursprüngliche Dokument wird also fusioniert und schließlich gelöscht.

Geht es hingegen um ein langfristiges Thema, gewinnt das WiDok durch die intensive Auseinandersetzung in der Ausarbeitungsphase zunehmend an Umfang und Qualität. Nach der ersten Veröffentlichung wird das Feedback der Kollegen laufend in das Dokument eingearbeitet und dieses weiterentwickelt.

Qualität und Umfang nehmen zu

Durch die frühe Zusammenarbeit sind die WiDoks bereits bei einer niedrigen Versionsnummer sehr durchdacht und werden von allen Beteiligten mitgetragen. Das Thema stößt damit von Beginn an auf eine breitere Akzeptanz. Wenn schließlich ein erster, qualitativ hochwertiger Stand erfasst ist, kann das WiDok verifiziert werden.

Sehr früh, sehr durchdacht

10.4.2.2 Qualitätsphase – »Reifegrad 2«

Der »Reifegrad 2« repräsentiert die »Qualitätsphase«. Wenn sich ein WiDok in dieser Phase befindet, handelt es sich um verifiziertes Wissen. Es muss stets aktuell, richtig und relevant sein sowie über eine hohe inhaltliche Qualität verfügen.

WiDoks in der Qualitätsphase dienen dem Bewahren von Bestehendem, der Einhaltung von Standards und sind meist systemerhaltend. Dabei handelt es sich beispielsweise um Prozesse, Richtlinien, Regeln und essenzielle WiDoks zum Kerngeschäft einer Organisation.

Sobald sie einmal den »Reifegrad 2« erreicht haben, werden sie nur noch weiterentwickelt, aber selten von Grund auf geändert. Sie dienen als Vorgabe bzw. Richtlinie und können als Grundlage für interne Schulungen herangezogen werden.

Grundlage für interne Schulungen

Wie **Abbildung 65** zeigt, wurde in diesem Beispiel die dritte Version des WiDoks verifiziert. Das WiDok befindet sich fortan im »Reifegrad 2«.

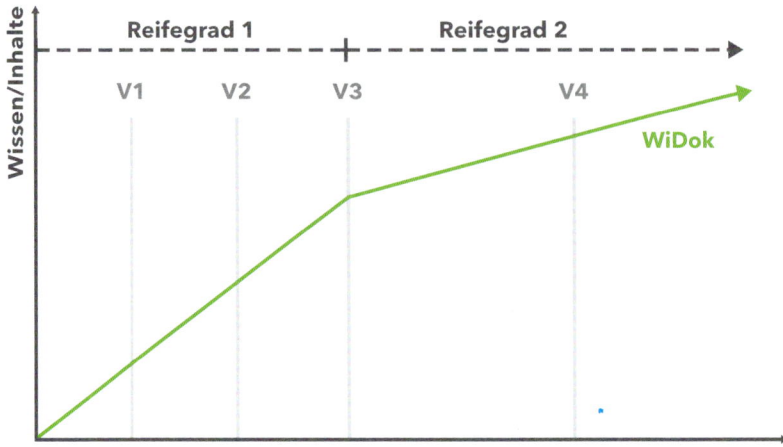

Abb. 65: Lebenszyklus eines klassischen WiDoks

Verifizierung
unabhängig von
Version

Die Verifizierung eines WiDoks hängt nicht von der Versionsnummer ab, sondern von der Qualität der Inhalte. Es gibt keine Vorgabe, bei welcher Versionsnummer ein WiDok verifiziert werden muss. Manchmal kann es sogar vorkommen, dass ein WiDok den »Reifegrad 1« überspringt und direkt im »Reifegrad 2« veröffentlicht wird.

In der Qualitätsphase kann die Sichtbarkeit ausgeweitet werden, sodass das WiDok bei der Suche einfach gefunden wird. Alle berechtigten Mitarbeiter können nun auf das hochwertige, verifizierte WiDok zugreifen. Die »Aufgabe Lesen« kann nach der Verifizierung auf einen größeren Empfängerkreis erweitert werden.

Abb. 66: Erweiterter Empfängerkreis bei der »Aufgabe Lesen«

10.4.3   Freigabe

Die Freigabe ist ein optionaler Mechanismus zur qualitativen Überprüfung und Verifizierung von WiDoks. Bereits bei der Einführung gilt es daher zu klären, ob eine Freigabe von WiDoks im Unternehmen erwünscht ist bzw. beispielsweise im Rahmen des Qualitätsmanagements benötigt wird.

Optionaler
Mechanismus

Gerade im Zusammenhang mit den Reifegraden von Wissensdokumenten muss entschieden werden, ob ein WiDok vom Inhaltsverantwortlichen selbst verifiziert werden kann oder er die Freigabe einer weiteren Person benötigt, damit das WiDok vom »Reifegrad 1« in den »Reifegrad 2« übergehen kann.

Wenn sich ein Unternehmen für eine verpflichtende Freigabe entscheidet, muss der Inhaltsverantwortliche vor jeder Veröffentlichung seiner WiDoks den Freigabeprozess anstoßen. **Der Freigeber – meist der hierarchische oder disziplinarische Vorgesetzte – überprüft die inhaltliche Richtigkeit, die Aktualität sowie die Qualität des Wissensdokuments.** Welche Varianten der Freigabe es gibt, sehen Sie im **vertiefenden WiDok 00443**.

Freigabe
durch den
Vorgesetzten

» **Je weniger Personen daran beteiligt sind,** desto schneller kann das WiDok nutzbringend veröffentlicht und angewendet werden.

» **Je mehr Personen am Freigabeprozess beteiligt sind,** desto höher wird die Qualität des WiDoks zum Zeitpunkt der Veröffentlichung ausfallen. Allerdings wirkt sich das meist negativ auf die Zeitdauer zwischen dem Erfassen und der Veröffentlichung aus. **Zeit, die manchmal den kleinen, aber doch wesentlichen Wettbewerbsvorteil im Vergleich zu anderen Mitbewerbern ausmacht.**

Als Führungskraft gilt es stets abzuwägen, ob eine Freigabe wirklich erforderlich ist. Sollte es einen triftigen Grund für eine Freigabe geben, muss ein möglichst kurzer Freigabeprozess angestrebt werden.

Kurze, zeitnahe
Freigabe wichtig

10.5 Dokumentenarten und Sonderformen

In einem funktionalen WMS können meist sogenannte »Dokumentenarten« oder bestimmte Sonderformen von WiDoks definiert werden. Diese können in weiterer Folge die Eigenschaften und unterschiedlichen Verhaltensweisen von WiDoks beeinflussen.

Voreinstellungen für Dokumentenarten

Für die Definition der Dokumentenarten muss für jede Dokumentenart eine aussagekräftige Bezeichnung sowie eine kurze, präzise Beschreibung erfasst werden. Sind diese fixiert, können danach verschiedene Voreinstellungen pro Dokumentenart im WMS definiert werden. Diese beeinflussen den Lebenszyklus eines WiDoks maßgeblich:

» Standardlayout
» Standardinhalte
» Priorisierung der Suche
» Verschiedene Reifegrade
» Standardwert für Wiedervorlage
» Dauer der Archivierung
» Maßnahmen beim Löschen

Nahezu alle Voreinstellungen haben in weiterer Folge unterschiedliche Auswirkungen auf das Aussehen oder Verhalten eines WiDoks. Zudem können die Dokumentenarten bei der Suche unterstützen, da die unterschiedlichen Dokumentenarten gefiltert werden können. Sie stellen somit eine wesentliche Arbeitserleichterung für alle Beteiligten dar.

10.5.1 Auswertungen

In einem Unternehmen geht es immer wieder um dieselben Themen, weshalb auch stets dieselben Auswertungen benötigt werden. **Um ein Gefühl für die Kennzahlen zu bekommen, ist es wichtig, über einen längeren Zeitraum Beobachtungen durchzuführen.**

Eine Auswertung sollte nur erstellt werden,

» damit Entwicklungen dargestellt werden;

» damit Vergleiche angestellt werden;

» wenn die Auswertung als Grundlage für eine Entscheidung
oder Handlung dient;

» der Zeitbedarf für die Erstellung und Verwertung in einem ver-
tretbaren Verhältnis zum Nutzen steht.

Das Auswertungsintervall sollte sinnvoll und angemessen gewählt
werden. Hier wird zwischen »**YTD**« (year to date) und »**rollierenden
Auswertungen**« unterschieden. Bei YTD-Auswertungen handelt es
sich meist um kurzfristige Sprints, also um Auswertungen mit einem
bestimmten Zieltermin. Rollierende Auswertungen hingegen stellen
meist einen 12-monatigen Zeitraum dar und stärken die kontinuierliche
Entwicklung im Unternehmen.

**Die Betrachter sollten die Auswertungen gedanklich möglichst schnell
erfassen können. Deshalb ist es ratsam, eine einheitliche Sprache
und Gestaltung zu verwenden.** In größeren Firmen mit einem eigenen
Controlling ist eine einheitliche Gestaltung von Auswertungen recht
einfach realisierbar, da weniger unterschiedliche Personen involviert
sind. Das Controlling-Team kann eine optimale Vorlage sowie eigene
Gestaltungsrichtlinien erarbeiten und diese in weiterer Folge nutzen.

Kostenlose Online-Inhalte:

00117   **Gestaltungsrichtlinien für Auswertungen**

00395   **Vorlage Gestaltungsrichtlinie für Auswertungen**

00396   **Vorlage Auswertungen mit Excel®**

00398   **Anleitung Arbeiten mit Auswertungen**

**Ein über die Jahre konstantes Controlling ist ein wichtiger Bestand-
teil eines Unternehmens.** Bei Meusburger werden die Umsatzzahlen
daher monatlich aus einem Analyse- und Reporting-System exportiert.
Die Daten werden in Excel® grafisch aufbereitet, als WiDok veröffentlicht und zusätzlich ausgehängt.

Durch diese Vorgehensweise haben alle Zugriff auf die notwendigen Informationen. **Wird eine Auswertung in Form eines WiDoks verwaltet, bringt dies mehrere Vorteile mit sich:**

» Der Inhaltsverantwortliche wird durch die Wiedervorlage regelmäßig an die Erstellung der Auswertung erinnert.

» Empfänger werden mittels Benachrichtigung informiert.

» Das WiDok erhöht die Transparenz, denn auch Mitarbeiter, die z. B. keinen Zugang zu einer speziellen Business Intelligence Software oder einem CRM haben, können auf die relevanten Inhalte zugreifen.

Bei der Arbeit mit Auswertungen ist es wichtig, auf eine ständige Entschlackung zu achten. **Zu viele Auswertungen verwässern das Ergebnis und die bestehenden Auswertungen erhalten dadurch zu wenig Aufmerksamkeit.** Unnötige und veraltete Auswertungen sollten daher archiviert oder gelöscht werden. Falls der Aufwand für die Erstellung und Pflege der Auswertung den Nutzen übersteigt, sollte der Wiedervorlagezyklus angepasst werden.

Grundsätzlich sollte der Inhaltsverantwortliche auch immer die operative Verantwortung tragen. In größeren Firmen mit einem eigenen Controlling ist allerdings zu beachten, dass der Mitarbeiter aus dem Controlling in den meisten Fällen nur den Inhalt des WiDoks verantwortet – also die Zahlen im WiDok. **Er ist jedoch nicht dafür verantwortlich, dass sich die Zahlen künftig durch gewisse Entscheidungen oder operative Maßnahmen verbessern.** In diesem speziellen Fall sind die inhaltliche und die operative Verantwortung voneinander losgelöst.

10.5.2　Präsentationen

Im Sinne der WBI®Methode sind Präsentationen wertvolle WiDoks. **Sie eignen sich besonders zur Vorstellung eines Themas bzw. für interne und externe Vorträge und Schulungen.** Wird eine Präsentation in Form eines WiDoks in ein WMS gestellt, ergeben sich folgende Vorteile:

» Der Ablageort ist zentral zugänglich und geregelt.

» Der Ansprechpartner ist erkennbar.

» Inhalte können nach der Präsentation nachgelesen werden.

» Der Zugriff erfolgt immer auf die aktuellste Version.

» Teilnehmer können Informationen im Arbeitsalltag nutzen.

» Referenten können nachträglich Änderungen machen und diese durch die »Aufgabe Lesen« an die Teilnehmer kommunizieren.

» Personen, die am Termin verhindert waren, können informiert werden.

Nutzen Sie für Präsentationszwecke stets das Wissen aus den bestehenden WiDoks Ihrer Organisation. Die Präsentation selbst ist nur ein Medium für eine ansprechende Darstellung, sollte aber nie die Quelle des Wissens sein.

Alle Informationen, Fakten, Abläufe, Regelungen usw. müssen in einem sogenannten »Basisdokument« festgehalten sein. Siehe Kapitel 11.4.5. Wenn dem nicht so ist, muss ein neues Basisdokument zum Thema erstellt oder das Thema in einem bereits bestehenden WiDok ergänzt werden. Nur so ist sichergestellt, dass beispielsweise temporäre Präsentationen zu einem späteren Zeitpunkt ohne Wissensverlust gelöscht werden können.

Basisdokument als Grundlage

Damit die Präsentation übersichtlich bleibt und die Teilnehmer nicht einem Lesezwang verfallen, der vom Zuhören ablenkt, sollten nur die nötigsten Informationen darin enthalten sein. **Übernehmen Sie also nur die wesentlichen Punkte aus dem Basisdokument und bereiten Sie diese ansprechend auf.** Die Aufmerksamkeit der Zuhörer wird dadurch auf die wichtigen Details und die Worte des Referenten gelenkt.

Auf das Wesentliche reduzieren

Führen Sie die jeweilige Dokumentennummer als Quelle in der Präsentation an und hinterlegen Sie den entsprechenden Link zum Basisdokument. Damit ist für die Zuseher nachvollziehbar, woher das Wissen stammt. Bei einer externen Präsentation macht diese Verlinkung keinen Sinn, da die Zuseher in der Regel keinen Zugriff auf die WiDoks haben.

Entsteht im Zuge der Präsentation neues Wissen – da beispielsweise Fragen gestellt und beantwortet werden – ist es wichtig, dieses zu sichern. Dazu werden die neuen Inhalte in dem WiDok, das als Quelle für die Präsentation gedient hat, ergänzt. Das ursprüngliche WiDok wird also durch die Gespräche und das Feedback bei der Schulung weiterentwickelt und gewinnt weiter an Qualität.

Achten Sie jedoch darauf, dass nicht zu viel Zeit mit der Erstellung von »hübschen« Präsentationen vergeudet wird. Ausgefallene Foliengestaltungen und Folienübergänge lenken vom Wesentlichen ab und sollten daher vermieden werden. Mit einer ansprechenden Vorlage und einer Richtlinie für die einheitliche Gestaltung können Sie hier Zeit und Geld sparen. Weniger ist mehr – gerade in diesem Fall!

10.5.3   Vorlagen

Eine Vorlage ist ein Schriftstück, das als Grundlage für andere Schriftstücke herangezogen und adaptiert werden kann. Die wohl häufigste Variante von Vorlagen im Unternehmensalltag sind Textvorlagen. Gerade in größeren Unternehmen und Konzernen gibt es meist Textvorlagen für verschiedene Alltagssituationen und Anwendungsfälle:

» Textvorlagen für Antworten auf Anfragen von Kunden, Lieferanten und anderen Stakeholdern
» Textvorlagen für Angebote
» Textvorlagen für Abwesenheitsnotizen
» Textvorlagen für E-Mail-Signaturen

Die Vorteile:

» Einheitliches, professionelles Auftreten gegenüber Kunden, Lieferanten und anderen Stakeholdern
» Inhaltlich freigegebene sowie rechtlich korrekte Auskünfte ermöglichen den Mitarbeitern ein effizientes, schnelles Arbeiten

Bei Bedarf kann die Vorlage zur besseren Verständlichkeit vom Ersteller vorausgefüllt werden. Jene Stellen, die vor dem Versenden zwingend überarbeitet werden müssen, sollten jedoch farblich markiert werden.

Ein wesentlicher Vorteil kommt nur in einem WMS zum Tragen: **Wird die Vorlage als WiDok in einem WMS gesichert, ist sichergestellt, dass alle Mitarbeiter stets auf die aktuelle, richtige Vorlage zugreifen.** Werden Textvorlagen und Dokumentenvorlagen hingegen lokal gespeichert und verwaltet, birgt das immer die Gefahr, dass im Unternehmen unterschiedliche Varianten und Formulierungen eingesetzt werden. Änderungen und Aktualisierungen können nicht zentral bzw. zeitgleich erfolgen. Die Mitarbeiter schreiben die Textpassage notfalls neu, falls sie die lokale Vorlage nicht mehr finden.

Zugriff auf aktuelle Vorlagen

Finden Sie im Unternehmen die unterschiedlichen Schnittstellen nach außen und klären Sie, welche Schriftstücke und Textpassagen hier immer wieder benötigt werden. Bitten Sie im Anschluss je eine Person pro Schnittstelle, einen passenden Text in den notwendigen Varianten in einem WiDok zu erfassen und das WiDok entsprechend zu betiteln. Beachten Sie dabei, dass die Anwender immer auf Anhieb erkennen sollten, welche Vorlage für welchen Zweck geeignet ist.

Kostenlose Online-Inhalte:

00294	Vorlage Dienstreisebericht
00298	Vorlage Agenda
00370	Vorlage Ideensammlung
00285	Textvorlagen Einkauf

10.5.4   Formulare

Bei einem Formular handelt es sich um den Vordruck eines Dokuments, das entweder digital oder analog ausgefüllt werden muss. Durch die Standardisierung der Inhalte kann die Arbeit mit Formularen den Rechts- und Geschäftsverkehr vereinfachen und beschleunigen.

Formulare bestehen aus Feldern, für deren Befüllung es meist gewisse Vorgaben gibt. Zudem können sie Fragen und mögliche Antworten beinhalten. Das Schriftstück muss dann – individuell auf die Person oder Situation abgestimmt – ausgefüllt werden. Bekannte Formulare, die beinahe alle Unternehmen einsetzen, sind Steuererklärungen, Spesenabrechnungen sowie Einverständniserklärungen im Sinne der DSGVO.

Kostenlose Online-Inhalte:

00057	**Formular Foto- und Videofreigabe**
00058	**Formular Fotobriefing**
00125	**Formular Dienstreiseantrag und Stundenaufzeichnung**
00156	**Formular Reklamationsbericht**
00163	**Formular Kundenbesuch**
00214	**Formular Investitionsantrag**

10.5.5 Protokolle

Für den Begriff Protokoll gibt es eine Vielzahl an unterschiedlichen Definitionen. **Im Unternehmensalltag bezieht sich der Begriff meist auf eine Mitschrift eines größeren Meetings, eines wichtigen Telefonats oder eines Projekts.** Eine tiefe Detaillierung und Perfektion sind nicht Ziel eines Protokolls. Es reicht aus, das Wesentliche zu dokumentieren. Der genaue Wortlaut muss nicht festgehalten werden.

 Ein Protokoll zeichnet auf, hält fest oder schreibt vor, zu welchem Zeitpunkt oder in welcher Reihenfolge welcher Vorgang durch wen oder durch was veranlasst wurde oder wird.[41]

In einem klassischen Protokoll, das im Rahmen eines größeren Meetings entstanden ist, werden oft viele verschiedene Themen behandelt. **Da in einem WiDok in der Regel nur ein Thema behandelt werden soll, entspricht das Protokoll somit nicht dem typischen Charakter**

41   Wikimedia Foundation 2021e, online

eines WiDoks. Dennoch haben Protokolle eine Existenzberechtigung, denn sie dienen einem erweiterten Empfängerkreis, behandeln teilweise erfolgsentscheidende Themen und dienen als Projektunterlage.

Da die Gültigkeitsdauer der Inhalte und das Interesse daran oft nur von kurzer Dauer sind, darf ein Protokoll nur temporär in der Wissensdatenbank gespeichert werden. Es darf nur so lange existieren, bis alle erarbeiteten Themen abgearbeitet oder für andere WiDoks entnommen wurden.

Wissen aus Protokollen entnehmen

WBI sieht bei Protokollen folgende Vorgehensweise vor:

» Das Wissen wird im Zuge des Gesprächs in einem Dokument erfasst.
» Das Dokument wird nach dem Gespräch als WiDok in das WMS gestellt.
» Der Inhaltsverantwortliche wählt die notwendigen Metadaten.
» Der Inhaltsverantwortliche initiiert die »Aufgabe Lesen«.
» Die Empfänger arbeiten die einzelnen Punkte ab.
» Die erarbeiteten Punkte werden in neuen WiDoks erfasst oder in bestehenden WiDoks ergänzt.
» Der Mitarbeiter übermittelt die Dokumentennummer an den Inhaltsverantwortlichen des Protokolls oder trägt sie selbst ein.
» Der Inhaltsverantwortliche ersetzt die Punkte im Protokoll mit Links.
» Sind alle Punkte im Protokoll abgearbeitet, wird das WiDok nach angemessener Zeit vom Inhaltsverantwortlichen wieder gelöscht.

Die Vorteile:

» Strukturierte Protokolle sind leicht verständlich und erleichtern die Arbeit.
» Besprochenes kann Stück für Stück entnommen und in neuen WiDoks erfasst oder bestehenden WiDoks ergänzt werden.
» Wichtige Punkte und die notwendigen Details dazu laufen nicht Gefahr, in Vergessenheit zu geraten.
» Alle Beteiligten haben die Möglichkeit, das Besprochene nochmals nachzulesen oder zu ergänzen.

» Auch Personen, die während des Meetings nicht anwesend waren, werden durch die »Aufgabe Lesen« ausreichend informiert.

» Resultierende Aufgaben werden festgehalten und die Verbindlichkeit dadurch erhöht.

Die Nachteile:

» Protokolle müssen klar strukturiert sein, damit Entscheidungen und Aufgaben klar ersichtlich sind – der Aufwand für die Erstellung ist höher.

» Protokolle beinhalten meist unterschiedliche Themen- und Aufgabengebiete.

In manchen Fällen ist es sinnvoll, **fortlaufende Protokolle** zu verwenden, in denen beispielsweise abteilungsrelevante Themen und Aufgaben aus einem Jour Fixe sukzessive aufgenommen und in weiterer Folge von den Mitarbeitern abgearbeitet werden. Hier eignen sich vor allem Excel®-Dateien, in denen bei jedem Termin ein neues Tabellenblatt eingefügt wird. Abgearbeitete Tabellenblätter werden wahlweise umgereiht, ausgeblendet oder gelöscht. So wird der unnötige Wildwuchs von neuen Dokumenten in einem WMS eingedämmt und es können dennoch die Vorteile der Mechanismen genutzt werden.

Entscheidungen dokumentieren

Eine besondere Variante ist das »**Ergebnisprotokoll**«. Bei wichtigen Meetings stehen am Ende meist Entscheidungen über die nächsten Schritte an. Bleiben diese Entscheidungen mündlich und werden nicht protokolliert, schwächt dies die Verbindlichkeit und die Kontrolle der Umsetzung wird schwierig. Ergebnisprotokolle stellen daher sicher, dass Entscheidungen und Inhalte aus Gesprächen schriftlich festgehalten werden. Das schafft Verbindlichkeit unter allen Gesprächsteilnehmern und hilft, die Übersicht zu behalten, ob Abgemachtes auch eingehalten wird.

Wiedervorlage als Reminder

Damit gewährleistet ist, dass Protokolle nach einem angemessenen Zeitraum wieder gelöscht werden, sollte bei der Wiedervorlage ein entsprechender Zyklus gewählt werden. Die Verantwortung trägt hierbei der jeweilige Inhaltsverantwortliche.

Kostenlose Online-Inhalte:

00112   Vorlage Ergebnisprotokoll

00113   Vorlage Gesprächsprotokoll

10.5.6   Arbeits- und Aufgabenlisten

Arbeitslisten bzw. Aufgabenlisten werden meist in übersichtlichen Excel®-Tabellen dargestellt. Sie enthalten Aufgaben, Zuständigkeiten, Termine usw. Es gibt zwei gängige Szenarien bzw. Anwendungsfälle:

1. **Arbeitslisten werden meist langfristig verwendet,** da laufend neue Elemente hinzukommen und alte entfernt werden. Sie entsprechen dem KVP-Gedanken.

2. **Aufgabenlisten im Sinne von To-do-Listen werden meist komplett abgearbeitet und anschließend gelöscht.** Vielfach handelt es sich dabei um die Aufgaben einer einzelnen Person, weshalb die Aufgaben nicht zwangsläufig in Form eines WiDoks erfasst werden müssen. Die Entscheidung darüber obliegt dem Zuständigen sowie dessen direktem Vorgesetzten.

Viele Mitarbeiter verwalten ihre Aufgaben in Microsoft OneNote®, Outlook® oder einem anderen Aufgabenverwaltungstool. Da die Aufgaben hier jedoch nicht in einem zentral zugänglichen System gespeichert werden, hat immer nur der jeweilige Mitarbeiter Zugriff.

Werden Aufgaben jedoch in Form einer Arbeitsliste oder Aufgabenliste als WiDok gespeichert, profitieren alle davon:

» Die Aufgaben sind gesichert.

» Es gibt nur eine zentrale Quelle.

» Mehrere Mitarbeiter können auf die Liste zugreifen und sie einsehen.

» Mehrere ausgewählte Mitarbeiter können die Liste bearbeiten.

» Die Historie der Arbeitsliste ist nachvollziehbar.

Kostenlose Online-Inhalte:

00501   Anwenderberichte und Sonderdrucke

00502   Bonusentwicklung Einkauf

10.5.7   Checklisten

Von der Einkaufsliste bis hin zum Prüfprotokoll der Luftfahrt-Industrie: Checklisten begegnen uns täglich. Unabhängig ob bei der Durchführung von einfachen oder komplexen Tätigkeiten, unterstützen Checklisten bei jedem Vorhaben. **Durch Checklisten kann die volle Konzentration auf das Wesentliche, also auf die Durchführung der geplanten Tätigkeit, gerichtet werden.**

Der Einsatz von Checklisten ist ein bewährtes Instrument des Wissens- und Qualitätsmanagements. Einerseits zur Einhaltung diverser organisatorischer Abläufe, andererseits auch zur Sicherstellung der Produktqualität in der Produktion.

Die Vorteile:

» Übersicht über bereits getätigte und noch offene Aufgaben
» Wiederkehrende Abläufe und Kontrollen werden einheitlich durchgeführt.
» Einzelne Punkte werden nicht mehr vergessen.
» Durch die Dokumentation ist die Nachverfolgung der abgehakten Checklisten von vergangenen Kontrollen möglich.

Die Nachteile und Risiken:

» Es besteht die Gefahr, dass die Punkte bereits vor der Ausführung der Tätigkeit abgehakt und bei der anschließenden Durchführung vergessen werden.
» Werden händisch ausgefüllte Checklisten zu Dokumentationszwecken benötigt, müssen diese teilweise digitalisiert oder in

Ordnern abgeheftet werden.

» Checklisten müssen regelmäßig auf Vollständigkeit, Aktualität und Sinnhaftigkeit überprüft werden.

Die WBI®Methode fängt den letzten Punkt durch die Wiedervorlage ab: Das WiDok wird in regelmäßigen Abständen hinterfragt und überprüft. Somit wird das Risiko, eine unvollständige oder möglicherweise veraltete Version der Checkliste zu verwenden, minimiert.

Wiedervorlage sorgt für Aktualität

Oft werden Checklisten während einer operativen Tätigkeit im Alltag erprobt. Fehlen wesentliche Punkte, können diese in weiterer Folge im WiDok ergänzt werden. Falsche oder veraltete Punkte müssen korrigiert oder entfernt werden.

Erinnern Sie sich noch an das Beispiel mit der Packliste für den Urlaub aus Kapitel 3.3? Wenn Sie zu diesem Zeitpunkt nochmals einen Blick darauf werfen, fallen Ihnen vermutlich gleich wieder einige neue Punkte dazu ein, mit denen Sie die Packliste vervollständigen können. Falls nicht, nutzen Sie gerne unser **Musterdokument 00472**.

Kostenlose Online-Inhalte:
00286   **Vorlage Checkliste**
00297   **Checkliste Vorbereitung Weihnachtsurlaub**
00121   **Checkliste Ein- und Austritt Mitarbeiter Personal**
00122   **Checkliste Einschulung durch Führungskraft**

10.5.8   Führende Wissensdokumente

Bei allen essenziellen Themen einer Organisation muss es ein »**führendes Wissensdokument**« geben. Es gibt das Wording, die Inhalte und in manchen Fällen sogar eine gewisse Reihenfolge bzw. Priorität vor. Einige Beispiele für führende Wissensdokumente sind:

» Im **Organigramm** werden z. B. die genauen Bezeichnungen der Bereiche bzw. Abteilungen genannt. Es dient als klare Vorgabe für alle anderen WiDoks und führt dazu, dass alle anderen Inhaltsverantwortlichen diese Bezeichnungen 1 zu 1 übernehmen.

» Im **Faktendokument** sind alle wichtigen Zahlen und Fakten zum Unternehmen als Übersicht zusammengefasst. Es beinhaltet Informationen zum Firmenhauptsitz, zu den Standorten und den weltweiten Niederlassungen. Auch die Umsatzzahlen, die Anzahl der Mitarbeiter und Lehrlinge, die Anzahl der Kunden, Informationen zur Größe des Firmenareals und der Gesamtnutzfläche sowie Infos zu Produkten, Lager und Logistik sind darin erfasst. Die Inhalte des Faktendokuments dienen den Mitarbeitern als Grundlage für alle Auskünfte nach außen. Für alle PR-Texte, Interviews, Vorträge usw. werden diese Zahlen und Fakten herangezogen. Sie werden ein- bis zweimal jährlich aktualisiert. Siehe **Musterdokument 00060**.

» Im **Umsatzaufbau** wird das gesamte Produktportfolio mit allen Produktgruppen und ihren Abkürzungen genannt. Die Bezeichnungen sowie die Reihenfolge der Produktgruppen müssen von anderen Inhaltsverantwortlichen für ihre WiDoks übernommen werden.

10.5.9 Glossar für ein einheitliches Wording

Einheitliches Verständnis wichtig

Es ist wichtig, dass unternehmensspezifische Begriffe innerhalb einer Organisation in einem Glossar klar definiert und in weiterer Folge einheitlich verwendet werden.

Erleichterung für neue Mitarbeiter

Alle Mitarbeiter und Führungskräfte sollten bei einem Begriff oder bei einer Abkürzung prompt wissen, was damit gemeint ist und was genau dahintersteckt. Nur so ist gewährleistet, dass die Begriffe im Sprachgebrauch und in WiDoks richtig eingesetzt werden. Gibt es in einer Organisation eine klare Begriffsdefinition, wird die Verständlichkeit verbessert und Missverständnissen vorgebeugt. **Gerade für neue Mitarbeiter bietet ein Glossar daher eine gute Hilfestellung.**

Als Sammlung für alle firmenspezifischen Begriffe und deren Definitionen bietet sich ein Glossar in Form eines WiDoks an. Das Glossar eignet sich zudem dazu, unerwünschte Begriffe auszuschließen. So verwenden wir bei Meusburger bewusst nicht den recht feindseligen Begriff »**Konkurrenz**«, sondern sprechen stets von »**Mitbewerbern**«.

Wichtig ist, dass genau an der Stelle auf die Definition verwiesen wird, an der sie benötigt wird. Geht es z. B. um das »**Potenzial**« von Kunden, das in einem CRM eingetragen werden sollte, muss der Hinweis auf die Definition im Glossar genau an jener Stelle im CRM platziert werden, an der sich das Feld für das Potenzial befindet. Optimalerweise als Link zum WiDok, sodass der Leser stets auf die neuste Version zugreift.

Nutzen Sie unsere **Vorlage 00419** und testen Sie, ob alle im Team die darin genannten Begriffe gleich definieren würden. Vergleichen Sie danach die Ergebnisse und analysieren Sie, wie diese Begriffe derzeit in wichtigen Dokumenten und Prozessen verwendet werden. Gibt es Diskrepanzen, so sollten diese Zug um Zug beseitigt werden. Erstellen Sie im Anschluss am besten ein eigenes, betriebsinternes Glossar, das später immer wieder erweitert werden kann. Eine Vorlage für ein Glossar, die Sie adaptieren können, finden Sie in **WiDok 00094**.

10.5.10 Abstraktions-WiDoks

Abstraktions-WiDoks kommen vor allem in Organisationen zum Einsatz, die bereits über einen soliden Dokumentenbestand verfügen. Das Ziel eines Abstraktions-WiDoks ist die vereinfachte, abstrahierte Darstellung bzw. Zusammenfassung eines zu umfangreichen WiDoks oder Projekts.

Setzt soliden Dokumentenbestand voraus

Abstraktions-WiDoks eignen sich bestens, um Mitarbeitern gewisse Inhalte kurz und knackig zu vermitteln. Dabei wird das Wesentliche auf einer Seite zusammengefasst und mittels mehrerer Verlinkungen mit weiterführenden verwandten WiDoks verknüpft.

Ein Mitarbeiter hat mehrere WiDoks zum Thema »Arbeitsrecht« sowie mehrere Fachbücher dazu. Da dieses umfangreiche Wissen jedoch alle anderen Kollegen überfordern würde, stellt der Mitarbeiter eine leicht verständliche Zusammenfassung der wichtigsten Aspekte zusammen und erfasst diese als Abstraktions-WiDok im WMS. Das allgemein gehaltene WiDok enthält alle relevanten Informationen und ist daher in der Regel ausreichend, um offene Fragen zu beantworten. Bei sehr spezifischen Fragen sollten immer zuerst die weiterführenden WiDoks gelesen werden. Reichen diese nicht aus, kann der Inhaltsverantwortliche kontaktiert werden, um weitere Auskünfte zu erhalten.

10.5.11   Richtlinien und Vorschriften

Verbindliche Anweisung

Richtlinien bzw. Vorschriften sind klare Anweisungen für das Verhalten einer Person in bestimmten Situationen. Werden Richtlinien in Form von WiDoks veröffentlicht, handelt es sich größtenteils um wichtige interne verbindliche Regeln, die es zu beachten und umzusetzen gilt.

Ein Zuwiderhandeln könnte sich negativ auf die Qualität von Produkten sowie Dienstleistungen, die Ressourcen oder die Effizienz auswirken. **Ein Abweichen ist daher nur Personen mit entsprechenden Kompetenzen erlaubt.**

Großer Empfängerkreis

Richtlinien und Vorschriften müssen allen betroffenen Mitarbeitern und Führungskräften einer Organisation bekannt sein und zur Verfügung stehen. Der Empfängerkreis bei der »Aufgabe Lesen« ist entsprechend groß.

Eine häufige auftretende Version sind Sicherheitsvorschriften. Sie sind in Bezug auf Brandschutz, Unfallverhütung und Arbeitssicherheit in vielen Unternehmen vorhanden und müssen von allen Personen beachtet werden. Die entsprechenden WiDoks sollen verhindern, dass Mitarbeiter sich oder andere gefährden bzw. verletzen.

Kostenlose Online-Inhalte:

00016	Richtlinie Vorsteuerrückvergütung Österreich
00028	Richtlinie Verpackung
00204	Richtlinie Unterschriftenregelung
00498	Vorschrift Sicherheitsschuhe

10.5.12 Externer Content bzw. externes Wissen

In manchen Fällen macht es keinen Sinn, eigene WiDoks zu verfassen, da das Wissen bereits außerhalb der Organisation verfügbar ist. Es handelt sich meist um Fachartikel, Studien, Bedienungsanleitungen und andere relevante Dokumente, die meist als PDF-Datei zur Verfügung stehen.

Externe Quellen nutzen

Der Hinweis auf die ursprüngliche Quelle sollte im WiDok als Link angeführt werden. Wird der externe Content nach einiger Zeit nicht mehr benötigt, da sich die Inhalte bereits etabliert haben, kann das WiDok gelöscht werden.

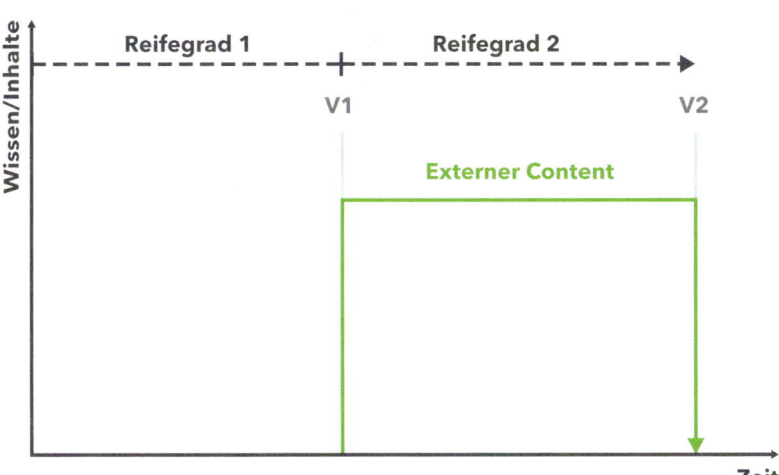

Abb. 67: Der Lebenszyklus eines WiDoks mit externem Content

Auch wenn diese Dokumente die Kriterien für WiDoks meist nicht erfüllen, kann es trotzdem sinnvoll und legitim sein, sie in das WMS einzustellen und das System für die Verwaltung und Verteilung zu nutzen. Bei erneutem Bedarf entfällt dadurch die Suche und alle Beteiligten können auf denselben Wissensstand zugreifen.

Folgende Mechanismen eines WMS sind hier vorteilhaft:
» Benachrichtigungen
» Regelung der Sichtbarkeit
» Geregelter, gesicherter Ablageort
» Revisionssichere Versionen
» Auswertungen und Reporting

Wenn Sie eine umfangreiche, aber relevante Anleitung oder Studie oder ein hilfreiches Buch wie dieses gefunden haben, stellen Sie die PDF-Datei in Ihr WMS. Reduzieren Sie die Datei auf die wesentlichen Inhalte, indem Sie irrelevante Seiten löschen oder ausblenden.

10.5.13 WiDoks zu Dokumentationszwecken

Teilweise sind gerade WiDoks mit geringen Zugriffszahlen wichtig, da darin Abläufe, Regeln, Maßnahmen etc. dokumentiert werden, um im Krisen- oder Notfall einen gewissen Mindeststandard wiederherstellen zu können.

Darunter fallen unter anderem:
» Vertretungsplan mit Kompetenzregelung
» Abläufe für Krisen und Notsituationen
» Maßnahmenpläne für die Wiederherstellung
» Kontakt- und Zugangsdaten
» Mitarbeiterlisten
» Übersichten relevanter Daten (Kunden, Zahlungen, Versicherungen)

Notfalls digital verfügbar Gerade wenn es sich um einen Todesfall, Notfall oder eine Katastrophe handelt, sollten die wichtigsten Dokumente auch digital verfügbar sein. Sie können hierzu beispielsweise ein entsprechendes Wissensgebiet erstellen und dieses bei den jeweiligen WiDoks hinterlegen.

10.5.14   WiDoks mit Passwortschutz

Kritische oder geheime Inhalte wie Computer- oder Softwarepasswörter, Rezepturen, Zugangsberechtigungen für Gebäude sowie Informationen zu Gehältern, Löhnen oder Bankkonten dürfen nur unter bestimmten Bedingungen in einem WMS gespeichert werden. Mehr dazu im **vertiefenden WiDok 00454**.

10.6   Besprechungen mit WBI

Es gibt verschiedene Herangehensweisen, um Arbeitsgespräche bzw. Meetings zu organisieren. **Die WBI®Methode unterscheidet bewusst zwischen »Meetings«, also Terminen mit mehr als fünf Teilnehmern, und »Arbeitsgesprächen« mit weniger als fünf Teilnehmern.**

Arbeitsgespräche oder Meetings

Egal um welche Art der Zusammenkunft es sich handelt, sollten Themen nur mit Personen besprochen werden, die die grundlegenden WiDoks dazu kennen und auch vorab gelesen haben. Nur so ist gewährleistet, dass alle über denselben Wissensstand verfügen und sich auf einer gemeinsamen Basis unterhalten und austauschen können.

WiDoks als Gesprächsgrundlage

Bei Meusburger hat es sich etabliert, bei einem Arbeitsgespräch nicht nur ein einzelnes Thema zu besprechen, sondern alle aktuellen Themen und Projekte, die die Anwesenden betreffen. Dazu werden personenspezifisch alle offenen Punkte und Aufgaben gesammelt und im Laufe des Arbeitsgesprächs besprochen. **Wichtige Themen gehen durch diese Vorgehensweise nicht unter und dringende Themen werden nicht liegen gelassen, sondern prompt in Angriff genommen.** Das spart Zeit, Kosten und Nerven.

Bei größeren, themenorientierten Meetings mit mehr als fünf Personen sollten personenspezifische Themen eher vermieden werden. Als Richtwert gilt: **Wenn zumindest zwei Drittel der anwesenden Personen involviert sind, kann ein Thema angesprochen werden.** Zusätzliche Themen, die nicht alle Anwesenden betreffen, sollten entweder vor dem Meeting oder erst am Schluss angesprochen werden. Das hat den großen Vorteil, dass Unbeteiligte gegebenenfalls zum Arbeitsplatz zurückkehren können.

10.6.1   WiDoks für Besprechungen

Wissensdokumente unterstützen Sie maßgeblich bei der Vorbereitung, Durchführung und Nachbereitung einer Besprechung:

1. Agenda:
Der Besprechungsorganisator sollte für das Meeting eine Agenda erstellen. Auch andere Teilnehmer, die einen aktiven Beitrag oder Punkt beisteuern, sollten dabei involviert sein. Die Agenda sollte, wenn möglich, bereits zwei bis drei Arbeitstage vorab per »Aufgabe Lesen« an alle Referenten und Teilnehmer verteilt werden. Eine Vorlage für eine Agenda finden Sie in **Musterdokument 00298**.

2. Vorlage Protokoll:
Werden bei einem größeren Meeting mehrere Themen bzw. unterschiedliche Punkte behandelt, sollte eine der anwesenden Personen das Schreiben eines Protokolls übernehmen. Nutzen Sie dazu die **Musterdokumente 00112** sowie **00113** als Vorlage.

3. Besprechungsrichtlinie:
Richtlinien für Arbeitsgespräche und Meetings sollten in einem WiDok fixiert und allen Mitarbeitern zur Verfügung gestellt werden. So können die Richtlinien klar kommuniziert werden und sich im Unternehmen etablieren. Mehr dazu in **Musterdokument 00372**.

10.6.2 Zeitersparnis mit dem »GEMO-Prinzip«

Die Abkürzung »GEMO« steht für »Good enough, move on« (Gut genug, weiter geht's) und ist eine Methode, die sich bei BASF bewährt hat.[42] Es geht dabei vorrangig darum, Dinge nicht bis in das kleinste Detail zu diskutieren, sondern sich mit einem akzeptablen Zwischenergebnis zufriedezugeben.

Durch das GEMO-Prinzip wird der Blick für das Wesentliche bewahrt. Die Details können anschließend abgeklärt und finalisiert werden. Das minimiert die zeitliche Inanspruchnahme aller Teilnehmer.

Blick für das
Wesentliche

Merkt man in einem Meeting, dass die Teilnehmer anfangen sich zu wiederholen oder sich in Details zu verlieren, fragt der Organisator des Meetings oder eine der anwesenden Personen: »*GEMO? Können wir zum nächsten Thema übergehen?*«. Die Anwesenden halten daraufhin kurz inne und überlegen, ob alles Wichtige bereits gesagt wurde. In der Regel folgt ein allgemeines Nicken und alle Beteiligten können sich dem nächsten Thema widmen.

Die Vorteile:
» Zeitersparnis durch Effizienz
» Reflexion und Konzentration bei Meetings fördern
» Bewusstsein für Zeit- und Ressourcenmanagement entwickeln

10.7 Digitale Ordnung mit WBI

Das Prinzip der Ordnung ist ein wichtiger Teil der Unternehmenskultur, denn nur durch Ordnung können Chaos und Verschwendung eingebremst werden. **Relevante Themen und Probleme kommen dadurch an die Oberfläche und sorgen für die notwendige Transparenz in der Organisation.**

---

42   Vgl. Grolman 2021, online

10.7.1 Laufwerkbereinigung

Im Sinne der WBI®Methode sollte einmal jährlich eine Laufwerkbereinigung durch alle Mitarbeiter erfolgen. Siehe **Musterdokument 00098**. Dabei sollten vor allem relevante Dokumente mit hohem Potenzial erkannt und redundante, alte oder gar private Dateien gelöscht werden. Wesentliche Schritte der Laufwerkbereinigung sind:

» Wertvolle Dokumente mit Potenzial als WiDok ins WMS stellen.
» Lokal gespeicherte Duplikate von WiDoks löschen.
» Leere Ordner löschen.
» Lokale Dateien, die älter sind als zehn Jahre, kritisch hinterfragen.
» Private Fotos und Unterlagen löschen oder auf Datenträger ziehen.

10.7.2 »Systematische Müllabfuhr«

Optimierung und Ordnung in allen Bereichen

Im Sinne der Effizienz ist es wichtig, dass Unternehmen sich ständig optimieren und dabei systematisch aufräumen. **Es geht nicht nur darum, auf Laufwerken Ordnung zu halten, sondern betrifft auch Prozesse, Programme, Datenbanken, Listen und Besprechungen.** Im Vordergrund stehen das ständige Aufräumen, Hinterfragen, Bereinigen und Löschen sowie das Strukturieren und Organisieren von Inhalten.

Fredmund Malik spricht in diesem Zusammenhang von einer »**systematischen Müllabfuhr**«. Diese sieht vor, Altes und Überflüssiges »auszumerzen«. Siehe **vertiefendes WiDok 00138**. Dazu sollten sich die Beteiligten in Bezug auf Produkte, Märkte, Kunden und Technologien jährlich folgende Schlüsselfragen stellen:

Was würden wir heute nicht mehr neu beginnen, wenn wir nicht schon mitten drin wären? Und weiter: Wovon müssen wir uns daher trennen? Was müssen wir schlichtweg stoppen?[43]

43   Malik 2020, online

10.7.3 »5S«-Methode

»5S« ist eine Methode, um Verschwendung zu erkennen und diese systematisch und nachhaltig zu eliminieren. Begründet wurde die Methode durch den Japaner Taiichi Ōno, der 5S im Zuge des Lean Managements als Idee für das Toyota-Produktionssystem entwickelte.[44]

Das »**S**« bezieht sich dabei auf die Anfangsbuchstaben der japanischen Begriffe, die die fünf notwendigen Schritte beschreiben. Ziel von 5S ist es, die gesamte Wertschöpfungskette industrieller Güter möglichst effizient zu gestalten.

Methode zur Reduzierung von Verschwendung

Wertschöpfungskette effizient gestalten

1. **Seiri**   Sortieren und aussortieren
2. **Seiton**   Systematisch Ordnung schaffen & ergonomisch anordnen
3. **Seiso**   Sauberkeit am Arbeitsplatz
4. **Seiketsu** Standardisierung
5. **Shitsuke** Selbstdisziplin und ständige Verbesserung (Kaizen)

Auch die WBI®Methode baut auf die Reduzierung von Verschwendung. **Von der Standardisierung der Wissenseinheiten durch WiDoks, über die systematische Ordnung, bis hin zur ständigen Verbesserung greift WBI wesentliche Bestandteile von 5S auf und nutzt sie.**

Aus der ursprünglichen 5S-Methode entwickelte sich über die Jahre die »**6S-Methode**«. Die 6S-Methode wird bei Meusburger nicht nur in der Produktion angewendet, sondern auch im Verkauf und in der Verwaltung. Weitere Informationen dazu finden Sie im **vertiefenden WiDok 00504**.

Weiterentwicklung zur 6S-Methode

Gerade in der Standardisierung sehe ich ein sehr hohes Potenzial für jede Organisation. Im ersten Moment ist Ihnen vielleicht nicht bewusst, welchen großen Einfluss die Standardisierung auf ein Unternehmen haben kann. Ich möchte daher eine Metapher nutzen, um Ihnen den Mehrwert aufzuzeigen. **Zu Zeiten des Römischen Reiches hatten die Römer einen großen Vorteil gegenüber anderen Völkern: die Standardisierung.** Sie waren alle einheitlich mit Schild und Speer

---

44   Vgl. Wikimedia Foundation 2021f, online

Einheitlicher
Kampfstil als
Erfolgsfaktor

bewaffnet, nahezu identisch gekleidet und haben alle einheitlich ge-
kämpft. Die Instruktionen der Heeresführer wurden direkt kommuniziert und die Vorgehensweise beim Kampf war klar vorgegeben. Die
Krieger mit den Schilden schützten die Krieger mit den Speeren und
umgekehrt. Sie unterstützten sich gegenseitig und jeder kannte seinen Platz. Durch diese Standardisierung beim Kampf waren die Römer
anderen, chaotischeren Gegnern klar überlegen. Die geballte Macht
überrollte nahezu jedes gegnerische Heer und siegte.

10.7.4   »GTD«-Methode

**»GTD« steht für »Getting Things Done« und ist eine Selbstmanage-
ment-Methode des US-Amerikaners David Allen.** Sie ermöglicht ihren
Anwendern ein effizientes und belastungsfreies Arbeiten.

Methode zur
Produktivitäts-
und Leistungs-
steigerung

**GTD zielt darauf ab, Widerstände und Systembehinderungen beisei-
te zu schaffen, um deren negative Folgen abzuwenden.** GTD fördert
damit ein reibungsloses Flow-Erlebnis und bietet die Möglichkeit einer
enormen Produktivitäts- und Leistungssteigerung.[45]

Ziel ist es, alle Gedanken privater und beruflicher Art in Form von Aufgabenlisten zu verschriftlichen, um eine weitere Störung durch diese
Gedanken zu verhindern. Der Fokus kann dadurch auf dem Wesentlichen bleiben, ohne die Angst, etwas Wichtiges zu vergessen.

Doch was bedeutet das nun für Ihren Arbeitsalltag? **Was GTD für die
Menschen ist, ist WBI für das Unternehmen: WBI unterstützt Unternehmen dabei, alles Relevante nachhaltig in Form von WiDoks zu
sichern und den Unternehmensalltag dadurch zu erleichtern.** Durch
das Erfassen kommen alle wichtigen Themen an die Oberfläche und
können daraufhin bewertet und behandelt werden. Die Führungskraft
kann den Fokus beruhigt auf die aktuell wesentlichen Aufgaben und
Themen legen und wird nicht durch lose Gedanken gestört.

---

45   Vgl. Allen 2011, S. 27

10.8 Weiterentwicklung von Ideen

Ein besonderer Fall tritt ein, wenn Wissen generiert wurde, das momentan keine Priorität hat, bei dem aber bereits absehbar ist, dass es in Zukunft von hoher Relevanz für das Unternehmen sein wird. Meistens handelt es sich dabei um innovative Ideen oder Projekte, in die viel Zeit investiert wurde, die aber aus diversen Gründen noch nicht realisiert werden können. Hier sollte die Führungskraft sehr sensibel vorgehen und darauf achten, eine weitere Vertiefung des Themas rechtzeitig zu stoppen.

Ideen mit hoher Relevanz für die Zukunft

Gründe für einen vorläufigen Stopp sind:
» Mangel an Kapazitäten für Konzeption oder Umsetzung
» Umsetzung kommt aufgrund einer anderen strategischen Ausrichtung zurzeit nicht in Frage.
» Fehlender Überblick bzw. Gesamtausmaß ist noch unklar, sodass das Problem bzw. Thema zuerst zerlegt und analysiert werden müsste, um Klarheit zu schaffen.

In allen drei Szenarien werden die Ideen und bisherigen Überlegungen zurückgestellt, bis das Thema Priorität bekommt. Wichtig ist, dass die Führungskraft dabei immer auf der Erstellung eines Wissensdokuments beharrt, um einen Wissensverlust zu vermeiden.

Gehen Sie dabei achtsam vor, um die Motivation der Mitarbeiter nicht zu dämpfen. Erklären Sie Ihre Beweggründe und Bedenken – vor allem wenn noch nicht klar ist, ob es jemals zur Umsetzung kommen wird.

Manchmal kann es sogar dazu kommen, dass es keinen Sinn mehr macht, das Gespräch zu einem gewissen Thema weiterzuführen, da das Wissen, das erarbeitet wird, nicht mehr geschäftsrelevant ist oder nicht umgesetzt werden kann. Dieser Punkt wird dann erreicht, wenn der Realitätsbezug verloren geht, nur noch Hypothesen und vage Vermutungen das Gespräch dominieren oder das Thema sich zu sehr vom Unternehmenszweck bzw. -ziel entfernt. **In diesem Fall sollten Sie Ihre Gesprächspartner freundlich, aber bestimmt auf Ihre Bedenken aufmerksam machen und auf das ursprüngliche Thema zurückkommen.**

KURZ & KNAPP

» Die optimale Darstellung von Wissen und Informationen mittels Sprache und grafischer Elemente, Bildern und Metaphern ist ein wesentlicher Aspekt, der das Lernen und Nutzen der Inhalte von WiDoks beeinflusst.

» Eine Wissensbilanz dient der Bewertung von betriebseigenem Wissen und somit von immateriellen Vermögenswerten.

» Ähnlich einem WiDok hat auch ein Wissensmanagement-System einen Lebenszyklus. Ziel von WBI ist es, das WMS in der Nutzungsphase zu halten.

» Erweiterte Mechanismen wie die Wissensgebiete, der Reifegrad, die Freigabe sowie die Dokumentenarten eignen sich vor allem für Unternehmen, die WBI bereits eingeführt und sich einen soliden Dokumentenbestand aufgebaut haben.

» Wissensgebiete dienen der kontextabhängigen Klassifizierung von WiDoks und bilden eine Art Wissensbaum.

» Durch den Reifegrad können Wissensdokumente, die sich noch in der Ausarbeitung befinden, von WiDoks, die bereits verifiziert wurden, unterschieden werden.

» Für hierarchisch strukturierte Unternehmen gibt es eine optionale Freigabe, bei der ein disziplinarischer oder hierarchischer Vorgesetzter die WiDoks freigeben muss.

» Durch Dokumentenarten können verschiedene Eigenschaften von WiDoks definiert und in einem WMS durch entsprechende Mechanismen umgesetzt werden.

» Neben den Dokumentenarten gibt es auch noch andere Sonderformen von WiDoks wie Checklisten, Schulungsdokumente, führende Dokumente und das Glossar.

» Arbeitsgespräche und Meetings werden durch den Einsatz von WBI und WiDoks effizienter und verfügen aufgrund der gemeinsamen Wissensbasis über ein höheres Gesprächsniveau.

11 MITARBEITER- QUALIFIKATION MIT WBI

WBI richtet sich vor allem an Mitarbeiter, die lösungsorientiert arbeiten und konstruktiv veranlagt sind. **Sie möchten das Unternehmen langfristig mitgestalten, um Ziele zu erreichen und das Unternehmen nachhaltig zu verbessern.** Die Qualifikation der Mitarbeiter ist somit eines der obersten Ziele eines wissensorientierten Unternehmens.

Ganzheitlicher Ansatz von WB

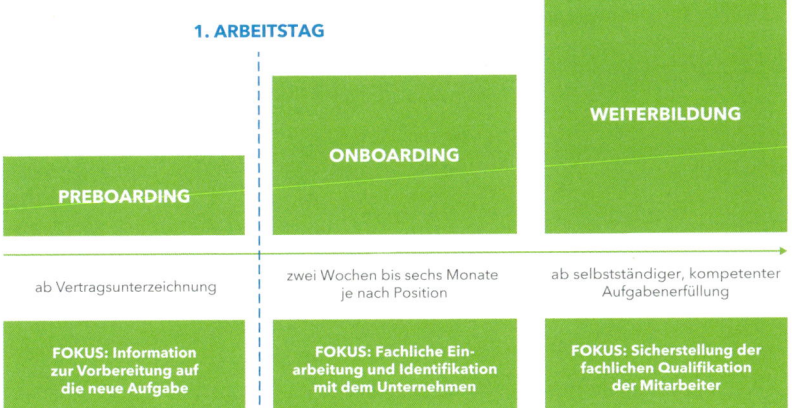

Abb. 68: Der zeitliche Ablauf der Mitarbeiterqualifikation mit WBI

11.1 Preboarding mit WBI

Lebt ein Unternehmen Wissensmanagement, sollte das bereits beim Vorstellungs- bzw. Einstellungsgespräch klar ausgesprochen werden. **Wird den Mitarbeitern das Thema von Anfang an offen kommuniziert und bewusst gemacht, dass Wissen aktiv erfasst und geteilt werden soll, stößt Wissensmanagement auf mehr Akzeptanz.**

Unternehmenskultur offenlegen

Damit neue Mitarbeiter in den ersten Tagen nicht vor einem großen Informationsberg stehen, sollte ihnen der Vorgesetzte bereits vor deren

Eintritt in das Unternehmen eine vorgefilterte Auswahl an wichtigen WiDoks zur Verfügung stellen. Durch diese Vorgehensweise kann sich der Mitarbeiter auf seine neue Funktion vorbereiten und seine neue Stelle am ersten Arbeitstag mit einem Wissensvorsprung antreten. Er startet dadurch entspannter in die neue Aufgabe und kann bereits bei der Einschulung die ersten offenen Fragen klären. Eine »**Win-win-Situation**« für das Unternehmen und die neuen Mitarbeiter im Team.

Lassen Sie pro Organisationseinheit eine Liste in Form eines WiDoks erstellen. **Sie sollte nur jene 10 bis 20 essenziellen WiDoks beinhalten, die für den neuen Kollegen interessant sind.** Die Liste kann als Basis für eine Vorabinfo an neue Mitarbeiter dienen – sei es in Form einer Mitarbeitermappe oder einer digitalen Sammlung.

Bei Meusburger erhalten neue Mitarbeiter in der Verwaltung und im Verkauf nach der Vertragsunterzeichnung einen Zugang zu speziellen WiDoks im Wissensmanagement-System. Die Wissensdokumente sind strukturiert und in entsprechende Wissensgebiete geclustert. **Durch die bereitgestellten Login-Daten können sich neue Mitarbeiter als externe Benutzer einloggen und vorab auf die individuell zusammengestellte »digitale Mitarbeitermappe« zugreifen.**

Die Richtlinie, die den Zugriff der externen Benutzer regelt und die notwendigen Aspekte beleuchtet, finden Sie in **WiDok 00513**. Weitere Musterdokumente finden Sie im Wissensgebiet »**Preboarding**«.

11.2 Onboarding mit WBI

Die ersten Tage und Wochen eines neuen Mitarbeiters in einem Unternehmen sind entscheidend für einen erfolgreichen Start. **Wenn sich ein neuer Mitarbeiter sofort wohlfühlt, kann dieser sein Potenzial rasch entwickeln und im Unternehmen gewinnbringend einsetzen.**

Die konsequente Anwendung von WBI hat Meusburger in den letzten zwanzig Jahren stark beeinflusst und das enorme Firmenwachstum

begünstigt, da beispielsweise die neuen Mitarbeiter effizienter eingeschult werden konnten. Die passenden Musterdokumente finden Sie
im Wissensgebiet »**Onboarding**«.

11.2.1 Begrüßung am ersten Arbeitstag

**Bereits am ersten Arbeitstag beginnt das »Onboarding« von neuen
Kollegen und somit die Einschulungs- und Lernphase.** Damit gerade
der erste Arbeitstag in guter Erinnerung bleibt, sollte sich die jeweilige Führungskraft besonders bemühen und alles Wissenswerte vermitteln. **Um zu verhindern, dass dabei relevante Punkte in Vergessenheit
geraten, ist eine Checkliste hilfreich:** Alle nennenswerten Themen für
die Begrüßung und Einschulung durch den direkten Vorgesetzten werden darauf gesammelt und können Punkt für Punkt abgehakt werden.
Die passende Vorlage finden Sie in **Musterdokument 00122.**

Begrüßung
durch direkten
Vorgesetzten

**Achten Sie darauf, dass alle Fragen rund um den Unternehmensalltag
in der ersten Arbeitswoche beantwortet werden.** Dazu gehören auch
die Fragen zu den WiDoks, die dem neuen Mitarbeiter vorab in der
digitalen Mitarbeitermappe zur Verfügung gestellt wurden. Wird
dabei neues Wissen erarbeitet oder eine Wissenslücke entdeckt,
kann das Besprochene an den jeweiligen Inhaltsverantwortlichen
weitergeleitet und somit im WiDok ergänzt werden.

11.2.2 Einschulung

**Neue Mitarbeiter müssen eingeschult werden und sich erst an die
Prozesse, Arbeitsweisen und kulturellen Aspekte im Unternehmen
gewöhnen.** Je nach Position dauert der Onboarding-Prozess wenige
Wochen oder mehrere Monate. **Der Fokus des Onboardings liegt auf
der Identifikation mit dem Unternehmen und der fachlichen Einarbeitung.** In der Regel erhalten neue Mitarbeiter einige allgemeine sowie
arbeitsplatzspezifische Schulungsmodule in ihren Fachbereichen.

Fachliche
Einarbeitung

Lassen Sie für jede Organisationseinheit des Unternehmens einen Einschulungsplan mit Schulungsmodulen erstellen, auf dessen Basis neue Kollegen eingeschult werden. Beachten Sie dabei, dass die allgemeinen Schulungsmodule in allen Plänen vorkommen sollten. Die arbeitsplatzspezifischen Einschulungen müssen hingegen pro Bereich angepasst werden. So wird sichergestellt, dass alle notwendigen Schulungen eingeplant und besucht werden. Ein Beispiel dafür, wie ein Einschulungsplan aussehen kann, sehen Sie in **Musterdokument 00341**.

Direkten Kontakt ermöglichen

Achten Sie darauf, dass auf dem Einschulungsplan immer alle Referenten sowie die Dokumentennummern der entsprechenden Schulungsdokumente angeführt werden. **So können die neuen Mitarbeiter bei Fragen direkt im WiDok nachlesen oder den Referenten kontaktieren.**

Zu jedem Schulungsmodul sollte es eine kurze Übersicht in Form eines »**Schulungsinformationsblattes**« geben. Anhand dieser Übersicht kann der jeweilige Vorgesetzte entscheiden, ob das jeweilige Schulungsmodul für den neuen Mitarbeiter relevant sein könnte. Weitere Informationen dazu finden Sie in *Kapitel 11.4.5*. Eine Vorlage dafür finden Sie in **Musterdokument 00144**.

Mitarbeiter, die sich während der Schulungen viele Notizen machen, halten oft relevante zusätzliche Punkte fest. **Fragen Sie die neuen Kollegen nach der Onboarding-Phase also bewusst nach ihren Notizen zu den Schulungen.** Sie werden feststellen, dass sie oft wichtige Impulse zur Weiterentwicklung der WiDoks beinhalten.

Intensive Nutzung von WiDoks

Neue Mitarbeiter nutzen ein WMS in der Einschulungsphase am stärksten. Täglich werden Inhalte von Schulungen nochmals gesucht und nachgelesen. Durch die erneute Auseinandersetzung mit den Inhalten arbeiten sich die neuen Mitarbeiter tiefer in die Themen ein und festigen dadurch das Gelernte. Später, wenn sie sich das benötigte Wissen bereits angeeignet haben, können sie ungestört ihren Aufgaben nachgehen und sind nicht mehr täglich auf die WiDoks angewiesen. Die Nutzung des WMS beschränkt sich dann auf die wesentlichsten Inhalte in ihren Verantwortungsbereichen.

Durch diese Form des Preboardings und Onboardings mit WBI werden Mitarbeiter mit Bedacht in das Unternehmen und die Unternehmenskultur eingeführt. Der Onboarding-Prozess ist mit WBI intensiver, da bereits viel explizites Wissen vorhanden ist und im Zuge der Einschulungen weitergegeben wird. Der neue Mitarbeiter hat somit zwar einmalig den zeitlichen Aufwand, die für ihn relevanten WiDoks durchzulesen und sich das notwendige Wissen anzueignen. **Im Gegenzug ist er dadurch von Beginn an gut informiert, kann früher produktiv arbeiten und zukünftig darauf aufbauen.**

Onboarding intensiver, aber auch produktiver

11.2.3 Probezeit

Beim Onboarding ist das Verhalten der Kollegen und Führungskräfte maßgeblich. **Einerseits stehen sie hilfsbereit mit Rat und Tat zur Seite und beantworten offene Fragen. Andererseits agieren sie als Vorbild im Sinne der WBI®Methode:** Sie verweisen die neuen Kollegen auf den Dokumentenbestand, stellen in Gesprächen immer wieder einen Bezug zu vorhandenen WiDoks her und beziehen diese aktiv in Arbeitsgespräche oder Meetings mit ein. Neues wird dadurch mit dem Bestehenden verbunden und das Gelernte festigt sich.

Kollegen helfen und verweisen auf WiDoks

Als Führungskraft sollte man neue Mitarbeiter anfangs gut beobachten: **Fügen sie sich gut in die Organisation ein und haben den richtigen Fokus auf Themen, so kann man sie nach kurzer Zeit selbstständig arbeiten lassen.**

Es kann jedoch auch vorkommen, dass neue, übermotivierte Mitarbeiter anfangs viele unnötige WiDoks erstellen, die irrelevant sind. **Sie bemühen sich und wollen sich einbringen, erkennen aber teilweise die Zusammenhänge und Hintergründe noch nicht.** Das birgt die Gefahr, dass bestehende Mitarbeiter irritiert werden und Unruhe aufkommt. Die neu entstehenden WiDoks sollten daher vorerst nur auf dem persönlichen Laufwerk oder als unveröffentlichte Nuller-Dokumente im WMS abgelegt werden. Die Wissensbasis wird somit nicht mit neuen, unverifizierten Inhalten verwässert. Erst wenn sich der Mitarbeiter in

der Organisation etabliert hat, werden die WiDoks gesichtet und bewertet. Handelt es sich um neues Wissen, das den Kriterien für WiDoks entspricht, wird es im WMS veröffentlicht. Sind es jedoch redundante Inhalte, so können diese mit bestehenden WiDoks fusioniert werden.

Gerade in der Probezeit ist es sinnvoller, neue Mitarbeiter vorrangig bestehende WiDoks überarbeiten zu lassen. Bei dieser Vorgehensweise ist durch die Genehmigung gewährleistet, dass die Qualität und wichtige Inhalte nicht verloren gehen. Weisen Sie daher Ihre neuen Kollegen und Mitarbeiter öfters darauf hin, dass sie vor der Erstellung eines neuen WiDoks immer zuerst nach bestehenden Wissensdokumenten mit gleichen oder ähnlichen Themen suchen müssen.

Das Onboarding endet in der Regel mit Ablauf der Probezeit. **Im Rahmen eines Probezeitgesprächs oder eines klassischen Mitarbeitergesprächs können nun die absolvierten Schulungen reflektiert und deren Lernerfolg beurteilt werden.**

Wurde die Probezeit erfolgreich absolviert und ist der Vorgesetzte mit der Einarbeitung und den Leistungen des Mitarbeiters zufrieden, wird aus dem Probeverhältnis ein Dienstverhältnis. Passende Musterdokumente und Vorlagen finden Sie im Wissensgebiet »**Probezeit**«.

11.3   Weiterbildung mit WBI

Fachliche Qualifizierung mit WBI

Der Fokus der Weiterbildung liegt auf der Sicherstellung der fachlichen Qualifikation der Mitarbeiter und ist bedeutsam, um den Fortbestand eines Unternehmens zu sichern. **Daher ist es wichtig, neben den neuen Mitarbeitern auch bestehendes Personal in aktuellen Themen aus- und weiterzubilden.** Ziel ist die ständige Auffrischung und Weiterentwicklung.

Da Teile des Erlernten oft schnell wieder in Vergessenheit geraten, bietet Meusburger in regelmäßigen Abständen Schulungen zur Auffrischung an. Die Schulungsmodule beinhalten wichtige Informationen zu Produkten, Mustern, Reklamationen und Rabattanträgen sowie Schulungen zu organisatorischen und technischen Themen.

Auch im Rahmen der internen Weiterbildung basieren alle Schulungsdokumente auf bestehenden WiDoks. Wird das WiDok im Anschluss per »Aufgabe Lesen« an alle Teilnehmer versendet, kann es angewendet und das darin erfasste Wissen informell erlernt werden.

WiDok als Grundlage für Schulungen

Gibt es zu einem neuen Thema, das in einer Schulung zur Sprache kam, noch kein bestehendes Wissensdokument, ist es die Aufgabe des jeweiligen Experten, dazu ein neues WiDok zu erstellen und darauf basierend die notwendigen Schulungsunterlagen zu ergänzen.

Für die Sicherstellung der fachlichen und persönlichen Qualifikation seiner Mitarbeiter ist hingegen der direkte Vorgesetzte verantwortlich. Er ist immer die erste Ansprechperson in Bezug auf individuelle Aus- und Weiterbildungsmaßnahmen. Eine organisationsweite Firmen-Akademie hat sich in diesem Zusammenhang in vielen Unternehmen als nützlich erwiesen.

11.4 Organisationsweite Firmen-Akademie

Gerade in größeren Unternehmen sollten die Einschulungs- und Weiterbildungsmaßnahmen zentral organisiert sein und in Form einer organisationsweiten Firmen-Akademie zur Verfügung gestellt werden. Die Akademie unterstützt das Unternehmen beim Preboarding, beim Onboarding sowie bei der sukzessiven Weiterbildung aller Mitarbeiter und Führungskräfte. Zu diesem Zweck werden alle relevanten Schulungsmodule in einer Übersicht dargestellt sowie die internen und externen Referenten genannt.

Firmen-Akademie in größeren Organisationen

Die Vision von Meusburger sieht hochqualifizierte und engagierte Mitarbeiter als eine essenzielle Grundlage für ein kontinuierliches Wachstum und den Unternehmenserfolg. Das Unternehmen verfügt daher im

Meusburger-Intranet über eine eigene Akademie-Seite, auf der sämtliche Schulungsmodule abgebildet sind. Pro Schulungsmodul steht jeweils ein Schulungsinformationsblatt zur Verfügung, das die wichtigsten Punkte der Weiterbildung in Form eines WiDoks zusammenfasst.

In den »**Weiterbildungsrichtlinien**« werden bei Meusburger die Regeln und das Budget für Weiterbildungen definiert. Darin wird zudem festgelegt, ob die Schulungsmodule als Arbeitszeit oder Freizeit gelten, ob die Kosten teilweise übernommen werden und welche Schulungsmodule bzw. Themenfelder Priorität haben. Nutzen Sie hierzu gerne das **Musterdokument 00338** als Vorlage und erstellen Sie eigene Weiterbildungsrichtlinien.

11.4.1   Themenfelder einer Akademie

Die Schulungsinhalte einer Firmen-Akademie können in verschiedene Themenfelder gruppiert werden:

1. **Fachspezifische Themenfelder:**
   » Fachschulungen
   » Produktschulungen
   » Firmenschulung   (z. B. Vision, Werte & Unternehmenskultur)

2. **Methodische Themenfelder:**
   » IT und IT-Anwendung   (z. B. Grundschulung Standard-Software)
   » WBI und WMS-Nutzung (z. B. WiDok erfassen & editieren)
   » Arbeitsmethodik   (z. B. Arbeitsweise, Besprechungen usw.)

3. **Persönliche Themenfelder:**
   » Sprachen   (z. B. Englisch-Kurs)
   » Sicherheit & Gesundheit (z. B. Erste-Hilfe-Kurs)

Die Verantwortung für den Gesamtprozess einer Akademie liegt meist bei der Personalabteilung. Die inhaltliche Verantwortung liegt hingegen bei den Experten in den jeweiligen Fachbereichen.

11.4.2 Schulung durch Mitarbeiter beantragt

Meist sind es die Mitarbeiter, die aufgrund einer Wissenslücke oder des Strebens nach persönlicher Weiterentwicklung aktiv werden. Eine Akademie ermöglicht es ihnen, sich über das Bildungsangebot der Firma zu informieren und sich zu Schulungsmodulen anzumelden.

Impuls durch Mitarbeiter

Damit das Tagesgeschäft nicht allzu sehr unter den Weiterbildungsmaßnahmen leidet und die Kursanmeldungen strukturiert erfolgen, bietet sich eine Freigabe-Instanz an. Durch einen »**Weiterbildungsantrag**« kann ein Mitarbeiter die Genehmigung für ein bestimmtes Schulungsmodul bei seinem Vorgesetzten beantragen. Ist der Vorgesetzte mit dem Vorschlag einverstanden, kann er diesen freigeben und direkt an die Personalabteilung weiterleiten. Ein Beispiel für einen Weiterbildungsantrag finden Sie in **Musterdokument 00337**.

11.4.3 Schulung durch Führungskraft initiiert

Durch eine zentral zugängliche Übersicht aller internen und externen Schulungsangebote können Vorgesetzte den Einschulungsplan für ihre Mitarbeiter individuell anpassen lassen und um notwendige Spezial-Module ergänzen. In Absprache mit dem jeweiligen Mitarbeiter wird die Weiterbildungsmaßnahme initiiert.

Impuls durch Führungskraft

Das aktive Anbieten einer Weiterbildungsmöglichkeit durch eine Führungskraft ist ein klares Zeichen der Wertschätzung. Es kann die Motivation des Mitarbeiters sowie die Unternehmenstreue erhöhen.

Bei essenziellen Schulungen kann der Lernerfolg durch einen angekündigten »Wissens-Check« abgefragt werden. Siehe **Vorlage 00491**. Es handelt sich um eine kurze inhaltliche Wissensüberprüfung, die zeigen soll, ob die Schulungsinhalte richtig verstanden wurden. So erkennt die Führungskraft, ob die notwendigen Kenntnisse bereits vorhanden sind bzw. wo Nachholbedarf besteht.

11.4.4 Komponenten der Akademie

Oft gibt es in Unternehmen Defizite bei der aktiven Weitergabe des Wissens, also der Wissenskommunikation. Eine Firmen-Akademie mit einem durchgängigen Konzept und klaren Richtlinien kann dabei helfen, diese Wissenskommunikation voranzutreiben. Sie baut auf drei Komponenten auf:

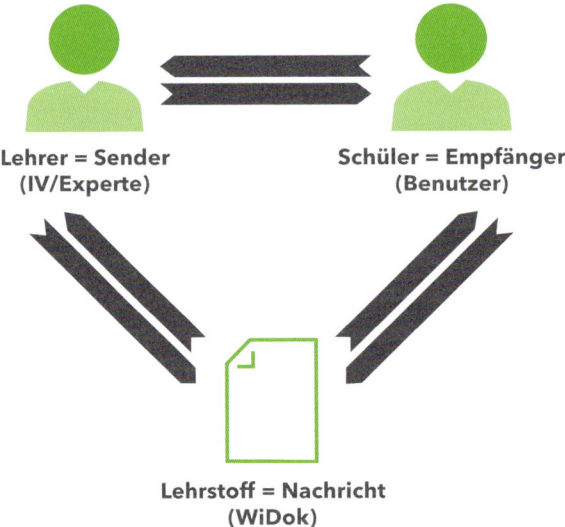

Abb. 69: Verbindung von Lehrer, Schüler und Lehrstoff

» Der **Lehrer** ist nicht nur der Inhaltsverantwortliche eines WiDoks – er ist meist auch der fachliche Experte zu einem Thema. Er ist die erste Anlaufstelle bei Fragen und gibt in Schulungen sein Wissen weiter.

» Der **Schüler** bzw. der Lernende ist der Empfänger des Wissens. Er nimmt an einem Schulungsmodul teil und bemüht sich, den Lehrstoff zu verstehen und diesen zu verinnerlichen.

» Der **Lehrstoff** besteht aus den WiDoks, die als Grundlage für die Schulungsmodule dienen bzw. mit denen die Schulung abgehalten wird.

11.4.5   WiDoks in einer Akademie

Durch ihre Vielfalt können WiDoks die Organisation und Abwicklung einer Firmen-Akademie auf allen Ebenen unterstützen. Neben konzeptionellen und organisatorischen Aspekten steht vor allem der richtige und nachhaltige Umgang mit Wissen im Vordergrund. **Die Devise lautet: Alles Wissen, das so essenziell ist, dass es an andere weitergegeben werden soll, muss auf lange Sicht in einem WMS erfasst und gesichert werden.**

Um alle WiDoks im Rahmen einer Firmen-Akademie übersichtlich zu verwalten, empfiehlt es sich, die vorhandenen WiDoks durch Wissensgebiete zu gruppieren.

Dauerhafte Schulungsdokumente

Die dauerhaften Schulungsdokumente stellen klassische, verifizierte WiDoks dar und werden regelmäßig verwendet. Sie verfügen über eine hohe Qualität, beinhalten meist zeitlose Themen und werden daher nur selten angepasst oder überarbeitet. **Die Inhalte eignen sich besonders als Basis für wiederkehrende Schulungen im Rahmen einer organisationsweiten Firmen-Akademie.**

WiDok mit verifizierten Inhalten

» Schulung zum Thema Werte und Unternehmenskultur
» Schulung zum Thema Projektmanagement
» Schulung zum Thema Wissensmanagement
» Schulungen für diverse Programme und Anwendungen

Die Inhalte der Schulungspräsentationen stammen aus verschiedenen verifizierten Wissensdokumenten. Diese Quellen bleiben in Form von Links verknüpft und somit nachvollziehbar.

Temporäre Schulungsdokumente

Temporäre Schulungsdokumente werden meist nur einmalig oder für einen kurzen Zeitraum benötigt, da die Schulungen lediglich über

Zeitlich
begrenzt
verfügbar einen bestimmten Zeitraum abgehalten werden. Es handelt sich meist um Schulungspräsentationen zu Produktneuheiten, Rabattaktionen und ähnlichen Themen. **Temporäre Schulungsdokumente stellen häufig kein klassisches WiDok dar, werden aber in das WMS gestellt, um von den praktischen Mechanismen zu profitieren:**

» Zentrale und organisierte Ablage
» Sofortige Verfügbarkeit der Unterlagen für eine breite Masse
» Weitläufige Kommunikation durch die »Aufgabe Lesen«

Ergänzungen und andere relevante Informationen, die im Laufe der Zeit hinzugekommen sind, müssen vor dem Löschen in den entsprechenden Basisdokumenten ergänzt werden. Dadurch kann ein Verlust von Wissen, das im Rahmen der Schulung neu erarbeitet wurde, vermieden werden.

Organisatorische WiDoks

Optimale
Aufbereitung
der Inhalte Für eine optimale Aufbereitung eines Schulungsmoduls und die bestmögliche, nachhaltige Weitergabe von Wissen sollten für jedes Modul folgende Dokumente vorhanden sein:

1. Schulungsinformationsblatt

Auf einem Schulungsinformationsblatt werden die wichtigsten inhaltlichen und administrativen Informationen zu einem Schulungsmodul angeführt. Dies sind beispielsweise der Referent, die Ziele, die Dauer, die Zielgruppe etc. Zusätzlich sind darauf die jeweils dazugehörigen WiDoks zum Thema verlinkt. **Eine standardisierte, leere Vorlage dient dabei als Grundlage und hilft bei der Konzeption und Erstellung eines neuen Schulungsmoduls.** Eine entsprechende Vorlage finden Sie in **Musterdokument 00144**.

2. Basisdokument

Ein Basisdokument ist ein verifiziertes WiDok, in dem die zu schulenden Inhalte eines Wissensträgers erfasst sind. Oft beinhaltet ein Schulungsmodul die Inhalte aus mehreren Basisdokumenten. Es werden dadurch mehrere WiDoks für eine Schulung zusammengefasst. Die entsprechenden Inhalte werden dann optisch ansprechend aufbereitet und dienen als Grundlage für die Schulungspräsentation.

3. Schulungspräsentation

Die Schulungspräsentation ist das WiDok, mit dem die Schulung tatsächlich durchgeführt wird. Meistens handelt es sich dabei um eine PowerPoint-Präsentation, in der die wichtigsten Informationen anschaulich und verständlich aufbereitet wurden. In diesem Zusammenhang wird zwischen dauerhaften und temporären Schulungsdokumenten unterschieden. Siehe dazu Kapitel 10.5.2.

Ein klassisches Beispiel für eine temporäre Schulungspräsentation ist die »Neuprodukteschulung«: Bei Meusburger werden in regelmäßigen Abständen Neuprodukte präsentiert. Damit alle Mitarbeiter bereits informiert sind und ihren Kunden gleich am ersten Verkaufstag eine kompetente Auskunft zu den Produkten geben können, werden die Mitarbeiter vorab geschult. Die Präsentation zur Schulung wird im Anschluss in die Wissensdatenbank gestellt, damit die Mitarbeiter bei Bedarf alles nochmals nachlesen können. **Nach drei bis sechs Monaten werden andere Neuprodukte präsentiert, womit die alte Neuprodukteschulung ab diesem Zeitpunkt überflüssig wird.** Es ist nun die Aufgabe des Inhaltsverantwortlichen zu prüfen, ob alle relevanten Inhalte bereits in einem WiDok gesichert sind. Sollte dem nicht so sein, müssen die wichtigen Punkte entnommen und erfasst werden. Erst wenn dieser notwendige Schritt erfolgt ist, kann die alte Neuprodukteschulung gelöscht werden.

Durch die Wiedervorlage kann ein »**Timer**« für die geplante Löschung von temporären Schulungspräsentationen erstellt werden. Nach Ablauf des Wiedervorlage-Zyklus wird der Inhaltsverantwortliche verständigt und kann die Archivierung oder Löschung veranlassen.

WiDoks zum Selbststudium

Einfache Themen müssen nicht zwingend geschult werden. Hier genügt oft das Selbststudium durch den Mitarbeiter. Dazu werden die Inhalte in Form von klassischen WiDoks für die Mitarbeiter aufbereitet.

Im Einschulungsplan müssen WiDoks, die im Selbststudium erarbeitet werden sollen, aufgelistet werden. Optimalerweise werden die Links zu den WiDoks sowie entsprechende Hinweise dazu angeführt.

Grenzen von WiDoks

Nicht alle Fähigkeiten lassen sich in Form einer theoretischen, WiDok-basierten Schulung vermitteln. **Es kann immer wieder vorkommen, dass eine Einschulung direkt an einer Maschine erfolgen muss und dabei implizites Wissen weitergegeben wird.** Das entsprechende Schulungsinformationsblatt mit den wichtigsten Punkten zur Einschulung am Gerät muss dennoch als WiDok erfasst und im WMS gesichert werden. **Das WiDok dient als roter Faden und sorgt dafür, dass wesentliche Inhalte bei der Schulung nicht in Vergessenheit geraten.**

11.5   Karriere mit WBI

Unterscheidung: Führungs- und Fachkarriere

In der Betriebswirtschaft wird zwischen **»Führungskarriere«** und **»Fachkarriere«** unterschieden. Die Begriffe wurden von Vera Friedli geprägt und werden als **»alternative Karrieremodelle«** bezeichnet.[46]

Bei einer Führungskarriere erfolgt der Aufstieg über:
» Qualifikationsstufen
» Leistungsstufen
» Autoritäts- und Verantwortungsstufen

Bei einer Fachkarriere erfolgt der Aufstieg über:
» Einsatz von Expertenwissen
» Übernahme von steigender Fachverantwortung
» Erweiterte Handlungsspielräume

WBI legt den Fokus auf die Fachkarriere, unterstützt dadurch aber auch die Führungskarriere: Wenn ein Mitarbeiter ambitioniert ist, empfiehlt es sich für ihn, wertvolle WiDoks zu erfassen. So fällt der Mitarbeiter auf und kann sich als wertvoller, vorbildlicher Wissensarbeiter beweisen. **Hat sich der Mitarbeiter etabliert, erreicht er einen**

46   Vgl. Friedli 2008, S. 249

Expertenstatus und kann vom Unternehmen zum Referenten für die Firmen-Akademie ernannt werden. Dabei handelt es sich um eine besondere Form von Anerkennung und Wertschätzung.

Der Experte gibt sein Wissen fortan in Schulungen und Seminaren an andere Mitarbeiter weiter. Das kann beim Erklimmen der Karriereleiter nützlich sein. Experten, die sich als wertvolle Wissensarbeiter bewährt haben, werden oftmals für Führungspositionen eingesetzt. Als Führungskraft kann der Experte sich ein entsprechendes Team aufbauen.

11.6   Offboarding mit WBI

Ein besonderes Szenario tritt ein, wenn ein Mitarbeiter das Unternehmen verlässt: **Durch den Austritt sind die personellen Kapazitäten einer Organisation zumindest zeitweise verringert.** Zudem entsteht dadurch auch eine Lücke in der Wissensbasis einer Organisation, welche eine geringe Wertminderung mit sich bringt.

Kapazitäten verringert

Verlässt ein Experte ein Unternehmen, hinterlässt er zwar seine WiDoks – das implizite, vertiefende Wissen dazu verbleibt jedoch immer nur in seinem Kopf. Der Austritt eines Mitarbeiters ist somit immer ein Verlust für eine Organisation.

Dabei sollte man als Führungskraft nicht nur die bisherigen Leistungen des Wissensträgers betrachten, sondern auch das künftige Potenzial des Mitarbeiters, das nun nicht mehr genutzt werden kann. Bemisst man das Wissen eines Wissensträgers mit einem bestimmten Wert, so stellt das nicht mehr nutzbare Potenzial einen entgangenen Gewinn dar.

Um das Unternehmen vor einem Wissensverlust abzusichern, ist es daher essenziell, das Erfahrungswissen laufend zu erfassen und bestmöglich zu erhalten. Ein großes Problem beim Austritt ist nämlich, dass gute Mitarbeiter meist auch gute WiDoks verantworten. Eine ausführliche Übergabe ist somit erfolgsentscheidend und hochsensibel.

11.6.1   Wissenserfassung bei Austritt

Es ist wichtig, dass Mitarbeiter ihr Wissen sukzessive im Arbeitsalltag erfassen, denn wenn der Austritt naht, ist es bereits zu spät für eine gründliche Wissenssicherung. Die Wiederherstellungskosten für solch einen Wissensverlust sind nicht unbeachtlich.

Erfassen beim Austritt zu spät

Da das menschliche Gehirn eine begrenzte Speicherkapazität hat, muss das Wissen von Beginn an kontinuierlich gespeichert werden. Denn das Gehirn ist zwar gut im Entwickeln von Gedanken, aber miserabel im Erinnern. **Werden Gedanken und das implizite Wissen erst in den letzten Tagen vor dem Austritt erfasst, leidet die Qualität meist aus mehreren Gründen darunter:**

- » Die Motivation des Mitarbeiters, sein Wissen mit seinen Kollegen zu teilen, wird gegen Schluss geringer.
- » Der Mitarbeiter müsste versuchen, sich an alle Aufgaben, Abläufe, Problemlösungen und Inhalte zu erinnern, die er im Laufe seiner Laufbahn erarbeitet hat.
- » Der Mitarbeiter müsste versuchen, sich an alle Details und Lösungen zu diesen Aufgaben, Abläufen, Problemlösungen und Inhalten zu erinnern.

Spontane Übung: Aufgaben erfassen

Das klingt im ersten Moment etwas trivial, aber versuchen Sie doch bitte spontan, alle Ihre Zuständigkeiten und Aufgaben stichwortartig in einem Dokument zu erfassen und die Details dazu festzuhalten. Sie werden merken: Man weiß oft nicht, was man alles weiß bzw. verantwortet. Viele Kleinigkeiten laufen im Alltag einfach nebenher.

In manchen Fällen können daher nach dem Austritt eines Mitarbeiters plötzlich Probleme auftreten. Dies ist vor allem dann der Fall, wenn der ehemalige Mitarbeiter in Eigeninitiative Aufgaben erledigt hat, dies jedoch niemandem bewusst war. Diese Verantwortungslücken müssen dringend in Form von WiDoks dokumentiert und geschlossen werden. Vermeiden Sie eine solche Situation, indem Sie die Mitarbeiter anhalten, zu all ihren Tätigkeitsbereichen zumindest ein WiDok zu erfassen.

**Von Methoden und Werkzeugen, um Wissen von Mitarbeitern inner-
halb von wenigen Stunden oder Tagen systematisch »abzusaugen«,
distanziert sich WBI.** Es macht keinen Sinn, das Wissen im letzten
Moment zu sichern. Beachten Sie stattdessen folgende Regeln:

» Problemlösungen sofort notieren und zeitnah in einem WiDok
  erfassen.
» Anleitungen und Abläufe immer direkt beim Handeln notieren
  und zeitnah in einem WiDok erfassen.
» Wissen, das in Arbeitsgesprächen entsteht, immer gleich notieren
  und zeitnah in einem WiDok erfassen.
» Gründe für Entscheidungen immer beim Treffen der Entscheidung
  notieren und zeitnah im WiDok erfassen.

Mehr Informationen und Hintergründe dazu finden Sie im **vertiefenden
WiDok 00411**, in dem die Unterschiede zwischen der kontinuierlichen
und der einmaligen Wissenssicherung aufgezeigt werden.

11.6.2   Vererben an einen neuen Inhaltsverantwortlichen

Steht ein Mitarbeiteraustritt an, ist es wichtig, dass die Nachfolge bei
der Inhaltsverantwortung der Wissensdokumente geklärt ist. Zug
um Zug müssen alle WiDoks – wie im **vertiefenden WiDok 00458**
beschrieben – an kompetente Nachfolger übertragen werden. Eine
längere Übergangsphase, in der der vorherige Inhaltsverantwortliche
noch zur Verfügung steht, ist von großem Vorteil für den Nachfolger
und das Unternehmen.

**WBI befürwortet Arbeitsverträge mit längerer Kündigungsfrist, da
somit gewährleistet ist, dass der ausscheidende Mitarbeiter noch
ausreichend lange für eine geregelte Übergabe zur Verfügung steht.**
Die verbleibende Zeit sollte intensiv genutzt werden, um eine penible
Verantwortungsübergabe mit persönlichen Mikroschulungen zu allen
WiDoks zu ermöglichen.

11.6.3 Vorgehen bei fehlendem Nachfolger

Gibt es aufgrund eines kurzfristigen Austritts noch keinen Nachfolger, muss die Inhaltsverantwortung übergangsweise vergeben werden.

Beim Vererben der WiDoks kann es vorkommen, dass ein Mitarbeiter nicht alle WiDoks seines Vorgängers übernehmen kann, da er nicht alle Aufgabengebiete übernimmt oder seine Kompetenzen nicht ausreichen. Der Vorgesetzte entscheidet in diesem Fall, was mit den WiDoks des ehemaligen Mitarbeiters geschehen soll. Wurde die Zuständigkeit geklärt, informiert der Vorgesetzte den Wissensmanager sowie die neuen Inhaltsverantwortlichen darüber.

11.6.3.1 Ein Mitarbeiter übernimmt die WiDoks temporär

Vorläufiger Inhaltsverantwortlicher

Gibt es keinen unmittelbaren Nachfolger, muss der direkte Vorgesetzte einen vorläufigen Inhaltsverantwortlichen bestimmen und dafür sorgen, dass die WiDoks nicht in Vergessenheit geraten. Gibt es einen Wissensmanager im Unternehmen, sollte auch er eine derartige Situation stets im Auge behalten und den Vorgesetzten gegebenenfalls erinnern. Sobald ein neuer Mitarbeiter eingestellt wird, sollten die WiDoks sukzessive an den neuen Mitarbeiter übertragen werden.

Bedenken Sie bitte dabei, dass neue Mitarbeiter anfangs selten als Inhaltsverantwortliche eingesetzt werden können, da sie sich noch das notwendige Wissen aneignen und in die neue Aufgabe hineinwachsen müssen.

Die Vorteile:
» Es gibt keine herrenlosen Wissensdokumente.
» Die Zuständigkeiten sind temporär geregelt.

Die Nachteile:
» Der temporäre Inhaltsverantwortliche muss sich in das Thema einarbeiten und für Fragen zur Verfügung stehen.
» Der Vorgesetzte muss die Dokumente im Blick behalten.

11.6.3.2 Der Vorgesetzte übernimmt die WiDoks temporär

Übernimmt der Vorgesetzte temporär die vakanten WiDoks, sollte er sich damit auseinandersetzen: WiDoks mit falschen oder veralteten Inhalten müssen auch in der Übergangszeit überarbeitet werden, bevor sie an einen neuen Inhaltsverantwortlichen übertragen werden.

Vorgesetzter temporär verantwortlich

Die Vorteile:
» Der Vorgesetzte kennt sich im Großen und Ganzen mit dem Thema aus.
» Der Vorgesetzte weiß, wann ein neuer Mitarbeiter eingestellt wird, der das Thema und somit auch das WiDok übernehmen kann.
» Der Vorgesetzte wird froh sein, wenn er das WiDok wieder abgeben kann, und sich daher aktiv um einen Nachfolger kümmern.
» Der Wissensmanager erspart sich das ständige Nachfragen und Erinnern.

Die Nachteile:
» Die Führungskraft muss für Fragen zum Thema zur Verfügung stehen.
» Die Führungskraft muss notwendige Änderungen vornehmen und die Aktualitätsprüfung durchführen.

11.6.4 Unterstützung des Offboarding-Prozesses

Auch bei der organisatorischen Abwicklung eines Mitarbeiteraustritts unterstützt WBI maßgeblich. Durch den Einsatz von Wissensmanagement kann ein standardisierter Ablauf für das Offboarding und alle notwendigen Maßnahmen in einem Wissensdokument erfasst und angewendet werden. Die in diesem Zusammenhang hilfreichen Musterdokumente finden Sie im Wissensgebiet »**Offboarding**«.

KURZ & KNAPP

» Durch WBI haben neue Mitarbeiter bereits beim Preboarding einen Wissensvorsprung und können die neue Stelle entspannter antreten.

» Am ersten Arbeitstag werden neue Mitarbeiter vom direkten Vorgesetzten empfangen – dank WBI wird dabei nichts Wichtiges vergessen.

» WBI unterstützt mit einem durchdachten, strukturierten Einschulungsplan mit allgemeinen und arbeitsplatzspezifischen Schulungsmodulen das Onboarding neuer Mitarbeiter.

» In einer unternehmensweiten Firmen-Akademie werden alle internen und externen Schulungsmodule dargestellt und in persönliche, fachliche und methodische Themenfelder unterteilt.

» Für jedes Schulungsmodul gibt es ein Schulungsinformationsblatt.

» Vor Austritt eines Mitarbeiters muss das Wissen bereits erfasst sein und sollte daher sukzessive im Arbeitsalltag erfasst werden.

» Von Methoden und Werkzeugen, um Wissen innerhalb von wenigen Stunden oder Tagen systematisch abzusaugen, distanziert sich WBI bewusst.

» Werden Wissensdokumente an einen neuen Inhaltsverantwortlichen übertragen, kann durch eine Mikroschulung einem Wissensverlust vorgebeugt werden.

» Gibt es keinen geeigneten Nachfolger für die Inhaltsverantwortung eines WiDoks, müssen der direkte Vorgesetzte oder ein geeigneter Mitarbeiter temporär einspringen und das WiDok übernehmen.

» Auch bei der organisatorischen Abwicklung eines Mitarbeiteraustritts unterstützt WBI durch den Einsatz von Wissensmanagement und bietet passende WiDoks an.

12 MITARBEITERFÜHRUNG MIT WBI

Damit Wissensmanagement funktioniert, müssen vor allem dieje-nigen Personen einen Beitrag leisten, die Personalverantwortung tragen – also die Führungskräfte auf den verschiedenen Ebenen. In diesem Kapitel werden daher sowohl Teamleiter, Abteilungsleiter, Bereichsleiter als auch Geschäftsleiter, Geschäftsführer und Eigentümer angesprochen. Denn egal welche Bezeichnung im Unternehmen verwendet wird: Sie alle sind **»Führungskräfte«**. Ohne ihre Unterstützung ist Wissensmanagement nur sehr schwer umsetzbar. Die Kür ist es, wissensorientiertes Management auf allen Führungsebenen zu etablieren, um so den Gedanken des Wissensmanagements in alle Organisationseinheiten zu tragen.

Führungskräfte tragen große Verantwortung

Abb. 70: WBI-Management-Pyramide

Wie **Abbildung 70** zeigt, bildet das Informationsmanagement die unterste Ebene und somit die Basis der WBI-Management-Pyramide: Die WiDoks und der WBI-Prozess müssen organisiert und die notwendigen Mechanismen mit einem passenden Wissensmanagement-System umgesetzt werden. Wird das Wissen konsequent erfasst und weiter-

entwickelt, entsteht eine einheitliche Wissensbasis, die sich im WMS widerspiegelt. **Erst wenn diese solide Basis bzw. ein gewisser Dokumentenbestand gegeben ist, kann auf der mittleren Ebene das Wissen bestmöglich gemanagt werden.**

Auf der Ebene des Wissensmanagements spielt die zwischenmenschliche Kommunikation eine wesentliche Rolle. **Der Wissenstransfer, also die Wissensdokumentation und die Wissenskommunikation, stehen dabei im Vordergrund.** Auf oberster Ebene befindet sich das Management. Hier wird mithilfe von Wissensdokumenten gemanagt. Die Spitze der Pyramide sieht WBI also als klare Verantwortung der Führungskräfte.

Die Mitarbeiterführung mit WBI erfordert eine Anpassung der eigenen Arbeitsweise, die jedoch viele Vorteile mit sich bringt. Ich persönlich schätze die Arbeitsweise mit WBI besonders nach einem Urlaub. Gerade am ersten Tag im Büro ist es immer sehr spannend zu sehen, was sich in meiner Abwesenheit alles im Unternehmen getan hat. Es freut mich, wenn ich sehe, dass meine Mitarbeiter die Zeit produktiv genutzt haben. Oft entstehen in dieser Zeit einige neue, gute WiDoks und eine Vielzahl an bestehenden WiDoks wird überarbeitet.

Überblick und Transparenz

Nur ganz selten gibt es ein Problem. **Ein großer Vorteil dabei ist, dass ich auf Meta-Ebene einen Überblick bekomme und sehe, welche Themen neu sind, welche in Bewegung sind und welche abgeschlossen wurden.** Für mich ist die Führung von Meusburger ohne WBI daher nicht mehr denkbar. Ich möchte mir nicht vorstellen, wo mein Unternehmen heute wäre, wenn mir ohne WBI über die Jahre entgangen wäre, welche Bereiche oder Projekte in der Firma nicht optimal laufen. Mit WBI kann ich meine wertvolle Zeit gezielt und nachhaltig einsetzen. Und genau darum geht es: Führen heißt für mich, wirksam zu werden, zu lenken und Verschwendungen zu reduzieren.

Da die Wissensarbeit parallel zur normalen Führungstätigkeit stattfindet, muss der Fokus auf den wesentlichen Zielen, Aufgaben und Werkzeugen liegen.

12.1   Ziele einer Führungskraft

Neben den in Kapitel 7.5 erwähnten Aufgaben einer Führungskraft gibt es einige übergeordnete erfolgskritische Aspekte, die einen enormen Einfluss auf deren Arbeit haben. Es handelt sich um wesentliche Ziele, die jede Führungskraft im Unternehmen verfolgen sollte – unabhängig davon, ob es sich dabei um den Eigentümer, den Geschäftsführer oder eine andere Führungskraft handelt.

Erfolgskritische Aspekte

12.1.1   Aufbau einer zweiten, wissensorientierten Ebene

Führungsarbeit heißt, mit seinem Einfluss positiv auf die Organisation einzuwirken. Einen enormen Hebel bekommt die Führungsarbeit, wenn das Richtige mit den richtigen Personen gemacht wird, denn eine Organisation ist eine Sinngemeinschaft. **Nur wenn viele Gleichgesinnte zusammen an einem Strang ziehen, kann gemeinsam etwas bewegt werden.** Das übergeordnete Ziel einer wissensorientierten Führungskraft sollte es daher sein, sich eine weitere wissensorientierte Führungsebene aufzubauen.

Die Vorteile:
» Das Wissen wird im Sinne der Führungskraft gesichert und entwickelt sich ständig weiter.
» Die Führungskraft kann alles über die »Info Lesen« verfolgen und bei Bedarf nachfragen, eingreifen oder gegensteuern.
» Der Vorgesetzte kann mit der Zeit darauf vertrauen, dass die Führungskräfte unter ihm ihre Mitarbeiter ebenfalls wissensorientiert führen.

Über drei Jahre hinweg hat sich das Vertriebscontrolling bei Meusburger intensiv mit den Themen Business Intelligence und Auswertungen auseinandergesetzt. Immer wieder habe ich mich mit der zuständigen Führungskraft über die diversen Aspekte und Facetten der Auswer-

tungen unterhalten. Die Darstellungsformen wurden vereinheitlicht und die Themen abgearbeitet. **Wir haben das Thema vorangetrieben sowie die zugehörigen WiDoks ständig verbessert und weiterentwickelt.** Seit nunmehr zwei Jahren arbeitet der Bereichsleiter eigenständig an den Auswertungen. Er hat die Vorzüge des Wissensmanagements erkannt und entwickelt sich durch diese Arbeitsweise nun tagtäglich weiter. **Dank seiner wissensorientierten Perspektive sind er und sein Team sehr erfolgreich und können täglich die Früchte ihrer Arbeit ernten.** Die zweite, wissensorientierte Führungsebene wurde erfolgreich aufgebaut.

Als Führungskraft sollte man sein Augenmerk auf jene Mitarbeiter legen, die eine langfristige Perspektive im Unternehmen haben. Ein Mitarbeiter, der an einer langjährigen Anstellung interessiert ist, arbeitet und entscheidet anders als ein Mitarbeiter, der in Gedanken schon im Ruhestand oder bei einer anderen Firma ist.

12.1.2 Verantwortungsübertragung durch Delegation

Aufgabenpakete delegieren

Das Delegieren von Tätigkeiten ist ein wichtiger Prozess, um Führungskräfte langfristig zu entlasten und die zu Tausenden anfallenden Themen in einer Organisation zu bewältigen. Nur wenn diese auf mehrere Schultern verteilt werden, ist das Arbeitspensum bewältigbar. **Dabei ist wichtig, die Themen in die richtigen Hände zu übergeben und möglichst umfassende Aufgabenpakete mit entsprechendem Selbstbestimmungsgrad zu delegieren.**

Zeitliche Entlastung für Führungskräfte

Delegiert ein Vorgesetzter größere Aufgaben- und Themengebiete erfolgreich an seine Mitarbeiter, kann er seine Energie gezielt dort einsetzen, wo es nötig ist. Er kann sich fortan oberflächlich informieren oder sich wahlweise mit manchen Themen intensiver auseinandersetzen. **Die Führungskraft wird dadurch zeitlich entlastet und kann sich den neu anfallenden Themen und Problemen widmen.**

Einen typischen Fehler, der gerade bei der Delegation von Kleinig-keiten häufig passiert, möchte ich an dieser Stelle kurz aufgreifen: **Bei so manchen Aufgaben oder kleineren Projekten sind Führungskräfte verleitet, »das einfach schnell selbst zu erledigen«.** Die Begründung ist immer wieder dieselbe: »*In der Zeit, in der ich das Thema und die Hintergründe Herrn XY erklärt habe, habe ich es doch schon längst selbst erledigt.*« Das mag vielleicht für die ersten zwei bis drei Male so sein. Doch bitte denken Sie auch hier nachhaltig und langfristig.

Wie **Abbildung 71** zeigt, sparen Sie sich beim ersten Mal vielleicht fünf Minuten ihrer Zeit – haben es aber im Gegenzug auch nicht geschafft, den ersten Schritt bei der Delegation zu machen. **Denn während die Zeit beim »Selbst-Erfassen« immer die gleiche bleibt, so verkürzt sich die Zeit bei der Delegation zunehmend**, da der Mitarbeiter Ihre Denk-muster und Vorgehensweise sukzessive erlernt und übernehmen kann. Langfristig gesehen macht es also durchaus Sinn, anfangs fünf oder zehn Minuten in die Delegation und somit in den Aufbau eines kompe-tenten Mitarbeiters zu investieren, um nachhaltig davon zu profitieren.

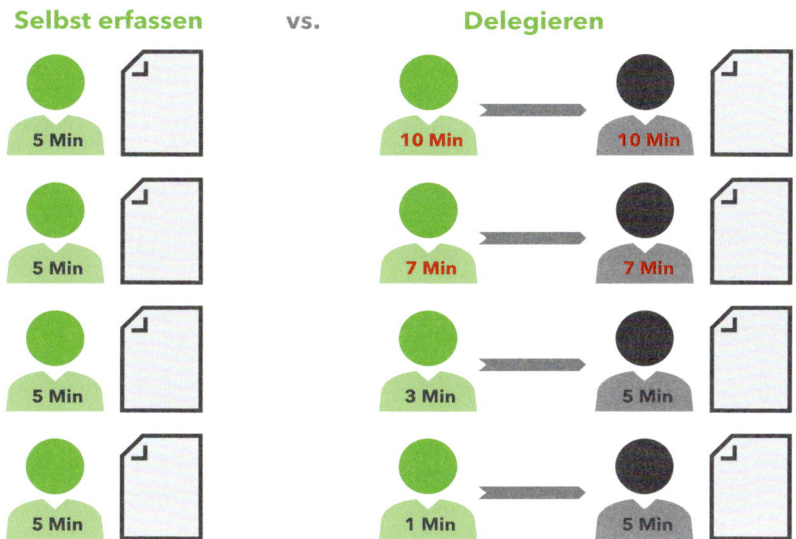

Abb. 71: Langfristiger Zeitvorteil durch Delegation

Der wesentliche Aspekt dabei ist, die Verantwortung der richtigen Person zu übertragen, da diese über die notwendigen Kompetenzen verfügen muss. WiDoks liefern einen guten Überblick über Fähigkeiten und Kompetenzen. Sie erleichtern damit die Wahl eines geeigneten Mitarbeiters für die Delegation eines neuen Themas.

Einige Leser meines zweiten Buches haben mich gefragt, wie ich es schaffe, dass sich Mitarbeiter auch unbeliebter Themen annehmen und diese ausarbeiten. Gerade hier ist es enorm wichtig, die Mitarbeiter von der Sinnhaftigkeit zu überzeugen und ihnen die Vorteile für sie selbst, ihre Kollegen und für das Unternehmen aufzuzeigen.

Die einfachste Form der Delegation – und dennoch die, die bei Ihnen vermutlich am wenigsten genutzt wird – ist die Beauftragung eines neuen WiDoks. Mehr dazu finden Sie in Kapitel 12.2.6.

12.1.3   Führen mit Wissensperspektive

Führung meist
direkt und
kurzfristig

In vielen Unternehmen erfolgen Anweisungen meist direkt: Führungskräfte betrauen einen geeigneten Mitarbeiter unmittelbar und kurzfristig mit einem Projekt oder einer operativen Aufgabe. **Die Anweisungen, Erwartungen, Eckpfeiler und Ziele werden kurzfristig im Gespräch mitgeteilt, können aber langfristig nicht für andere Projekte und Aufgaben verwertet werden.**

Wenn eine Führungskraft nur kurzfristig denkt und daher operative Aufgaben sowie Projekte ausschließlich mündlich delegiert, hat sie zwar auf kurze Sicht vielleicht weniger Aufwand, auf lange Sicht allerdings weniger Vorteile und dadurch mehr Aufwand. Sie wird es nicht schaffen, etwas Beständiges in der Organisation aufzubauen.

An dieser Stelle möchte ich kurz die Geschichte der drei kleinen Schweinchen, die vermutlich allen bekannt ist, als Metapher heranziehen: **In diesem Märchen schafft es nur das Schweinchen mit dem**

Ziegelsteinhaus, sein Haus zu retten und dem bösen Wolf zu entkommen. Die beiden anderen Schweinchen, die auf die schnellere Stroh- und Holzbauweise gesetzt haben, müssen flüchten. Sie finden zum Glück beim dritten Schweinchen Unterschlupf. Die Botschaft dahinter ist simpel und klar: **Nur wer langfristig denkt und nachhaltig handelt, ist auf lange Sicht sicher.**

WBI setzt daher bewusst auf den Aufbau einer stabilen, dauerhaften Lösung und somit von Beginn an auf das Ziegelhaus. Der Bau dauert zwar etwas länger – auf lange Sicht ist es jedoch am stabilsten. Das geziegelte Haus symbolisiert dabei die Wissensdatenbank und die Ziegel repräsentieren die vielen wertvollen Wissensdokumente mit erfolgskritischen, qualitativ hochwertigen Inhalten, die das Haus standhaft machen. Ziel ist es, dass alle Beteiligten sich in diesem Haus wohlfühlen und es gerne nutzen. Natürlich muss man sich regelmäßig um das Haus kümmern und es auf Schwachstellen untersuchen, gerade dadurch kann aber im Problemfall frühzeitig reagiert werden.

Bei WBI erfolgt die Führung von Mitarbeitern jedoch über die Wissensarbeit und aus der Wissensperspektive: Die Führungskraft steuert Projekte sowie operative Aufgaben also nicht direkt, sondern mithilfe von WiDoks. Darin werden die Ziele, Anweisungen, Eckpfeiler und Aufgaben erfasst. Verschiedene Szenarien können durch die Wissensarbeit bereits vorab mittels WiDok durchgespielt und abgewogen werden. Dadurch müssen bei etwaigen Problemen und Änderungen die verschiedenen Varianten nicht mühsam im Unternehmensalltag ausgetestet werden. Unnötige Fehlversuche und Umwege aufgrund unzureichender Informationen bleiben erspart.

Szenarien vorab durchspielen

Das WiDok dient künftig als klare Handlungsanweisung für alle Beteiligten des aktuellen Projekts. Nach Erfassen der wichtigen Projekterfahrungen kann es auch als Basis bzw. Entscheidungsgrundlage für neue Projekte und weitere Anstrengungen in ähnlichen Gebieten herangezogen und weiterentwickelt werden. **Das WiDok ist daher langfristig von großem Nutzen und ein wichtiges Werkzeug der wissensorientierten Führungskraft.**

WiDok als führendes Medium

12.1.4 Selbstständige, handlungsfähige Mitarbeiter

Mitarbeiter, die von sich aus Entscheidungen treffen und im Sinne des Unternehmens handeln, sind für das Unternehmen und somit auch für Führungskräfte enorm wertvoll. Sie arbeiten selbstständig an wichtigen Themen und Projekten und entlasten so ihre Vorgesetzten. Wichtig dabei ist, dass das entstandene Wissen stets in Form von WiDoks erfasst und notwendigenfalls weiterentwickelt wird. Dadurch ist gesichert, dass der Vorgesetzte durch die »Info Lesen« aktuelle Themen mitverfolgen kann.

Bevollmächtigen Sie die Mitarbeiter, Dinge selbst in die Hand zu nehmen und zu entscheiden. Sie werden dadurch einen Großteil der anfallenden Arbeit übernehmen und benötigen Sie nur, um in einzelnen Fällen Rücksprache zu halten. Die Mitarbeiter und auch Ihr Terminkalender werden es Ihnen danken.

Ob die Delegation eines Themas sowie der Aufbau der zweiten Führungsebene erfolgreich waren und die Mitarbeiter gelernt haben, selbstständig zu handeln und zu entscheiden, kann anhand der weiteren Vorgehensweise erkannt werden.

Nehmen wir an, ein Mitarbeiter in der Logistik ärgert sich immer wieder darüber, wie kompliziert einige interne Abläufe erfolgen. Er will das Problem lösen und sich dazu einen Überblick über alle Prozesse in seinem Bereich verschaffen. Der Logistiker erarbeitet ein Konzept und veröffentlicht es als WiDok im »Reifegrad 1« im WMS. Seinen Vorgesetzten hat er sicherheitshalber noch nicht bei der »Aufgabe Lesen« eingetragen, dafür ist es ihm noch zu früh. Dennoch wird der Vorgesetzte durch die »Info Lesen« über die Aktivitäten des Mitarbeiters informiert. Er könnte nun selbst aktiv werden und intervenieren. Der Vorgesetzte entscheidet sich aber dafür, das Thema vorerst nur über die »Info Lesen« weiterzuverfolgen. Er lässt dem Mitarbeiter freie Hand und beobachtet wie dieser im weiteren Verlauf entscheidet und handelt:

» Hat der Mitarbeiter bereits einen Teil der Philosophie und der strategischen Denkweise in sein Konzept übernommen?

» Entscheidet und handelt er im Sinne des Unternehmens?

» Kontaktiert der Mitarbeiter bei heiklen Entscheidungen und Themen, die negativen Einfluss auf die Zukunft des Unternehmens haben könnten, seinen Vorgesetzten?

» Begutachten die anderen Mitarbeiter, die bei der »Aufgabe Lesen« eingetragen sind, den Inhalt des WiDoks kritisch genug? Hinterfragen sie die Inhalte und intervenieren sie, wenn der Inhaltsverantwortliche Fehler macht?

Entscheidet und handelt ein Mitarbeiter immer wieder im Sinne des Unternehmens, kann sich die Führungskraft zurücknehmen. Sie lässt den Mitarbeiter künftig selbstständig arbeiten und entscheiden. Hin und wieder erhält sie durch die »Info Lesen« einen aktuellen Stand und kann, wenn nötig, aktiv werden.

Führungskraft nimmt sich zurück

Überlegen Sie frühzeitig, welcher Mitarbeiter sich aus Ihrer Sicht am besten für ein gewisses Thema oder Projekt eignet und beauftragen Sie ihn von Beginn an mit der Ausarbeitung des Konzeptes. Sie werden schnell merken, dass er sich viel intensiver damit identifiziert und mehr hinter seinem Konzept steht, wenn er es selbst ausgearbeitet hat.

12.2 Aufgaben und Vorteile für Führungskräfte

Eine Führungskraft ist über den gesamten WBI-Prozess hinweg dazu aufgerufen, aktiv mitzuarbeiten, und kommt im Gegenzug in den Genuss von zahlreichen Vorteilen. Voraussetzung dafür sind regelmäßige Impulse zur Erfassung, Nutzung und Löschung sowie ein beispielhaftes Vorgehen. **Wenn Wissensmanagement nur ein Lippenbekenntnis ist, aber nicht vorbildlich gelebt wird, wird es nicht funktionieren.** Daher verantwortet eine Führungskraft folgende Aufgaben, die im Gegenzug immer auch mehrere Vorteile mit sich bringen.

12.2.1 Optimale Rahmenbedingungen schaffen

Wissensorientiertes Arbeiten ermöglichen

Ohne das Vorleben einer Wissenskultur werden Mitarbeiter nicht bereit sein, ihr Wissen zu erfassen und in weiterer Folge zu teilen. **Es ist daher die Aufgabe einer Führungskraft, Rahmenbedingungen zu schaffen, die das wissensorientierte Arbeiten mit WBI begünstigen und somit die Generierung sowie den Austausch von Wissen fördern.** Dazu gehören:

» Wissensziele definieren – Kurs vorgeben
» Optimale Unternehmenskultur gestalten – Fokus auf Transparenz, Offenheit und das Miteinander legen
» Freiräume schaffen – Zeit für Arbeitsgespräche und für das Erfassen von Wissen einräumen
» Positives Arbeitsklima aufbauen – gute Vertrauensbasis und Spaß an der Arbeit ermöglichen
» Offene Fehlerkultur schaffen – Fehler geschehen lassen und daraus systematisch lernen

 **Ein gutes Führungsverhalten beeinflusst das gelebte Verhalten der Mitarbeiter, deren Kommunikation, deren Einstellung und letztlich den Erfolg des Unternehmens.** Führungskräfte aller Ebenen prägen die Kultur – sei es die Unternehmenskultur, die Bereichskultur, Abteilungskultur oder Teamkultur. **Wird vorbildliche Führung vermisst, werden die Unternehmenswerte durch Desorientierung und Demotivation bei vielen Mitarbeitern geschmälert.** Daher ist es wichtig, dass sich die Mitarbeiter wohlfühlen und Wertschätzung erfahren.

Identifikation mit der Arbeit

Stellt man es richtig an, ist eine Organisation wie ein »Wissenshaus«, in dem sich alle wohlfühlen und zurechtfinden. Jedes Thema hat seinen Raum. Nur wenn die sogenannten »weichen Faktoren« stimmen, identifizieren sich Mitarbeiter mit dem Unternehmen und ihrer Arbeit – ein ganz wesentlicher Punkt, wenn man qualifizierte Mitarbeiter langfristig an das Unternehmen binden will.

12.2.2   Sinn stiften und sensibilisieren

Wenn es darum geht, Wissensmanagement mit der WBI®Methode einzuführen, ist eines wesentlich: Man muss verstehen, WARUM man die
Methode anwendet und nicht nur WIE man sie anwendet. Einer Methode blind folgen zu müssen, ohne den Sinn und Zweck zu verstehen,
führt zu einer geringeren Akzeptanz und gefährdet somit den Erfolg.

Sinn und
Zweck im
Vordergrund

Es ist daher wichtig, dass Führungskräfte ihre Mitarbeiter sensibilisieren und ihnen den Sinn bzw. die Vorteile aufzeigen. Dafür muss zunächst der Vorgesetzte selbst das Bewusstsein für die Sinnhaftigkeit
von Wissensmanagement entwickeln und dies an die Mitarbeiter weitergeben. Mitarbeiter müssen die Vorteile für sich selbst erkennen und
spüren, damit sie sich gerne und aktiv am Prozess beteiligen.

Freiwilligkeit
fördern

> *Mitarbeiter, die den Sinn ihrer Tätigkeit kennen, voll dahin-
> terstehen, sich selbst einbringen und dafür Anerkennung
> erhalten, sowie solche, die nicht um ihren Job fürchten
> müssen, werden ihre Potenziale zum Nutzen der Organi-
> sation oder ihrer eigenen freien Tätigkeit einbringen.*[47]

Im gesamten Unternehmen muss Überzeugungsarbeit geleistet
werden. Führen Sie dazu eine verpflichtende Schulung zum Thema
Wissensmanagement ein und signalisieren Sie damit die Relevanz des
Themas. Dabei sollten vor allem die Sinnhaftigkeit, der WBI-Prozess
und die Vorteile für Mitarbeiter kommuniziert und erklärt werden.
Siehe Kapitel 4.3.

12.2.3   Vorbild sein

**Das »Vorbild-Sein« wurde früher oft mit dem Motto »Der Vorgesetzte
kommt als Erster und geht als Letzter« in Verbindung gebracht.** Heute
hingegen wird die Vorbildfunktion vollkommen anders verstanden.

»Vorbild sein«
früher und heute

47   North 2016, S. 120

Es geht vielmehr um das »wertbezogene Führen«, denn erst wenn eine Führungskraft selbst von den Werten überzeugt ist und diese auch lebt, springt der Funke auf die Mitarbeiter über.[48]

Vorbildliche Arbeitsweise

In Bezug auf WBI bedeutet das, dass eine Führungskraft einen aktiven Beitrag zum Wissensmanagement leisten muss. Das heißt allerdings nicht, dass eine Führungskraft über viele WiDoks verfügen muss. Es geht vielmehr darum, den Mitarbeitern und Kollegen zu vermitteln, wie hoch der Wert der Wissensarbeit bzw. der Wissensdokumente für die Organisation ist. Damit sich die Nutzung von WiDoks im Arbeitsalltag etabliert und sich die nachhaltige Arbeitsweise mit WBI durchsetzen kann, müssen Führungskräfte daher täglich WiDoks in den Arbeitsalltag einbeziehen:

TIPP

» WiDoks lesen und an jene Personen verteilen, die sie brauchen und daher kennen und lesen sollten.
» Fehler in WiDoks aufzeigen und korrigieren.
» Feedback geben und eine qualitative Verbesserung und Weiterentwicklung anregen.
» WiDoks als Grundlage für ein Arbeitsgespräch oder als Basis für eine gemeinsame Diskussion heranziehen.
» Regelmäßig einen Bezug zu passenden WiDoks herstellen.
» WiDoks in Arbeitsgesprächen öffnen und den Gesprächspartnern vorstellen.
» Eigene WiDoks korrekt erstellen, mit einem aussagekräftigen Titel benennen, die Gestaltungsrichtlinien einhalten und sukzessive weiterentwickeln, sodass auch diese als Vorbild dienen können.

 Das gute Beispiel ist nicht eine Möglichkeit, andere Menschen zu beeinflussen, es ist die einzige.[49]

Es geht darum, eine wissensorientierte Unternehmenskultur vorzuleben und auf diese Weise das Bewusstsein der Mitarbeiter zu stärken. Damit sich alle Führungskräfte an den Werten und gewünschten Verhaltensweisen orientieren können, müssen diese als WiDok zur Verfügung stehen. Nutzen Sie dazu das **Musterdokument 00478.**

48   Vgl. Aumaier 2020, online
49   Albert Schweitzer (1875–1965), deutsch-französischer Arzt, Philosoph
     und bedeutender Denker des 20. Jahrhunderts

12.2.4 Austausch fördern und vernetzen

Führungskräfte sollten dabei helfen, Wissensträger mit thematisch ähnlichen Verantwortungsbereichen zusammenzubringen, um eine Interaktion und einen Gedankenaustausch zu ermöglichen. Dadurch können Wissensträger vermehrt in einen abteilungsübergreifenden Dialog treten. Das sogenannte »**Silodenken**« innerhalb von Abteilungen wird mitunter verhindert. Im Optimalfall findet die Interaktion im Rahmen eines persönlichen Arbeitsgesprächs statt, bei dem sich mehrere Wissensträger über ein bestimmtes Thema unterhalten und dieses kollektiv weiterentwickeln.

Wissensträger vernetzen

Bei der Verteilung oder beim Austausch von Wissen kommt es oft zum Silodenken der Inhaltsverantwortlichen: **Sie neigen dazu, ihre WiDoks nur dem eigenen Team zur Verfügung zu stellen, und vergessen, dass das WiDok auch für andere Mitarbeiter relevant sein kann.** Siehe **Abbildung 72**. In seltenen Fällen kann es sogar vorkommen, dass manche Personen bewusst bei der »Aufgabe Lesen« ausgeschlossen werden. Gerade wenn es sich um wichtige abteilungs- oder bereichsübergreifende Themen handelt, ist das Silodenken ein großes Problem.

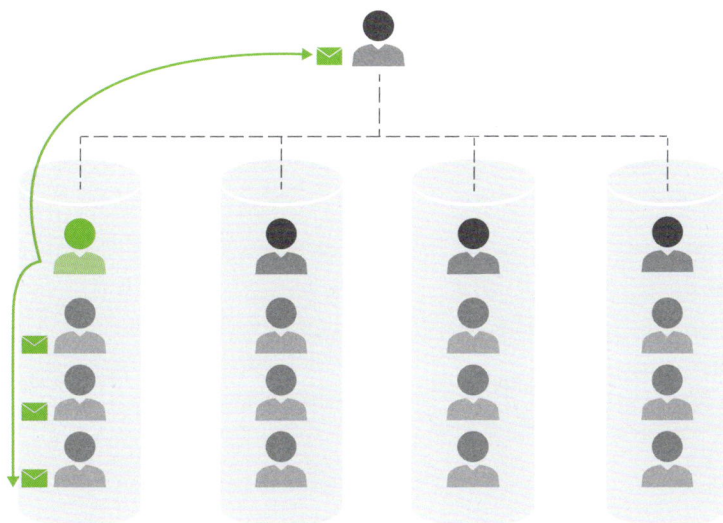

Abb. 72: Silodenken bei der Vergabe der »Aufgabe Lesen«

12.2.5   WiDoks weiterleiten

WiDoks
bestmöglich
verteilen

Durch den abteilungsübergreifenden Blick einer Führungskraft weiß sie, welche Mitarbeiter welche Informationen benötigen. **Sie sollte wertvolle WiDoks daher wie eine Art »Briefträger« an jene Personen im Unternehmen weiterleiten, für die sie relevant sind.** Nur so können auch andere Mitarbeiter mit WiDoks versorgt werden, die sonst nur auf Umwegen oder zufällig davon erfahren hätten.

Briefträger-
Funktion

Im Arbeitsalltag kann die »Briefträger-Funktion« durch die Weiterleitung der »Aufgabe Lesen« oder »Info Lesen« erfolgen. In der jeweiligen Benachrichtigung ist klar ersichtlich, welche Personen die Benachrichtigung bereits erhalten haben und welche offensichtlich fehlen. Wurde eine wichtige Person bei der »Aufgabe Lesen« als Empfänger vergessen oder bewusst weggelassen, muss die Führungskraft aktiv werden:

» **Die »Aufgabe Lesen« wird der betreffenden Person per E-Mail weitergeleitet.** Insofern sie über die notwendigen Sichtbarkeitsrechte verfügt, kann sie schnell und direkt auf die neuste Version des WiDoks zugreifen. Siehe **Abbildung 73**.

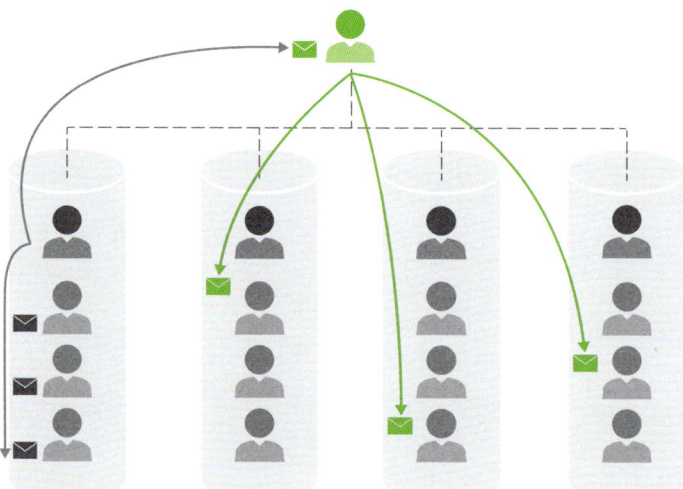

Abb. 73: Die Führungskraft als Briefträger

» **Alternativ bzw. ergänzend sollte der Inhaltsverantwortliche dazu angehalten werden, die fehlenden Personen beim Empfängerkreis der »Aufgabe Lesen« zu ergänzen** und ihnen die notwendigen Sichtbarkeitsrechte einzuräumen. In Zukunft wird der neu hinzugefügte Empfänger dann automatisch über alle Änderungen informiert und die Führungskraft entlastet.

Diese zweite Vorgehensweise bietet sich vor allem dann an, wenn die Führungskraft vermutet, dass gewisse Personen aufgrund von persönlichen Differenzen bewusst nicht bei der »Aufgabe Lesen« bedacht wurden. Durch das Weiterleiten entsteht in diesen Fällen meist eine Art Reibung, da die Personen dazu angehalten werden, sich darüber auszutauschen.

Reibung durch Weiterleiten

Oft ist es für eine Führungskraft sinnvoller, ein Problem oder Thema relativ früh klären zu lassen, um frühzeitig bzw. präventiv eine gröbere Fehlentwicklung einzubremsen. Wenn also bei einem Projekt schon von vornherein klar ist, dass es zu Unstimmigkeiten zwischen zwei Abteilungen oder Mitarbeitern kommen wird, sollten Sie diese möglichst früh zusammenbringen. Sind die Differenzen erst geklärt, kann neues, wertvolles Wissen entstehen und die Qualität erhöht sich.

Probleme möglichst früh lösen

Da die Zeit einer Führungskraft knapp bemessen ist, gilt bei der Briefträger-Funktion ein wichtiger Grundsatz: **Vermitteln Sie zwischen den Mitarbeitern und vernetzen Sie diese, aber nehmen Sie sich bitte möglichst dem Thema oder Problem nicht selbst an.**

In manchen Fällen reagieren die Inhaltsverantwortlichen oder Empfänger der weitergeleiteten WiDoks mit Verständnislosigkeit und sind aufgrund der Vorgehensweise irritiert. In diesem Fall ist es wichtig, an den Teamgeist zu appellieren und den Empfängern zu erklären, dass das WiDok mit guten Absichten weitergeleitet wurde. **Sobald sich die Belegschaft an die Briefträger-Funktion gewöhnt hat, werden die einzelnen Personen weit weniger verwundert sein.**

An Teamgeist appellieren

12.2.6 Potenzial erkennen und WiDoks beauftragen

Oft ist zu Beginn nicht ersichtlich, wohin die Reise führt: Hat das Thema Potenzial? **Wird daraus eines Tages ein wichtiges WiDok, das rege genutzt wird?** Oder handelt es sich nur um eine Eintagsfliege?

Zu Beginn der Corona-Pandemie im Jahr 2020 musste sich ein Mitarbeiter federführend damit auseinandersetzen und sich einarbeiten. Er begann – ganz im Sinne der WBI®Methode – mit einem WiDok. Darin erfasste er die verschiedenen Aspekte zu diesem Themengebiet. Das WiDok entwickelte nach kurzer Zeit eine starke Eigendynamik. Immer mehr Informationen und neue Faktoren kamen hinzu. Zunehmend mehr Bereiche des Unternehmens waren plötzlich betroffen. Das Thema wurde derart umfangreich, dass das ursprüngliche Dokument nach kurzer Zeit in mehrere WiDoks aufgeteilt werden musste. Manche WiDoks behandelten rechtliche Aspekte, andere hingegen Richtlinien für Hygienemaßnahmen in der Kantine, der Produktion sowie in den Büros und Besprechungsräumen. Selbst die Lage und Strategie der Mitbewerber in Zeiten der Pandemie wurden in einem WiDok erfasst und analysiert.

In 20 Jahren noch nie erlebt Wie Sie sicher selbst wissen, handelte es sich dabei nicht nur um eine Eintagsfliege. **Es war also die richtige Entscheidung, das Thema und die wesentlichen Aspekte frühzeitig in Form von WiDoks zu erfassen und weiterzuverfolgen.** Dass ein Wissensdokument innerhalb von so kurzer Zeit so schnell wächst, habe ich übrigens in den letzten 20 Jahren nie erlebt. **Das WiDok ging regelrecht durch die Decke, sodass daraus ein mehrstufiges Wissensgebiet wurde.**

Der Wert eines WiDoks lässt sich anfangs oft nur erahnen. Die Aufgabe der Führungskraft ist es, mit der Zeit einschätzen zu lernen, welche Themen wirklich Potenzial aufweisen und welche nicht. Sie muss darauf achten, dass erfolgskritisches Wissen in WiDoks festgehalten wird. Gerade wenn es noch neu und höchst brisant ist, kann genau dieses Wissen DEN wesentlichen Wettbewerbsvorteil darstellen.

Gehen Sie im Arbeitsalltag immer gleich vor und fragen Sie sich: **Gibt es zu diesem Thema bereits ein Wissensdokument?** Ja? Dann ziehen Sie dieses als Basis heran und bauen Sie darauf auf. Nein? Dann erarbeiten Sie das Thema mit einem kompetenten Mitarbeiter und lassen Sie ihn im Anschluss dazu ein WiDok erstellen.

Enthält das beauftragte bzw. ausgearbeitete Dokument qualitativ hochwertiges Wissen mit guten Ideen für die Umsetzung, kann davon ausgegangen werden, dass der Mitarbeiter das Thema gerne verantwortet und das WiDok an den Richtigen delegiert wurde. In diesem Fall kann das Thema auch operativ an den Mitarbeiter übergeben werden.

Deckt sich die Ausarbeitung jedoch nicht mit den Erwartungen der Führungskraft bzw. ist der Inhalt fraglich, kann das mehrere Ursachen haben:

» Die Ziele oder Erwartungen waren nicht klar genug.
» Der Mitarbeiter verfügt nicht über die notwendigen Kompetenzen.
» Der Mitarbeiter hat zu wenig Zeit investiert und nicht ausreichend recherchiert. Bessert sich die Sachlage auch nach einer weiteren Erklärung nicht, sollten das WiDok und die operative Verantwortung an eine geeignetere Person übertragen werden.

Die Arbeitsmethodik hinter der Beauftragung von WiDoks ist immer dieselbe und bringt zahlreiche Vorteile mit sich:

» Der Mitarbeiter arbeitet sich in ein komplett neues Themengebiet ein und beschäftigt sich intensiv damit.
» Der Mitarbeiter vertieft sein bestehendes Wissen.
» Eine Wissenslücke schließt sich.
» Die Mitarbeiter lernen voneinander und vernetzen sich.
» Die Führungskraft erfährt, ob der Mitarbeiter dazugelernt hat.
» Die Führungskraft sieht, ob der Mitarbeiter das Thema gerne verantwortet.
» Die Führungskraft sieht, ob der Mitarbeiter über die notwendigen Kompetenzen verfügt und das Thema an ihn delegiert werden kann.

Langfristig
profitieren

Das Schönste an der Identifikation von Themen mit Potenzial und der Beauftragung von WiDoks ist die anschließende »Ernte«, die dem Aufwand gegenübersteht. Wie ein Bauer oder Gärtner kann das Team später immer wieder von den Früchten der täglichen Arbeit profitieren und beobachten, wie der Ertrag sich ständig vergrößert.

12.2.7 Wissenslücken identifizieren und schließen

Führungskräfte sollten schnell erkennen, bei welchen Themen es eine explizite, implizite oder auch strategische Wissenslücke gibt.

Wissen nur
implizit
verfügbar

Explizite Wissenslücken entstehen, wenn das Wissen nur implizit – also in den Köpfen der Mitarbeiter – vorhanden ist. Die Lücken im expliziten Wissen können vielfach durch das Schreiben oder Beauftragen von entsprechenden WiDoks geschlossen werden.

Ein Mitarbeiter weiß alles über die Lieferanten des Unternehmens und ist für alle die erste Ansprechperson bei entsprechenden Fragen. Sein Wissen ist nicht in Form von WiDoks erfasst. Plötzlich fällt er krankheitsbedingt für einige Wochen aus. Die Fragen der Kollegen bleiben unbeantwortet, da es kein explizites Wissen dazu gibt.

Implizite Wissenslücken entstehen, wenn zu einem gewissen Wissensgebiet zwar Wissensdokumente vorhanden sind, aber kein Experte mehr zur Verfügung steht.

Das Wissensgebiet »Datenmanagement« wird vakant, da ein Mitarbeiter das Unternehmen verlässt. Die WiDoks dazu bleiben erhalten und werden übertragen. Dennoch fehlt der implizite Erfahrungsschatz des bisherigen Experten, da er nicht alles verbalisieren konnte.

Strategische Wissenslücken entstehen, wenn das Wissen, das aufgrund der Unternehmensstrategie zukünftig relevant ist, weder implizit noch explizit im Unternehmen vorhanden ist. In diesem Fall sollten hier dringend Personen mit den notwendigen Kompetenzen aufgebaut, eingestellt oder externe Experten hinzugezogen werden, um diese Wissenslücke zu schließen.

Führungskräfte müssen sich also frühzeitig mit relevanten Themen und Wissensgebieten beschäftigen, die das Unternehmen zukünftig benötigen wird. Nur so ist sichergestellt, dass die personellen Kapazitäten rechtzeitig zur Verfügung stehen.

Personelle Kapazitäten früh aufbauen

Wenn ein Unternehmen ein neues Geschäftsfeld oder Aufgabengebiet wie die Suchmaschinenoptimierung erarbeiten will, so ist dies Teil der Marketing-Strategie. Es wird geprüft, ob es bereits einen Experten oder ein WiDok zum Wissensgebiet »Suchmaschinenoptimierung« gibt. Da das Thema neu ist, gibt es weder einen Experten mit implizitem Wissen noch explizites Wissen in Form von WiDoks dazu. **Ziel ist es nun, eine Person zu finden, die das Thema erarbeitet und ein neues WiDok dazu erstellt.** So ist gewährleistet, dass die anfänglichen Ideen und Überlegungen in diese Richtung gesichert sind.

Wird eine Wissenslücke im Unternehmen entdeckt, muss rasch gehandelt werden. Versuchen Sie in dieser Situation immer, das Thema von der »**Grünen Wiese**« auf erarbeiten zu lassen. Beauftragen Sie notwendigenfalls gezielt mehrere Personen, die sich mit dem Thema auseinandersetzen sollen. **Diese bewusste, anlass- oder projektbezogene Doppelarbeit sollte jedoch nur mit Maßen und nur in speziellen Fällen eingesetzt werden.**

Die Vorgehensweise, um verschiedene Meinungen und Ideen einzuholen, ist wie folgt:

» Eine Führungskraft beauftragt mehrere Personen, sich mit einem Thema auseinanderzusetzen und erzielt damit eine legitime, anlassbezogene Doppelarbeit.

» Der Sachverhalt bzw. das Problem wird aus mehreren Perspektiven betrachtet und erarbeitet.

» Es entstehen mehrere Dokumente dazu, deren Fokus jedoch unterschiedlich sein kann.

» Es wird ein geeigneter Verantwortlicher bestimmt.

» Die Dokumente werden vom Zuständigen in ein bis zwei WiDoks zusammengefasst.

» Der Inhaltsverantwortliche übernimmt fortan die inhaltliche sowie operative Verantwortung für das Thema – die Wissenslücke ist geschlossen.

Wenn Sie verhindern wollen, dass zwischen den unterschiedlichen Akteuren Unstimmigkeiten aufkommen, ist es sinnvoll, alle Beteiligten von Beginn an über die gewünschte Doppelarbeit aufzuklären und ihnen die Vorteile unterschiedlicher, unvoreingenommener Perspektiven zu erklären.

12.2.8 Transparenz und Überblick schaffen

360°-Überblick erlangen

Gerade in unserer schnelllebigen Zeit drehen sich Informationen und Wissen extrem schnell in einem Unternehmen. Viele neue Themen kommen hinzu, Bestehendes wird weiterentwickelt, andere Themen werden verworfen. **Es ist daher die Aufgabe einer Führungskraft, Transparenz zu schaffen und alle wichtigen Themen in ihrem Verantwortungsbereich an die Oberfläche zu bringen, um einen 360°-Überblick zu erlangen.**

Ständiger Wandel im Unternehmen

Wie Abbildung 74 zeigt, tut sich im Verantwortungsbereich einer Führungskraft ständig etwas: Neue Themen kommen auf und werden zu einem zusätzlichen Bestandteil des Verantwortungsbereichs. Es entstehen neue Wissensgebiete und WiDoks im Unternehmen. Durch den WBI-Prozess werden diese sukzessive überarbeitet und weiterentwickelt. Manche Themen und Wissensgebiete verlassen das Unternehmen unter Umständen wieder.

Eine Führungskraft sollte alle Vorgänge beobachten und, wenn nötig, eingreifen, lenken oder gegensteuern. Dazu werden alle Themen beurteilt und kategorisiert:

» Welche Themen werden nur beobachtet?

» Bei welchen Themen müssen relevante Personen vernetzt werden?

» Bei welchen Themen muss eingegriffen werden?

» Wo gibt es Probleme, Redundanzen oder Unstimmigkeiten?

» Welche Themen werden verworfen?

Was gibt es zu tun?

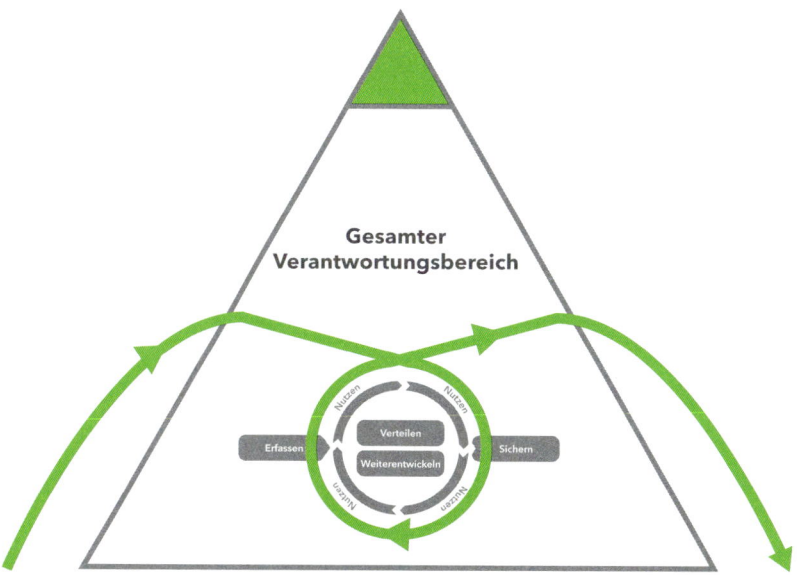

Abb. 74: Der gesamte Verantwortungsbereich einer Führungskraft

Allerdings hat der Tag nur 24 Stunden. Daher ist es enorm wichtig, die Arbeitszeit so effizient wie möglich zu nutzen. Grundsätzlich gibt es hier die folgenden möglichen Vorgehensweisen:

Zeit ist oft Mangelware

1. **Die Führungskraft nutzt die Arbeitszeit, um sich einen möglichst großen Überblick über alle Themen im Unternehmen zu verschaffen.** Das bedeutet aber im Umkehrschluss, dass die Inhalte der WiDoks in allen Themenbereichen nur angekratzt werden und das erlangte Wissen nur eine geringe Tiefe hat.

2. **Die Führungskraft nutzt die Arbeitszeit, um sich punktuell bei einzelnen Themen einzubringen bzw. einzulesen,** und hat in diesen Bereichen viel vertiefendes Wissen. Wird die Zeit aber nur hierfür verwendet, leidet der Überblick über die vielen anderen – vielleicht sogar wichtigeren – Themen darunter.

Überblick und
Tiefe in Kombi-
nation

WBI schafft es, beide Varianten optimal zu verbinden: Es unterstützt eine Führungskraft durch den WBI-Prozess und die »Info Lesen« sehr effizient dabei, den notwendigen Überblick zu bekommen, UND bietet zudem die Möglichkeit, bei einzelnen Themen bei Bedarf in die Tiefe gehen zu können.

Manche Führungskräfte sehen in der wissensorientierten Führung einen zusätzlichen Arbeitsaufwand. **Im Hinblick auf die Führungsverantwortung sind der Überblick über alle relevanten Themen sowie die Überwachung der Prozessergebnisse aber unumgänglich.** Alles sollte bestmöglich geregelt sein und funktionieren – nur so lässt sich ein Unternehmen vorausschauend lenken und erfolgreich führen.

Unternehmen
vergleichbar mit
einem Uhrwerk

Eine Firma funktioniert wie ein Uhrwerk: Alle wesentlichen Bestandteile wie beispielsweise Zahnräder müssen entsprechend justiert sein, um optimal zusammenzuspielen. WBI unterstützt Führungskräfte dabei, alle Komponenten an die Oberfläche zu bringen, und hilft ihnen, das Unternehmen so zu lenken, dass es optimal läuft. Sind alle Zahnräder richtig positioniert, bleibt das Uhrwerk am Laufen und geht es stetig vorwärts!

Dabei gibt es leider Dinge, die unausweichlich sind und immer wieder anstehen: Kaum hat man den Rasen gemäht, wächst das Gras wieder nach. Umgelegt auf eine Organisation bedeutet das, dass manche Arbeiten immer wieder anfallen. Die Arbeit wird also nicht weniger.

Akzeptieren Sie, dass Ihre verfügbare Zeit eher knapp bemessen ist, und nutzen Sie diese daher bestmöglich. Wenn Sie trotz der vorangegangenen Argumente einen unnötigen zusätzlichen Arbeitsaufwand befürchten, stellen Sie sich bitte selbst die Frage, was Ihnen wichtiger ist: Wollen Sie über alles informiert sein, auch wenn das einen anfänglichen Mehraufwand für Sie bedeutet, oder ist es Ihnen lieber, nicht informiert zu sein und zu riskieren, dass etwas Wichtiges untergeht oder gar eskaliert? **Hatten Sie nicht auch schon einmal die Situation, dass ein Problem erst an die Oberfläche kam, als es bereits viel zu spät war?** Wäre es Ihnen nicht lieber gewesen, Sie hätten früher davon erfahren und hätten sofort Schadensbegrenzung betreiben können?

In manchen Organisationen erfahren Führungskräfte erst von gewissen Themen oder Projekten, wenn diese aufgrund von massiven Problemen oder groben Fehlern eskalieren und folglich an die Oberfläche kommen. Diese oft verfahrenen Situationen sind daher dringend zu vermeiden.

Probleme werden spät erkannt

Durch WBI werden Vorgesetzte jedoch frühzeitig informiert und können nach Bedarf bzw. Priorität selektiv eingreifen. Sie können konstruktive Ideen mit Alltagsrelevanz einbringen, frühzeitig auf Gefahren aufmerksam machen und das Thema in die gewünschte Richtung lenken. Dabei sind Kreativität und Ideenreichtum gefragt.

12.2.9 Relevante WiDoks kennen und beobachten

Vorgesetzte sollten die für sie relevanten WiDoks aus ihrem Verantwortungsbereich kennen und deren Entwicklung beobachten. WBI setzt hier – wie bereits in **Kapitel 6.2.1.3** erwähnt – die »Info Lesen« ein.

Die konsequente Abarbeitung der Benachrichtigung »Info Lesen« ist besonders für Führungskräfte von großem Nutzen. **Durch die jeweiligen Änderungskommentare zu den WiDoks können Sie sich einfach und unkompliziert auf den aktuellen Stand bringen lassen.**

Änderungskommentar bringt auf Stand

Diese Vorgehensweise bietet zudem einen erheblichen Vorteil: Sie sind ständig über alle aktuellen Themen im Unternehmen informiert und können diese steuern. Durch das zeitnahe Lesen der entsprechenden Änderungskommentare und der WiDoks ihrer Mitarbeiter können alle profitieren:

1. **Das Thema ist noch brandaktuell und der Inhaltsverantwortliche steckt gedanklich noch tief in der Materie.** Es ist somit der optimale Zeitpunkt, um ihm Fragen zu stellen, offene Punkte zu klären oder Ihr Feedback einzubringen. Solange das Thema noch recht frisch ist, ist eine schnelle Abstimmung ohne Vorbereitungszeit möglich.

Anregungen und Feedback zu neu veröffentlichten WiDoks verbessern die Qualität der Inhalte. Der Mitarbeiter hat die Möglichkeit, sein WiDok im Sinne der Führungskraft zu verbessern und dadurch den Wissensstand und die Qualität zu erhöhen.

2. **Der Mitarbeiter merkt, dass seine Arbeit gesehen und seine Leistung geschätzt wird.** Er wird motiviert, sich weiterhin mit dem Thema zu beschäftigen, und erfährt Wertschätzung durch das Feedback des Vorgesetzten.

Kleine Anregung oft ausreichend

Durch Ideen, kleinere Kritikpunkte und Anmerkungen zur Gestaltung können Sie Ihre Wertschätzung zum Ausdruck bringen, ohne zu tief in die Materie eintauchen zu müssen.

3. **Die Führungskraft nimmt ihre Rolle als Vorbild wahr**, da sie signalisiert, dass sie die »Info Lesen« ernst nimmt und diese gewissenhaft und zeitnah erfüllt. Sie stärkt das Wissensmanagement so weiter im Unternehmen.

Als Führungskraft ist es immer gut, bei der »Info Lesen« einen genauen Blick auf die Benachrichtigungsgruppe der »Aufgabe Lesen« zu werfen. **Gerade als Vorgesetzter weiß man, welche Mitarbeiter besonders pflichtbewusst sind und sich gerne einbringen.** Befinden sich diese gewissenhaften, feedbackfreudigen Mitarbeiter in der Benachrichtigungsgruppe der »Aufgabe Lesen«, kann man sich entspannt zurücklehnen, denn eines ist klar: **Genau diese Personen werden für entsprechendes Feedback sorgen und so die Weiterentwicklung des WiDoks ankurbeln.**

4. **Die E-Mail-Benachrichtigungen sammeln sich nicht unnötig an,** wodurch das tägliche Abarbeiten nicht viel Zeit beansprucht.

Damit sich die E-Mails mit der »Info Lesen« nicht unnötig ansammeln, empfehle ich Ihnen, einen eigenen E-Mail-Ordner für die Benachrichtigungen anzulegen. Durch einfache Regeln können Sie alle entsprechenden E-Mails automatisch verschieben lassen. Eine Anleitung dafür finden Sie in **Musterdokument 00532**.

Planen Sie täglich einen kurzen Zeitblock ein, um diese E-Mails abzuarbeiten. **Legen Sie diesen bewusst gleich an den Tagesbeginn und lesen Sie die »Info Lesen« wie eine Art Tageszeitung am frühen Morgen.** Das inspiriert Sie für den Tag und schafft einen guten Überblick über die aktuellen Themen. Sie werden schnell merken, dass rund 90 % der E-Mails rasch überflogen werden können. Nur die restlichen 10 % benötigen mehr Augenmerk und sollten gegebenenfalls auf Ihre Tagesagenda kommen.

Eine Führungskraft sollte jedoch nicht nur die Wissensdokumente in ihrem Verantwortungsbereich kennen, sondern auch über den Tellerrand hinausblicken. **Oft können themennahe und organisatorische WiDoks aus anderen Bereichen für das eigene Team adaptiert und genutzt werden.** Dadurch werden die Ideen anderer mehrfach genutzt und abteilungsübergreifende Doppelarbeiten verhindert.

Über den Tellerrand hinausblicken

12.2.10 Weiterentwicklung von WiDoks anregen

Eine Führungskraft muss aktiv für die Nutzung und Weiterentwicklung des Wissens Sorge tragen. Sie muss daher die Produktivität und das Weiterentwicklungspotenzial von Wissensdokumenten ständig aufdecken und die Mitarbeiter dazu anregen, mit den WiDoks zu arbeiten.

Führungskraft muss Weiterentwicklung anregen

Themen müssen lebendig und – wie ein Fußball – immer in Bewegung sein. **Die WiDoks und deren Inhalte sollten ständig im Unternehmen zirkulieren, denn dadurch können sie reifen und sich weiterentwickeln.**

Bemerkt ein Vorgesetzter redundantes oder veraltetes Wissen in einem Wissensdokument, muss er aktiv werden und den Inhaltsverantwortlichen darauf hinweisen. Das WiDok muss überarbeitet oder gelöscht werden, da es die Wissensbasis sonst nur unnötig belastet.

Begeben Sie sich bei Gelegenheit auf die Suche nach analogen potenziellen Wissensdokumenten in der Organisation. Sie werden schnell feststellen, dass einige Kollegen sich Dokumente ausdrucken

Nebenher am
Arbeitsplatz

und handschriftliche Notizen darauf machen. **Ein nicht unwesentlicher Teil der Weiterentwicklung von Wissen findet nämlich nebenher am Arbeitsplatz statt.** Als Wissensmanager sollten Sie nun dafür Sorge tragen, dass diese Notizen in den entsprechenden WiDoks ergänzt werden. Gehen Sie daher offen auf die Kollegen zu und sprechen Sie das jeweilige Thema an. **Vermitteln Sie Ihrem Gegenüber, wie wichtig dieser neue Input für die Weiterentwicklung des entsprechenden WiDoks ist.** Wenn Sie es richtig anstellen, versteht der Mitarbeiter Ihr Anliegen und schickt sein Feedback bzw. seine Notizen an den zuständigen Inhaltsverantwortlichen.

WiDoks
einfordern

Wichtig ist, dass die Führungskraft beharrlich bleibt und so lange nicht davon ablässt, bis das Wissen in einem geeigneten WMS gesichert ist. Dadurch sichert sie das Wissen nicht nur dauerhaft, sie spart auch Zeit und überträgt damit automatisch die inhaltliche und operative Verantwortung an den jeweiligen Inhaltsverantwortlichen. Das stellt wiederum sicher, dass die theoretischen Inhalte aus dem WiDok den Praxisbezug nicht verlieren.

12.2.11 Löschung von WiDoks beobachten

Wichtig
für kleine
Unternehmen

Das Löschen von bestehenden Wissensdokumenten ist ein heikles, aber bedeutsames Thema. Daher ist es wichtig, dass sich eine Führungskraft damit auseinandersetzt und das wertvolle Wissen zusammenhält. Um einen Wissensverlust und eine Verschwendung von Ressourcen durch das Löschen von relevantem Wissen zu vermeiden, müssen alle Beteiligten sensibilisiert werden. **Speziell wenn es sich um ein kleines Unternehmen mit nur einer Führungskraft oder einigen wenigen Führungskräften handelt, ist die Löschfreigabe ein essenzielles Instrument.**

In folgenden Situationen neigen Mitarbeiter besonders dazu, sich die anstehende Arbeit zu ersparen, und bevorzugen das oft vorschnelle Löschen von WiDoks:

» Wenn die regelmäßige Aktualitätsprüfung ansteht.

» Wenn ein Mitarbeiter durch einen Vorgesetzten aufgefordert wird, seine WiDoks zu überprüfen.

» Wenn ein WiDok vererbt wurde, aber der neue Inhaltsverantwortliche sich nicht damit identifiziert. Siehe **Kapitel 7.3.2**.

Knapp 80 % der Löschungen bei Meusburger sind gerechtfertigt. Lediglich bei den restlichen 20 % wurde die Löschung durch eine Führungskraft oder den Wissensmanager hinterfragt oder gar rückgängig gemacht.

Allerdings kann es auch vorkommen, dass eine Löschung aus Sicht des Inhaltsverantwortlichen gerechtfertigt zu sein scheint, die Führungskraft aber dennoch eingreifen muss:

1. **Wenn einem Mitarbeiter nicht bewusst ist, dass das Thema auch für andere Personen bzw. Organisationseinheiten im Unternehmen relevant ist und daher bestehen bleiben muss:** Der Vorgesetzte eines Inhaltsverantwortlichen trägt in diesem Fall die Verantwortung dafür, dass nur jene WiDoks gelöscht werden, die abteilungsübergreifend und zukünftig uninteressant sind. Notfalls muss das WiDok wiederhergestellt und die Inhaltsverantwortung an einen geeigneten Mitarbeiter aus einem anderen Bereich übertragen werden. Die »Aufgabe Lesen« wird im Zuge dessen kontrolliert und angepasst.

   Inhaltsverantwortung notfalls übertragen

2. **Wenn einem Mitarbeiter nicht bewusst ist, dass das Thema zwar noch nicht relevant ist, aber zukünftig relevant werden wird:** Gerade in diesen Situationen hat eine Führungskraft einen entscheidenden Vorteil gegenüber dem Mitarbeiter: Durch den abteilungsübergreifenden Blick weiß sie oft besser, welche Themen auch für andere Mitarbeiter relevant sind. Zudem verfügt sie über mehr Weitblick, kennt die Strategie und weiß, was künftig geplant ist.

   Führungskraft kennt die Zukunftspläne

3. **Wenn ein WiDok gelöscht wird, in das ein Vorgesetzter sehr viel Zeit und Energie investiert hat:** Wird ein WiDok gelöscht, für das eine Führungskraft viel Zeit und Energie aufgewendet hat, ver-

   Veto-Recht einer Führungskraft

schwinden damit auch die Gedanken und Inhalte der Führungskraft. Ihre Anstrengungen wären verschwendet und die Führungskraft konnte nicht nachhaltig wirksam werden. Daher sollte ein
Vorgesetzter die aktuellen Löschungen in seinem Verantwortungsbereich stets beobachten und notfalls von seinem Veto-Recht Gebrauch machen. So kann verhindert werden, dass WiDoks beliebig,
mutwillig oder aufgrund eines Missverständnisses gelöscht werden, vor allem wenn die angestrebten Veränderungen oder Projekte noch nicht im Sinne der Führungskraft umgesetzt wurden.

12.2.12 Löschung von WiDoks anregen

Eigentlich ist es paradox: **Zuerst muss man Wissensträger motivieren,
ihr Wissen zu erfassen, und später nochmals, damit sie irrelevante
WiDoks wieder löschen.**

**Impuls WiDoks
zu löschen**

Die Krux dabei: Einige Inhaltsverantwortliche hängen sehr stark an ihren WiDoks. **Sie haben viel Arbeit und Zeit in die Erstellung und Pflege ihrer WiDoks investiert, wodurch ihnen das Löschen besonders
schwerfällt.** Hier ist es die Aufgabe einer Führungskraft, die Inhaltsverantwortlichen zu unterstützen und die Löschung in einem gemeinsamen Gespräch anzuregen.

Legen Sie speziell Augenmerk auf Inhaltsverantwortliche, die nur über
zwei oder drei WiDoks verfügen. Ihnen fällt es oft besonders schwer,
sich von diesen zu trennen, weshalb sie dazu neigen, die wenigen
WiDoks zu behalten, anstatt sie richtigerweise zu löschen.

**Regelmäßig
ausmisten**

Eine Führungskraft muss also nicht nur versuchen, das Unternehmenswissen mit hoher Alltagsrelevanz zusammenzuhalten, sondern auch
in regelmäßigen Abständen dafür Sorge tragen, dass WiDoks mit unbrauchbaren oder ungenutzten Inhalten gelöscht werden. **Die Wissensdatenbank bleibt dadurch aktuell, verfügt über eine hohe inhaltliche Qualität und wird gerne genutzt.** Das Vertrauen der Mitarbeiter
in die WiDoks und die Akzeptanz des WMS bleiben bestehen.

Das Löschen von WiDoks ist mit dem Zurückschneiden eines Baumes vergleichbar: Man muss eine Pflanze immer wieder zurückstutzen, damit das Wesentliche zur Geltung kommen kann. Dazu werden abgestorbene Äste identifiziert und abgeschnitten, denn diese schwächen die Pflanze nur unnötig und verhindern, dass Neues gedeihen kann.

Vergleich: Pflege eines Baumes

In einem Unternehmen handelt es sich dabei oft um WiDoks von Mitarbeitern, die zur Wissensarbeit beauftragt wurden, aber den Sinn dahinter nicht sehen. Die entsprechenden WiDoks sind meist veraltet, unbrauchbar und führen dem Vorgesetzten schmerzlich vor Augen, wie viele Ressourcen verschwendet wurden. In diesen Fällen ist es ratsamer, von vorne zu beginnen, anstatt sich mit den »toten Ästen« abzumühen.

12.3 Wirksame Maßnahmen und Werkzeuge für Führungskräfte

Ein Wissensmanagement-System ist wie eine Art Werkzeugkiste für Führungskräfte. Für nahezu jedes Problem, jeden Anwendungsfall, jede Entscheidung und jede Idee gibt es das passende Werkzeug. Die Wissensdokumente, der WBI-Prozess und die Mechanismen im Hintergrund unterstützen Führungskräfte maßgeblich.

12.3.1 Steuerung von Wissenslogistik und Wissensfluss

Die Wissenslogistik ist ein wesentlicher Aspekt des Wissensmanagements mit dem Zweck, das Wissen genau an der Stelle zur Verfügung zu stellen, an der es benötigt wird. Dadurch werden Wissensträger und Konsumenten direkt miteinander verbunden. Probst, Raub und Romhardt sagen in Bezug auf dieses Thema:

Vom Wissensträger zum Empfänger

> *Wissen auf die richtigen Mitarbeiter zu verteilen beziehungsweise organisationales Wissen an die Stelle zu bringen, wo es gerade dringend gebraucht wird, ist eines der schwierigsten und am meisten unterschätzten Hindernisse für ein erfolgreiches Wissensmanagement.*[50]

WBI macht es sich zur Aufgabe, das Wissen der Sender in den Unternehmensalltag zu integrieren und so zu lenken, dass es den richtigen Empfängern zur Verfügung steht. **Während man beim Qualitätsmanagement von Dokumentenlenkung spricht, spricht man bei Wissensmanagement von Wissenslogistik bzw. vom Wissensfluss.**

Zielführende Kanalisierung für Effizienz und Produktivität

Grundsätzlich fließt Wissen täglich in verschiedenen Formen durch ein Unternehmen. Es ist jedoch eine Frage der Effizienz und Produktivität, wie schnell es bei der richtigen Person ankommt. **Wissen muss organisiert, greifbar und nutzbar sein, damit es zielführend kanalisiert und zugänglich gemacht werden kann.** Dazu müssen Sender und Empfänger an einer passenden Stelle in Verbindung gebracht werden. Soll in einem Unternehmensbereich eine Entscheidung gefällt werden, muss das notwendige Wissen auch genau dort zur Verfügung stehen.

Konsequenzen für Wissensträger

Wird Wissen jedoch nicht in Form von WiDoks erfasst und an der benötigten Stelle zur Verfügung gestellt, ist der gezielte Wissensfluss innerhalb der Organisation gestört. Die Konsequenzen betreffen nicht nur andere Mitarbeiter, sondern auch die Führungskräfte, die über neu entwickelte Lösungen und aktuelle Themen nicht informiert werden.

Meusburger hat ein großes Lager und exportiert in 81 Länder weltweit. Für den besseren Überblick gibt es daher das WiDok »Speditionsabfahrtszeiten«. In diesem Wissensdokument ist vermerkt, wann welche Spedition die Ware für eine bestimmte Destination abholen kommt. Für die Mitarbeiter im Verkaufsinnendienst ist diese Information sehr wichtig, da sie den Kunden Auskunft über die Lieferzeiten geben müssen. Gibt es also eine Änderung bei den Speditionsabfahrtszeiten, wird der Verkaufsinnendienst prompt per »Aufgabe Lesen« darüber informiert. Nutzen Sie gerne **Musterdokument 00506** als Vorlage.

50   Probst; Raub; Romhardt 2012, S. 145

Wissenslogistik ist daher ein wichtiges Führungsthema, das nicht sich selbst überlassen werden darf. Wenn Wissen unbewusst oder bewusst an der Wissensdatenbank vorbeiläuft, hat es keine Beständigkeit. Es kommt oft nur über Umwege oder gar nicht beim Empfänger an. Die Bemühungen laufen ins Leere und stellen eine klare Ressourcenverschwendung dar.

Ohne Wissensdatenbank keine Beständigkeit

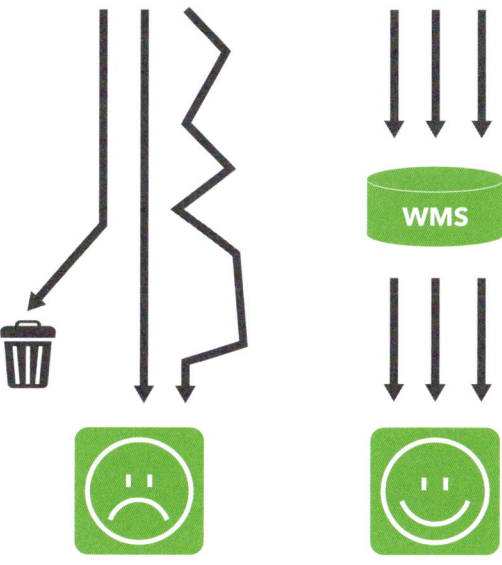

Abb. 75: Wissensfluss in einer Organisation

Ziel von WBI ist es daher, solche Situationen zu vermeiden. **Nur wenn der Wissensfluss durch ein entsprechendes Wissensmanagement-System fließt, können die Prozesse und Mechanismen greifen.** Sie sorgen dafür, dass das Wissen gesichert wird und schneller bzw. gezielt beim Empfänger ankommt. Es geht als Führungskraft also nicht nur darum, den Wissensfluss zu ermöglichen, sondern auch darum, die optimale Steuerung und Kanalisierung des Wissens aufrechtzuerhalten.

Wissensfluss aufrechterhalten

Überlegen Sie sich, welche Informationen bzw. welches Wissen in Ihrer Organisation welche Wege nimmt:

» Müssen sich die Mitarbeiter durchfragen, um an das benötigte Wissen zu kommen?
» Gibt es eine zentrale Quelle für Unternehmenswissen?

» Gibt es eine Firmen-Akademie?
» Gibt es Schwachstellen oder Unterbrechungen im Wissensfluss?
» Gibt es Möglichkeiten, das Wissen zukünftig besser zu verteilen?

Erst wenn das Wissen allen Beteiligten über einfache sowie schnelle Wege zur Verfügung gestellt wird, kann von einer erfolgreichen, gewinnbringenden Wissenslogistik gesprochen werden.

12.3.2 Reaktivierung durch Impuls

Reaktivierung durch Nachfragen

Immer wieder kommt es vor, dass Themen mit großem Nutzen und Potenzial aufgrund von falsch gelegten Prioritäten liegen gelassen werden. **Wird ein wichtiges Thema jedoch nicht im Sinne einer Führungskraft bearbeitet, kann es von Vorteil sein, dem Thema etwas Nachdruck zu verleihen.**

Das gezielte Nachfragen zu einem gewissen WiDok ist daher eine gute Methode, um veralteten oder vergessenen WiDoks wieder Leben einzuhauchen. Dazu braucht es in der Regel nicht viel – meist reicht ein kurzes »*Wie läuft es bei WiDok XY?*« sogar aus, um ein Thema zu reaktivieren. Das WiDok bekommt sofort Priorität und das Thema wird erneut in Angriff genommen. Wie beim Ping-Pong-Effekt aus Kapitel 6.1.7 kann sich die Führungskraft anschließend wieder zurücknehmen und beobachten, wie das Thema weiterentwickelt wird.

Durch den Impuls eines Vorgesetzten bekommt das WiDok Kraft und gewinnt an Bedeutung. Sollten also ganze Abteilungen oder Bereiche stagnieren, so bietet es sich an, genau in diesen Bereichen mehr WiDoks einzufordern bzw. zu beauftragen. **Viele Themen und Probleme bekommen dadurch die notwendige Dynamik und können im Anschluss priorisiert und umgesetzt werden.** Die Führungskraft als treibende Kraft kann entsprechend eingreifen und das Thema in ihrem Sinne vorantreiben.

12.3.3 Aktivierung durch Transparenz

Durch die stetige Veröffentlichung neuer Inhalte in WiDoks wird auch die durchgängige Transparenz über interne Arbeitsabläufe und Aufgaben gefördert. Projekt- und Arbeitslisten geben beispielsweise einen guten Überblick über die aktuelle Beschäftigung und Auslastung der Mitarbeiter. Es ist klar ersichtlich, wer seine Aufgaben bereits erledigt hat und welche Teammitglieder noch offene Punkte auf ihrer Agenda haben. **Da niemand der Letzte sein möchte, kommen diejenigen in Zugzwang, die säumig sind.** Dieser Druck führt meist dazu, dass Arbeiten schneller abgeschlossen werden.

Alle Bereichsleiter bei Meusburger hatten die Aufgabe, bis zu einem bestimmten Termin für ihren Verantwortungsbereich eine Strategie auszuarbeiten und diese als WiDok bereitzustellen. Nachdem die ersten ihre Strategien veröffentlicht hatten, standen diejenigen, die ihre WiDoks noch nicht erarbeitet hatten, zunehmend unter Druck. Auch die noch ausstehenden Bereiche erstellten kurze Zeit später WiDoks mit ihren Ideen. Keiner wollte das Schlusslicht bilden. **Das doch recht aufwendige Thema konnte dadurch verhältnismäßig schnell aufgerollt werden.** Im Laufe der Zeit wurden die WiDoks in mehreren Feedback- und Korrektur-Schleifen sukzessive weiterentwickelt und schließlich umgesetzt.

Transparenz durch WiDoks erhöht

12.4 WBI mit anderen Management-Disziplinen kombinieren

WBI ist eine Zusammenarbeits- und Wissensmanagement-Methode, die sich durch ihren ganzheitlichen Ansatz als wissensorientierte Managementmethode für das gesamte Unternehmen eignet. **Es ergeben sich Überschneidungen mit einigen verwandten Managementdisziplinen, die in vielen Unternehmen bereits etabliert sind.** Meist lassen sich zwei oder mehrere dieser Disziplinen durch WBI kombinieren und abbilden.

Vorteile durch Überschneidungen

Sie bieten somit einen eindeutigen Mehrwert für das Unternehmen. **Der Weg zu schlanken Prozessen, maximaler Qualität und hoher Wirtschaftlichkeit führt über die Wissenssicherung!**

Kostenlose Online-Inhalte:

00462 Projektmanagement

00463 Kontinuierlicher Verbesserungsprozess

00464 Prozessmanagement

00465 Ideenmanagement

00466 Qualitätsmanagement

00467 Innovationsmanagement

KURZ & KNAPP

» Führungskräfte mit Personalverantwortung sind erfolgsentscheidend für Wissensmanagement. Dabei sind Teamleiter, Abteilungsleiter, Bereichsleiter, Geschäftsleiter, Geschäftsführer und Eigentümer gleichermaßen angesprochen.

» Führen heißt, wirksam zu werden, zu lenken und Verschwendungen zu reduzieren.

» Eine Führungskraft muss sich eine zweite, wissensorientierte Führungsebene
aufbauen und die Verantwortung an ihre Mitarbeiter delegieren.

» Anstatt Aufgaben und Projekte sowie die Ziele dazu kurzfristig und direkt zu verteilen, ist es nachhaltiger, aus der langfristigen Wissensperspektive zu führen.

» Über den gesamten WBI-Prozess hinweg sollten Führungskräfte aktiv mitarbeiten.
Sie müssen optimale Rahmenbedingungen schaffen und Sinn stiften.

» Eine Führungskraft muss den Austausch zwischen Wissensträgern fördern, diese
vernetzen und, wenn nötig, WiDoks mit der Briefträger-Funktion weiterleiten.

» Die Führungskraft sollte Achtsamkeit für Themen, Projekte und WiDoks mit Potenzial entwickeln.

» Eine Führungskraft sollte alle relevanten WiDoks in ihrem Verantwortungsbereich
kennen und den Überblick bewahren. Sie muss sich ihrer Vorbildfunktion bewusst
sein und stets mit gutem Beispiel vorangehen.

» Wichtige WiDoks von Mitarbeitern sollten von Vorgesetzten aktiv in den Arbeitsalltag einbezogen und in weiterer Folge gemeinsam weiterentwickelt werden.

» Führungskräfte können die Wissenslogistik bzw. den Wissensfluss steuern und,
wenn notwendig, Impulse zur Reaktivierung geben.

» Durch die stetige Veröffentlichung neuer Inhalte in WiDoks wird die kontinuierliche
Transparenz über interne Arbeitsabläufe, Aufgaben und Prozesse gefördert.

13 ZUSAMMENFASSUNG UND AUSBLICK

WBI ist eine wissensorientierte Zusammenarbeits- und Managementmethode mit einer erfolgreichen, praktischen Arbeitsweise. **Es ermöglicht Unternehmen, durch die Optimierung der Ressource Wissen die Umsatzrendite zu erhöhen und zu überleben.** Ich verwende an dieser Stelle bewusst den Begriff »überleben«, da sich in unserer schnelllebigen Zeit die Märkte und deren Anforderungen immer rasanter verändern. Der Grundzweck jedes Unternehmens ist nach meiner Auffassung, ständig am eigenen Überleben zu arbeiten. Doch wie kann die Überlebensfähigkeit gesichert werden?

WBI sieht die Lösung darin, essenzielles Wissen zu sichern, damit es ständig genutzt und weiterentwickelt wird und so nicht mehr verloren gehen kann. In wenigen Jahren wird ein nicht funktionierendes oder nicht vorhandenes Wissensmanagement zum Nachteil werden, denn Wissensmanagement stellt einen essenziellen Wettbewerbsvorteil dar.

**Stellen Sie sich bitte folgendes Zukunftsszenario vor,
das Ihnen dank WBI ermöglicht wird:**

» Mitarbeiter und Führungskräfte haben den schnellstmöglichen, zentralen Zugang zu relevantem Wissen und Informationen.
» Es gibt Transparenz über alle relevanten Themen und Projekte im Unternehmen.
» Für alle WiDoks und Wissensgebiete gibt es eine Ansprechperson, die diese inhaltlich verwaltet und sich auch um die operative Umsetzung kümmert.
» Ihre Wissensbasis ist richtig, relevant und aktuell.
» In der Wissensdatenbank herrscht Logik und Ordnung.
» Der wertvolle Dokumentenbestand ist gesichert, dient als Grundlage für die ständige Weiterentwicklung und fördert die Innovationskraft der Organisation.

Sie sehen: Die Mühe lohnt sich!

Ich bin mir sicher, vieles von dem, was Sie in meinem Buch gelesen haben, war Ihnen zuvor schon bekannt oder wurde bereits in einer ähnlichen Art praktiziert. Natürlich müssen Sie nicht exakt so vorgehen, wie ich es in diesem Buch beschrieben habe. Wichtig ist, dass der Kern von WBI verstanden wurde, denn **WBI zeigt Ihnen, wie Sie Wissen in Ihrem Unternehmen integrieren. Wer sein Wissen nicht nutzt, verschwendet langfristig gesehen Zeit und Geld!**

Nutzen Sie WBI außerdem, um Ruhe in das Unternehmen zu bringen. Sie erinnern sich: WBI verringert die Anzahl von Telefonaten und Störungen. Alle profitieren davon und können kontinuierlich ihrer Arbeit nachgehen. Sie können Aufgaben erledigen, ihr Wissen vermehren und das Unternehmenswissen mithilfe von WBI nachhaltig auf ein qualitativ hochwertigeres Niveau bringen. Durch betriebliches Wissensmanagement erhöht sich konstant der Wert von Wissen, das gesichert ist und sukzessive weiterentwickelt wird.

Den vielen Vorteilen steht ein gewisser Aufwand gegenüber, denn für die Wissenssicherung muss Arbeitszeit investiert werden. Denken Sie dabei aber bitte an diese Geschichte:

Ein Mann läuft durch den Wald und trifft auf einen ächzenden, schwitzenden Waldarbeiter, der gerade mit einer stumpfen Säge einen Baum fällen will. Der Mann fragt den Waldarbeiter erstaunt, ob er nicht erst seine Säge schärfen wolle. Der Waldarbeiter blickt auf und erwidert empört, dass er keine Zeit dazu habe, da er ja Bäume fällen muss.

Die Botschaft dahinter ist klar: Denken Sie langfristig und handeln Sie nachhaltig! Nehmen Sie sich zu Beginn die Zeit und investieren Sie etwas, um später davon zu profitieren. Genauso verhält es sich mit der Philosophie und Einführung von WBI: **Wenn Unternehmenswissen erst einmal erfasst und verteilt ist, entwickelt sich daraus etwas Wertvolles, von dem alle Beteiligten langfristig profitieren werden.**

Abb. 76: Die Entwicklungsphasen eines Baumes

Mit der Einführung des Wissensmanagements verhält es sich ähnlich wie mit der Entwicklung eines Baumes: Zu Beginn ist er noch klein und zu schwach, um Früchte zu tragen. Nach einiger Zeit der kontinuierlichen Pflege kann der Ertrag geerntet werden. Betriebswirtschaftlich gesehen rechnet sich Wissensmanagement also erst nach einiger Zeit, dann dafür aber umso mehr, denn die Vorteile überwiegen:

 Wissen erfassen, sichern und weiterentwickeln

 Effizienz und Zeitersparnis

 Qualität und Innovation

 Wissensorientierte Unternehmensführung

 Motivation durch ein professionelles Arbeitsumfeld

Eine detaillierte Liste aller Vorteile finden Sie im **vertiefenden WiDok 00468.**

Um Wissensmanagement zu praktizieren, ist eine Geschäftsführung mit Weitblick, Geduld und Ausdauer notwendig, die bereit ist, den anfänglichen Aufwand in Kauf zu nehmen, um später von einem umso höheren Nutzen zu profitieren. Geduld zu haben, ist aber nicht immer einfach – vor allem nicht, wenn es mit Kosten und Aufwand verbunden ist. Deshalb habe ich für Sie einige Rechenbeispiele zum ROI durch WBI erarbeitet.

Natürlich ist das nicht für alle Vorteile möglich, denn die Qualität, die Innovationskraft und die Mitarbeitermotivation sind schwer messbar und können daher kaum quantifiziert werden. Wenn Sie sehen wollen, welches Einsparungspotenzial Sie durch WBI haben, nutzen Sie bitte das **Handout 00521** sowie die dazugehörige Berechnung in **WiDok 00520.**

Die WBI®Methode entstand 1994 und wird seither sukzessive weiterentwickelt. Es war ein langwieriger Prozess mit vielen positiven Erfahrungen, aber auch negativen Erkenntnissen, die die Methode auf die Probe stellten und reifen ließen. **Bedienen Sie sich der über 20-jährigen Erfahrung, die ich bei Meusburger und vielen anderen Firmen inzwischen machen durfte.** Ersparen Sie sich die aufwendigen und teilweise kostspieligen Umwege, die wir bereits für Sie gegangen sind.

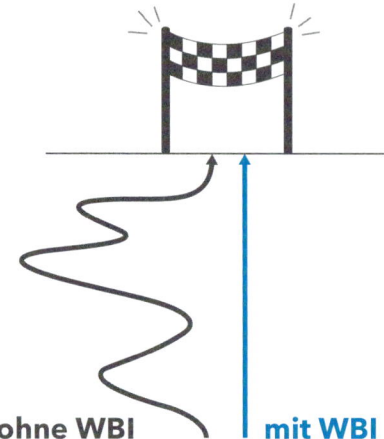

Abb. 77: Schneller am Ziel mit WBI

Starten Sie jetzt mit der WBI®Methode einfach und erfolgsbringend durch und kontaktieren Sie uns. Mein Team und ich unterstützen Sie gerne auf dem Weg zu Ihrer dynamischen, lebendigen Wissensdatenbank und stehen Ihnen für Tipps und Fragen zur Verfügung. **Weitere Informationen zu Neuigkeiten, Weiterbildungsmöglichkeiten sowie zur WBI Academy finden Sie unter www.wbi.at.**

Ich hoffe, ich konnte Sie mit diesem Buch inspirieren, und würde mich freuen, wenn Sie Ihre Erkenntnisse daraus nicht für sich behalten. Teilen Sie alles Wertvolle, das Sie gelesen haben, bitte mit Ihren Kollegen und anderen Personen in Ihrem beruflichen Umfeld. Lesen Sie das Buch nach Möglichkeit in drei bis vier Monaten noch einmal. Sie werden einige Punkte und Aspekte wahrnehmen, die Sie beim ersten Durchgang vermutlich überlesen haben, und das Buch mit anderen Augen sehen.

Ich wünsche Ihnen viel Erfolg!

Ing. Mag. (FH) Guntram Meusburger

Eine Investition in Wissen bringt
immer noch die besten Zinsen.

Benjamin Franklin (1706–1790)
US-amerikanischer Verleger,
Schriftsteller und Erfinder

14   HILFREICHE LITERATUR

Al-Laham, Andreas:
Organisationales Wissensmanagement: Eine strategische Perspektive.
München: Franz Vahlen Verlag 2016.

Allen, David:
»Ich schaff das!«
2. Auflage, Offenbach: GABAL Verlag 2011.

Bullinger, Hans-Jörg; Wörner, Kai; Prieto, Juan:
Wissensmanagement – Modelle und Strategien für die Praxis.
In: H. D. Bürgel (Hrsg.): Wissensmanagement – Schritte zum intelligenten Unternehmen.
Berlin; Heidelberg: Springer Verlag 1998.

CEN/ISSS:
Europäischer Leitfaden zur erfolgreichen Praxis im Wissensmanagement.
CEN/ISSS Knowledge Management Workshop: Brüssel 2004.

Deci, Edward L.; Ryan, Richard M.:
Self-Determination Theory: A Macrotheory of Human Motivation, Development, and Health.
In: Canadian Psychology.
Ottawa: Canadian Psychological Association 2008.

Friedli, Vera:
Betriebliche Karriereplanung.
In: N. Thom; R. J. Zaugg: Moderne Personalentwicklung – Mitarbeiterpotenziale erkennen, entwickeln und fördern.
3. Auflage, Wiesbaden: Gabler Verlag | GWV Fachverlage 2008.

Huber, Harald; Kolb, Sven:
Aktive Wissensdatenbanken – Eine Anleitung für die Umsetzung in die Praxis.
Hrsg. USU GmbH, Geschäftsbereich unymira
1. Auflage, Möglingen: 2017.

Knechtli, Beat:
Vorlesung Führung und Wissensmanagement.
Institut für Führung und Kommunikation (IKF), Luzern 2014.

Kraus, Pavel:
Wie Wissensmanagementprojekte nachhaltig scheitern.
In: H. Beier; U. Schmidt, D. Klett (Hrsg.): Wissensmanagement beflügelt.
Berlin: AKA Verlag 2015.

Lutz, Benedict:
Von mutigen Innovatoren und braven Optimierern.
In: P. Wimmer (Hrsg.): Wissen schafft Neues: Beiträge zu den Kremser
Wissensmanagement-Tagen 2016.
Krems: Edition Donau-Universität Krems 2016.

North, Klaus:
Wissensorientierte Unternehmensführung.
6. Auflage, Wiesbaden: Springer Gabler Verlag 2016.

Pauzke, Gunnar:
Die Evolution der organisatorischen Wissensbasis.
Herrsching: Kirsch Verlag 1989.

Probst, Gilbert; Raub, Steffen; Romhardt, Kai:
Wissen managen: Wie Unternehmen ihre wertvollste Ressource Wissen
optimal nutzen können.
7. Auflage, Wiesbaden: Springer Gabler Verlag 2012.

Reinmann-Rothmeier, Gabi; Mandl, Heinz; Erlach, Christine; Neubauer, Andrea:
Wissensmanagement lernen.
Weinheim; Basel: Beltz Verlag 2001.

Roth, Gerhard; Klett, David:
Wissensvermittlung und Wissenserwerb aus Sicht der Hirnforschung.
In: H. Beier; U. Schmidt; D. Klett (Hrsg.): Wissensmanagement beflügelt.
Berlin: AKA Verlag 2015.

Schmidt, Ulrich; Kempa-Liehr, Andreas W.:
7 Maximen für den erfolgreichen Umgang mit Wissen!
Berlin: AKA Verlag 2015.

Senge, Peter:
Die fünfte Disziplin: Kunst und Praxis der lernenden Organisation.
11. Auflage, Stuttgart: Schäffer Poeschel Verlag 2006.

Trojan, Jörg:
Strategien zur Bewahrung von Wissen – Zur Sicherung nachhaltiger Wettbewerbsvorteile.
Wiesbaden: Deutscher Universitäts-Verlag 2006.

15   LINK- BZW. QUELLENVERZEICHNIS

Aumaier, Veronika (2020): in »Mit gutem Beispiel voran«. Online im Internet:
https://www.magazintraining.com/mit-gutem-beispiel-voran/ (Zugriff am 06.09.2021).

**Behrens, Carsten Dr. (2015): in »Vortrag Interaktive Managementsysteme auf Basis von
Social Media Technologien ISO 9001:2015«.** Online im Internet:
https://www.youtube.com/watch?v=DpaHByOBgNk (Zugriff am 06.09.2021).

**Grolman, Florian (2021): in »25 Tipps für effiziente Meetings und bessere Besprechun-
gen«.** Online im Internet: https://organisationsberatung.net/effiziente-meetings-bespre-
chungen-sitzungen (Zugriff am 06.09.2021).

**Höfer, Michael Ludwig (2014): in »Fallstudie, wie schnell explizites Wissen veral-
tet: Wiki in Forschungsabteilung«.** Online im Internet: https://mlhoefer.wordpress.
com/2014/06/25/konkretes-beispiel-wie-schnell-explizites-wissen-veraltet-wiki-for-
schungsabteilung (Zugriff am 06.09.2021).

Lehnert, Nicole (2020): in »Expertenwissen von 350.000 Beschäftigten in Gefahr – pro Jahr«. Online im Internet: https://www.wissensmanagement-beratung.com/fileadmin/Wissenssicherungsmonitor2020_Fachartikel.pdf (Zugriff am 06.09.2021).

Malik, Fredmund (2020): in »Change ohne Widerstände – Der natürliche Weg«. Online im Internet: https://www.malik-management.com/de/change-ohne-widerstaende-der-natuerliche-weg/ (Zugriff am 06.09.2021).

Musk, Elon (2018): in »Wie Elon Musk mehr lernt als jeder andere«. Online im Internet: https://t3n.de/news/elon-musk-besser-lernt-andere-894012 (Zugriff am 06.09.2021).

Nier, Hedda (2017): in »Was ist Millennials beim Arbeitgeber wichtig«. Online im Internet: https://de.statista.com/infografik/9231/was-millennials-beim-arbeitgeber-wichtig-ist/ (Zugriff am 06.09.2021).

Wikimedia Foundation (Hrsg.) (2021a): »Wikipedia: Implizites Wissen«. Online im Internet: https://de.wikipedia.org/wiki/Implizites_Wissen (Zugriff am 06.09.2021).

Wikimedia Foundation (Hrsg.) (2021b): »Wikipedia: Groupware«. Online im Internet: https://de.wikipedia.org/wiki/Groupware (Zugriff am 06.09.2021).

Wikimedia Foundation (Hrsg.) (2021c): »Wikipedia: Wiki«. Online im Internet: https://de.wikipedia.org/wiki/Wiki (Zugriff am 06.09.2021).

Wikimedia Foundation (Hrsg.) (2021d): »Wikipedia: Das WikiWikiWeb«. Online im Internet: https://de.wikipedia.org/wiki/Wiki#Das_WikiWikiWeb (Zugriff am 06.09.2021).

Wikimedia Foundation (Hrsg.) (2021e): »Wikipedia: Protokoll (Niederschrift)«. Online im Internet: https://de.wikipedia.org/wiki/Protokoll_(Niederschrift) (Zugriff am 06.09.2021).

Wikimedia Foundation (Hrsg.) (2021f): »Wikipedia: 5S«. Online im Internet: https://de.wikipedia.org/wiki/5S (Zugriff am 06.09.2021).

16 ABBILDUNGSVERZEICHNIS

17 BEGRIFFE UND ABKÜRZUNGEN

5S bzw. 6S	Methode zur systematischen und nachhaltigen Eliminierung von Verschwendung
Active Directory	Verzeichnisdienst von Microsoft® zur Darstellung und Verwaltung von Netzwerkressourcen und Netzwerkobjekten
Aktualitätsprüfung	Regelmäßige Prüfung der Inhalte und Metadaten, sowie Neubeurteilung anhand der Kriterien für WiDoks
Änderungskommentar	Kurze, aussagekräftige Zusammenfassung der vorgenommenen Änderungen an einem WiDok
API	Programmier- oder Anwendungsschnittstelle
Archiv	Optionaler Mechanismus zur Archivierung von WiDoks
Arbeitsgespräch	Berufliche Besprechung mit max. vier Teilnehmern
Aufgabe Lesen	Mailbenachrichtigung an einen ausgewählten Empfängerkreis, für den ein WiDok relevant ist
Autor	Person, an die das Schreiben eines WiDoks delegiert wird
Backup	Digitale Sicherungskopie von Inhalten auf einem Computer oder Speichermedium
Basisdokument	Verifiziertes WiDok, dessen Inhalt als Basis für Schulungen dient
Bauernschläue	Schlaue, pfiffige bzw. gerissene Wesensart
Benachrichtigungsgruppe	Definierte Gruppe von Empfängern einer Benachrichtigung
Best Practice	Eine bereits realisierte Lösung, die als gutes Beispiel dient
BI	Abkürzung für »Business Intelligence«
Business Intelligence	Verfahren und Prozesse zur systematischen Analyse des eigenen Unternehmens
CD	Abkürzung für »Corporate Design«

Corporate Design	Einheitliches Firmendesign bzw. Auftreten
CD-Kontrolle	Kontrolle der Einhaltung der Gestaltungsrichtlinien und Metadaten von WiDoks
Corporate Identity	Definiertes firmeninternes Erscheinungsbild und Farbschema
CMS	Abkürzung für »Content-Management-System«
CRM	Abkürzung für »Customer Relationship Management«; Software für Kundenmanagement
Debriefing	Reflexion und Rückführung von erarbeitetem Wissen
DMS	Abkürzung für »Dokumenten-Management-System«
Dokumentenart	Optionaler Mechanismus zur Definition von Dokumenten mit unterschiedlichen Eigenschaften bzw. Verhalten
Dokumentenkopf	Definierter Bereich mit sichtbaren Metadaten in der Kopfzeile
Dokumentennummer	Eindeutige, fortlaufende fünfstellige Nummer zur Nummerierung von Wissensdokumenten in einem WMS
ERP	Abkürzung für »Enterprise Ressource Planning«; Software zur Ressourcenverwaltung
Explizites Wissen	Wissen, das schriftlich erfasst bzw. dokumentiert ist
Face-to-face	Von Angesicht zu Angesicht
First Mover	Personen, die sich schnell für etwas begeistern lassen
GEMO	Abkürzung für »Good enough, move on«; Prinzip der Effizienzsteigerung
Gestaltungsrichtlinien	Richtlinien zur textlichen und grafischen Gestaltung von WiDoks
Go-live	Zeitpunkt für den Start des Betriebs einer Software bzw. einer Website unter realen Bedingungen
Google®	Führender Suchmaschinenanbieter; 1998 gegründet
Hemdsärmeligkeit	Ungezwungenes, unbekümmertes Verhalten
HTML	Abkürzung für »Hypertext Markup Language«; die Sprache des Internets
Implizites Wissen	Wissen, das unbewusst bzw. nicht schriftlich erfasst ist
Info Lesen	Mailbenachrichtigung an den direkten Vorgesetzten
Information	Daten, die in einem Bedeutungskontext stehen
Inhaltsverantwortlicher	Wissensträger, der den Inhalt seiner WiDoks verantwortet
IV	Abkürzung für »Inhaltsverantwortlicher«
Key User	Benutzer, der auf die Anwendung einer gewissen Software spezialisiert ist

Kodifizieren	Verschriftlichen bzw. schriftlich festhalten
Kollektives Wissen	Wissen einer Gruppe oder Gemeinschaft
Kompetenz	Fähigkeit, situationsbedingt zu handeln
KVP	Abkürzung für »Kontinuierlicher Verbesserungsprozess«
Many-to-many	Kommunikation von mehreren unbekannten Personen
Meeting	Berufliche Besprechung mit fünf oder mehr Personen
Metadaten	Merkmale und Eigenschaften, die über die herkömmlichen Informationen hinausgehen und ein Dokument beschreiben
Methode	Menge von Handlungsempfehlungen
Mikroschulung	Kurze, wertvolle Schulungseinheit zu einem WiDok
Musterdokument	WiDoks, die als Inspirationsquelle und Starthilfe dienen
Nuller-Dokument	Dokument, das noch nie im WMS veröffentlicht wurde
Offboarding	Organisatorische Abwicklung eines Mitarbeiteraustritts
Onboarding	Einstellung und zielgerichtete Integration neuer Mitarbeiter
Outsourcing	Auslagern von Aufgaben an externe Dienstleister
Preboarding	Phase zwischen Vorstellungsgespräch und dem 1. Arbeitstag
Pull-Prinzip	Mitarbeiter suchen im WMS aktiv nach WiDoks oder Wissensgebieten
Push-Prinzip	Mitarbeiter werden durch Push-Nachrichten (»Aufgabe Lesen« oder »Info Lesen«) vom WMS benachrichtigt
Reifegrade	Unterscheidung von WiDoks in der Ausarbeitungs- bzw. Qualitätsphase durch Verifizierung der Inhalte
Return on Investment	Bewertung des Einsparungspotenzials
ROI	Abkürzung für »Return on Investment«
Rolle	Definiert Aufgaben und Verantwortlichkeiten
Rollierend	Periodenorientierte Planungs- oder Auswertungsform
Sichtbarkeitsgruppe	Gruppe von Usern zur Regelung der Sichtbarkeitsrechte
Single-Point-of-Truth	Zentrale Quelle für Wissen bzw. allgemeingültiger Datenbestand
Single Sign-on	Möglichkeit, sich über eine einmalige Anmeldung zu authentifizieren
SSO	Abkürzung für »Single Sign-on«
Temporäres WiDok	WiDok mit limitierter Gültigkeit und Lebensdauer
Usability	Benutzerfreundlichkeit einer Software oder Benutzerschnittstelle
Verhinderer	Personen, die nur schwer von ihrer Position bzw. ihrer

	Routine abzubringen sind
Vendor Lock-in	Enge Kundenbindung an ein Produkt, die einen Wechsel erschwert
Versionsnummer	Nummer, die Auskunft über die Version eines WiDoks gibt
WBI	Abkürzung für »Wissen besser integrieren«
WG	Abkürzung für »Wissensgebiet«
WGV	Abkürzung für »Wissensgebiet-Verantwortlicher«
WiDok	Abkürzung bzw. Synonym für »Wissensdokument«
Wiedervorlage	Erinnerungsfunktion als Grundlage für die Aktualitäts-prüfung
Win-win-Situation	Situation, die für alle bzw. mehrere Beteiligte von Vorteil ist
Wissen	Sammlung von Fähigkeiten und Kompetenzen
Wissensarbeiter	Spezielle Form des Inhaltsverantwortlichen
Wissensbaum	Darstellung der Struktur von mehrstufigen Wissensgebieten
Wissensbilanz	Bewertung von betriebseigenem Wissen und somit von immateriellen Vermögenswerten
Wissensgebiet	Mittel zur kontextabhängigen, inhaltlichen Klassifizierung von Wissensdokumenten
Wissensmanager	Treibende Kraft des Wissensmanagements im Unternehmen
Wissensträger	Medium, das über Wissen verfügt bzw. Wissen beinhaltet (z. B. Mitarbeiter, WiDok etc.)
Wissenstransfer	Weitergabe von Wissen einer Person, an eine oder mehrere andere Personen
WM	Abkürzung für »Wissensmanagement«
WMS	Abkürzung für »Wissensmanagement-System«
YTD	Abkürzung für »Year To Date«
YTD-Auswertung	Auswertung seit Beginn des Jahres bis zum aktuellen Zeit-punkt